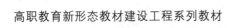
高职教育新形态教材建设工程系列教材

U0564315

本书资源

JAVA WEB JISHU
JI YINGYONG XIANGMU JIAOCHENG

Java Web 技术
及应用项目教程

于瑞琴　朱春晖　主　编

刘家铭　沈润泉　王　辉　徐　莹　副主编

江苏大学出版社
JIANGSU UNIVERSITY PRESS

镇江

图书在版编目（CIP）数据

Java Web技术及应用项目教程 / 于瑞琴，朱春晖主
编. -- 镇江：江苏大学出版社，2025. 1. -- ISBN 978-
7-5684-2389-2

Ⅰ．TP312.8

中国国家版本馆CIP数据核字第2024RU7502号

Java Web 技术及应用项目教程

Java Web Jishu Ji Yingyong Xiangmu Jiaocheng

主 编/	于瑞琴 朱春晖
责任编辑/	徐 婷
出版发行/	江苏大学出版社
地 址/	江苏省镇江市京口区学府路 301 号（邮编：212013）
电 话/	0511-84446464（传真）
网 址/	http：//press.ujs.edu.cn
排 版/	镇江文苑制版印刷有限责任公司
印 刷/	镇江文苑制版印刷有限责任公司
开 本/	787 mm×1 092 mm 1/16
印 张/	19.75
字 数/	424 千字
版 次/	2025 年 1 月第 1 版
印 次/	2025 年 1 月第 1 次印刷
书 号/	ISBN 978-7-5684-2389-2
定 价/	56.00 元

如有印装质量问题请与本社营销部联系（电话：0511-84440882）

前　言
Preface

随着互联网技术的飞速发展，Java Web 技术已成为现代软件开发领域中不可或缺的一部分。Java Web 技术是开发 Web 网站和 Web 应用程序的重要技术之一，Java Web 技术以其跨平台、高效率、安全稳定等特点，被广泛应用于企业级应用开发、网站建设、移动应用后端开发等多个领域。本书旨在为初学者提供全面、系统的 Java Web 技术及应用项目的学习指导，帮助初学者快速入门和掌握 Java Web 技术，使学习者能够独立完成 Java Web 应用项目的开发，提高解决实际问题的能力。

Java Web 是利用 Java 语言开发 Web 资源的技术，它利用 Java 语言的跨平台性、面向对象广和安全性等特点，结合 Web 技术，实现动态网页的生成、用户交互、数据处理等功能。Java Web 应用程序通常运行在 Web 服务器上，用户通过浏览器访问 Web 服务器上的资源，实现与用户的交互。

本书讲解了 Java Web 开发中最常用到的 JSP、Servlet、JavaBean、JDBC 等技术，并详细介绍了这些技术的基础知识和使用方法，使学生能够轻松快速地掌握 Java Web 技术的相关知识。本书对每个知识点都进行了深入分析，并针对各个知识点精心设计了案例，以提高学生的实践能力。此外，本书还根据需要设计了"小贴士"，适时提醒学生留意难点、疑点或关键点，补充了拓展内容（书中 👉 处），拓宽学生的知识面。

本书内容丰富，逻辑清晰，重点突出。第 1 章至第 12 章均设置了"学习目标"模块，可帮助学生明确各章的学习要点；每章配有上机指导和习题，可帮助学生进一步加深和巩固知识点，有利于学生更好地掌握编程知识，增强实际操作能力。第 13 章通过一个真实的企业项目，介绍了项目的开发流程，能够让学生更直观、具体地了解企业项目的实际开发过程。本书采用的开发工具及软件为 JDK1.8+Tomcat8+IntelliJ IDEA 2022.2.3+Microsoft SQL Server 2008。

本书面向 Java Web 开发初学者和有一定经验的开发人员，相关人员在掌握静态网页开发、Java 和数据库基础知识的前提之下，再结合本书所讲解的内容，便可开发出实用的 Web 网站和 Web 应用程序。希望本书能够帮助大家更好地掌握 Java

Web 技术，积累开发经验，快速实现自己的 Web 项目开发。

本书由于瑞琴、朱春晖担任主编，刘家铭、沈润泉、王辉、徐莹担任副主编。由于编者水平有限，书中难免存在不妥之处，敬请广大读者批评指正。

本书配有丰富的数字资源，读者可以借助手机或其他移动设备扫描二维码观看，也可以登录江苏大学出版社"云赏书"数字出版服务平台查看。读者在学习过程中有任何疑问，都可以登录该平台寻求帮助。

🔍 **本书配套资源下载网址和联系方式**

🌐 网址：https://www.jsdxbook.com

📞 电话：0511-84440892

目　录

第 1 章　Java Web 简介

学习目标

- 理解 Java Web 的概念。
- 了解 MVC 三层架构。
- 理解 Java Web 的工作原理。
- 熟悉常用的 Web 服务器。
- 理解 HTTP 协议。

1.1　什么是 Java Web

Java Web 是使用 Java 技术进行 Web 开发的一种方式。Java Web 应用程序通常由 Java Servlet、Java Server Pages（JSP）、JavaBean、数据库和其他组件组成。Web 包括 Web 客户端和 Web 服务器两部分。Java 在客户端的应用有 Java Applet，不过现在使用得很少；Java 在服务器端的应用非常丰富，如 Servlet、JSP 和第三方框架等。Java 技术为 Web 领域的发展注入了强大的动力。总的来说，Java Web 技术凭借其强大的功能、灵活性和跨平台性，成为开发 Web 网站和 Web 应用程序的重要选择。

Internet 上供外界访问的 Web 资源分为静态 Web 资源和动态 Web 资源。静态 Web 资源开发技术主要包括 HTML（超文本标记语言）、CSS（层叠样式表）、JavaScript、XML 等；动态 Web 资源开发技术主要包括 JSP、Servlet、ASP、PHP 等。

在 Java Web 系统开发中，目前主流的是 MVC 三层架构。

MVC 架构由模型（Model）层、视图（View）层和控制器（Controller）层三部分组成。

➢ Model 层：负责处理与业务逻辑相关的数据、规则和操作。通常模型对象负责与数据库的交互，获取、保存、更新数据。

➢ View 层：负责用户界面的展示，将模型的数据呈现给用户。视图只负责显示信息，不处理业务逻辑或数据存储，通常会将输入转发给控制器。

➢ Controller 层：是模型和视图之间的中介，负责接收用户的输入并处理这些输入。控制器会根据用户的操作更新模型的状态，然后更新 View 层显示的内容。

控制器也可以调用模型中的方法来完成特定的业务操作。

Servlet 和 JSP 中都可以包含 Java 代码，但 Servlet 主要实现的是接收和响应用户的请求，控制页面的跳转，而 JSP 主要实现的是页面的数据展示。

MVC 开发模式耦合性低，使得代码更易于维护和扩展，项目做起来层次比较分明。MVC 开发模式的流程如图 1-1 所示。

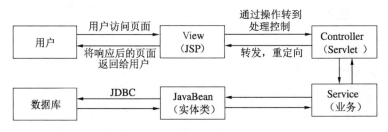

图 1-1　MVC 开发模式的流程

Web 应用程序编写完后，若想提供给外界访问，则需要一个 Web 服务器来统一管理。常用的 Web 服务器有 Tomcat、Jetty、Apache、WebLoigc、WebShere 或 JBoss 等。

1.2　Web 工作原理

Web 工作原理是指互联网上各种网站和应用程序的运作方式和基本原理。

Web 由 Web 服务器、Web 浏览器和 Web 应用程序三部分组成。

➢ Web 服务器：是 Web 的核心，是 Web 资源的存储、管理和传输中心。Web 服务器是一个软件应用程序，它可以通过 HTTP（超文本传输协议）来接收和响应 Web 客户端请求。

➢ Web 浏览器：是 Web 客户端的主要组成部分。它是一种软件应用程序，可以通过 HTTP 协议从 Web 服务器上请求和接收 Web 资源。

➢ Web 应用程序：是指运行在 Web 服务器上的软件应用程序，可以通过 HTTP 协议与 Web 客户端交互。

Web 的工作原理是用户使用浏览器输入所需访问的 URL（统一资源定位符），浏览器向 Web 服务器发送 HTTP 请求，请求所需的 Web 资源，Web 服务器接收 HTTP 请求，并通过 HTTP 响应将 Web 资源发送给 Web 浏览器，Web 浏览器接收 HTTP 响应，并根据所收到的数据渲染 Web 页面，将 Web 页面呈现给用户。整个过程如图 1-2 所示。

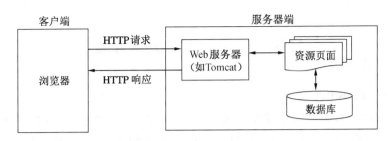

图 1-2　Web 工作原理

浏览器发送 HTTP 请求时，请求中包含要访问的资源的 URL（统一资源定位符），如网页、图片或视频。服务器接收到 HTTP 请求后，会根据 URL 找到对应的资源，并将其发送给浏览器。这个过程涉及 DNS（域名系统）解析、TCP/IP（传输控制协议/互联网协议）连接和数据传输等步骤。

➢ 在进行 DNS 解析时，浏览器会将 URL 中的域名解析成对应的 IP 地址。DNS 是一种分布式的系统，它将域名映射到 IP 地址，以便浏览器能够找到正确的服务器。一旦解析完成，浏览器就可以建立 TCP/IP 连接。

➢ TCP/IP 协议是一种可靠的、面向连接的协议，负责数据在浏览器和服务器之间的可靠传输。在建立 TCP/IP 连接后，客户端和服务器之间会进行"握手"，以确保双方都准备好进行数据传输。

➢ 在数据传输过程中，浏览器发送的 HTTP 请求中包含请求方式（如 GET、POST 等）和请求头（如用户代理、Cookie 等），服务器根据这些信息来处理请求。服务器处理请求后，会生成 HTTP 响应，响应中包含响应状态码（如 200 表示成功、404 表示未找到等）和响应头（如内容类型、内容长度等）。响应的内容可以是 HTML 页面、CSS 样式表、JavaScript 脚本、图片、视频或其他类型的文件。

浏览器接收到 HTTP 响应后，会根据响应的内容进行处理。如果是 HTML 页面，浏览器会解析页面的结构和样式，并将其显示给用户。如果是其他类型的文件，浏览器会根据文件的类型进行相应的处理。

除了基本的 HTTP 协议，Web 还涉及其他一些技术和协议，如 HTML、CSS、JavaScript、AJAX（异步 JavaScript 和 XML）、REST（表征状态转移）等。这些技术和协议为 Web 的功能和交互提供了更多的可能性。

总之，Web 的工作原理是通过浏览器和服务器之间的请求与响应机制，结合协议、前后端技术、数据传输与渲染过程，实现信息共享和互动。所有这些过程的协同工作，使得用户能够在互联网中浏览网页、使用应用程序并进行互动。了解 Web 工作原理可以帮助我们更好地理解和使用互联网，同时也可以为开发人员提供指导和参考，以便他们能够开发出更好的 Web 应用程序和网站。

1.3 常用的 Web 服务器

1.3.1 Tomcat 服务器

Tomcat 服务器是一个免费的、开放源代码的、轻量级的 Web 应用服务器和 Servlet 容器，在中小型系统和并发访问用户不是很多的场合下被普遍使用，是开发和调试 Servlet 和 JSP 程序的首选。Tomcat 最早是由 SUN 公司（现被 ORACLE 公司收购）开发的，在 1999 年被捐赠给 Apache 软件基金会，隶属于 Jakarta 项目。随着时间的推移，Tomcat 不断更新和发展，增加了对新规范的支持，如 Tomcat 8.5 支持 Servlet 3.1 和 JSP 2.3，现最新版本为 Tomcat 11.0.1。

Tomcat 技术先进、性能稳定，不仅可以与目前大部分主流的 Web 服务器（如 Apache、IIS 服务器）一起工作，而且可以作为独立的 Web 服务器软件。Tomcat 是目前流行的 Java 的中间件服务器之一，专门用来运行 Java 程序，而 Tomcat 本身的运行依赖于 JDK 环境。

一般地，中小型项目常采用 Tomcat，Linux 系统经常使用的是 Jetty 或 Apache；大型项目或商业项目通常采用 WebLogic、WebShere 或 JBoss 等。

1.3.2 WebLogic 服务器

WebLogic 是 ORACLE 公司出品的一个应用服务器，是一个基于 JavaEE 架构的中间件。WebLogic 是用于开发、集成、部署和管理大型分布式 Web 应用、网络应用和数据库应用的 Java 应用服务器，将 Java 的动态功能和 Java Enterprise 标准的安全性引入大型网络应用的开发、集成、部署和管理之中。

WebLogic 服务器不仅拥有处理关键 Web 应用系统问题所需的性能、可扩展性和高可用性，还具有开发和部署关键任务电子商务 Web 应用系统所需的多种特色和优势。

1.4 HTTP 协议

1.4.1 HTTP 概述

HTTP（Hyper Text Transfer Protocol，超文本传输协议）是一种计算机在网络中进行通信的规则与约定。在 TCP/IP 网络体系结构中，HTTP 协议属于应用层的协议，它是 Web 数据通信的基础。

HTTP 是一种无状态的协议，无状态是指在 Web 浏览器（客户端）和 Web 服务器之间不需要建立持久的连接，整个通信过程就是当一个客户端向 Web 服务器端发送一个请求（Request）时，Web 服务器接收到请求后会返回一个响应

（Response），之后连接就被关闭了，此时在 Web 服务器端不保留连接的有关信息。

HTTP 协议遵循请求/响应（Request/Response）模型，所有的通信交互都被构造在一套请求和响应模型中。浏览网页时，浏览器通过 HTTP 协议与 Web 服务器交换信息，Web 服务器向 Web 浏览器返回的文件都有与之相关的类型，这些信息类型的格式由 MIME（多用途互联网邮件扩展）类型定义。

TCP/IP 协议与 HTTP 协议的 Java 实现方式都是通过套接字（Socket）来实现的。

1.4.2　基于 HTTP 协议的客户端和 Web 服务器交互原理

HTTP 协议支持客户端（浏览器就是一种 Web 客户端）/服务器模式。当客户端与 Web 服务器建立连接后，就可以向服务器发送请求，这种请求被称为 HTTP 请求；服务器接收到请求后会做出响应，这种响应被称为 HTTP 响应。基于 HTTP 1.1 的客户端与服务器的交互过程如图 1-3 所示。

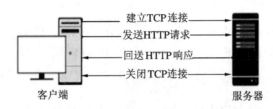

图 1-3　基于 HTTP 1.1 的客户端与服务器的交互过程

HTTP 协议的事务处理过程分为以下 4 步。

➢ 客户端与 Web 服务器建立连接。HTTP 协议是建立在 TCP 协议基础之上的，这里的连接可以理解为 TCP 连接。如果请求资源 URL 指定的是服务器的域名，那么在建立网络连接前需要先发起 DNS 解析。TCP 的 Socket 通信需要 Web 服务器的 IP 地址，建立 TCP 连接需要 3 次“握手”。在浏览器地址栏里输入 URL 后，客户端请求一个地址时，通过打开一个到 Web 服务器的 HTTP 端口（默认是 80 端口）或 HTTPS 端口（默认是 443 端口）的套接的与服务器进行通信。因为在网络上传递数据的实体介质就是网线，所以数据实质上是通过 I/O 流进行输入/输出的。HTTP 上传请求时，URL 地址中还要加上端口号，如果端口号是默认的 80，则可以省略。

➢ 客户端发送 HTTP 请求（Request）。客户端与 Web 服务器一旦建立了 TCP 连接，Web 浏览器就会向 Web 服务器发送 HTTP 请求消息。HTTP 请求消息包含一个 ASCII 文本请求行、0 个或多个 HTTP 请求头、一个空行和实现请求的任意数据。

➢ Web 服务器返回 HTTP 响应（Response）。Web 服务器收到 HTTP 请求后，可以拒绝客户端的请求，也可以向客户端发送一个 HTTP 响应消息。HTTP 响应消息包含响应行、响应头和实体内容。

➢ 关闭连接。在客户端收到 Web 服务器响应后，可以选择与 Web 服务器断开连接，也可以选择继续保持连接（HTTP 持续连接），以供下一个 HTTP 事务使用。

客户端和 Web 服务器都可以发起关闭连接，关闭 TCP 连接需要 4 次"挥手"。

小贴士

一个 TCP 连接可以传送多个 HTTP 请求和响应，从而减少建立和关闭连接的消耗和延时。

在 HTTP 的请求消息和 HTTP 响应消息中，除了 Web 服务器的响应实体内容（如 HTML 网页文本、图片等），其他消息对用户是不可见的，如请求方式、HTTP 版本号、请求头标和响应头标等，这些消息需要用户借助浏览器的网络查看工具才能看到。☞（书中见此图标可扫描扉页二维码获取相关数字资源）

1.4.3 HTTP 请求消息

一个完整的 HTTP 请求消息由请求行、请求头和请求实体内容三部分组成，每部分都有各自的作用。

（1）HTTP 请求行

HTTP 请求行由 3 个部分组成，分别是请求方式、请求资源路径（Request-URL）和所使用的 HTTP 版本，中间每个部分用空格分隔。具体示例如下：

```
GET  /index.html  HTTP/1.1
```

上述代码就是一个 HTTP 请求行。其中，GET 是请求方式；/index. html 是请求资源路径；HTTP/1.1 是通信使用的协议及其版本。

HTTP 协议规范定义了 8 种请求方法（表 1-1），每种方法表示对请求路径中指定资源的操作。

表 1-1 HTTP 协议的 8 种请求方法

请求方法	描述
GET	请求获取 URL 所标识的资源，并将包括 HTTP 头消息和数据在内的响应返回给客户端
POST	向指定资源提交数据，请求 Web 服务器进行处理（如提交表单或者上传文件）
HEAD	请求获取 URL 所标识的资源，返回给客户端，只包括 HTTP 头消息，可以用来判断某个资源是否存在
PUT	将资源放置到指定 URL 位置（上传/移动）
DELETE	请求 Web 服务器删除 URL 所标识的资源
TRACE	回显 Web 服务器收到的请求信息，主要用于测试或诊断
OPTIONS	允许客户端查看 Web 服务器的性能
CONNECT	通过代理服务器为客户端与目标服务器之间建立一个隧道连接，这通常用于 HTTPS 等加密通信场景，保证数据的安全传输

在 HTTP 协议的 8 种请求方式中，最常见的是 GET 和 POST 方式，下面对这两种请求方式进行介绍。

① GET 方式。

当用户在浏览器地址栏中直接输入一个 URL 地址或者单击网页上的一个超链接时，浏览器将使用 GET 方式发送请求。另外，如果将网页上的 form 表单的 method 属性设置为 GET 或者不设置 method 属性（默认值是 GET），当用户提交表单时，浏览器也将使用 GET 方式发送请求。

如果浏览器请求的 URL 中带有参数，在浏览器生成的请求消息中，参数将附加在请求行中的资源路径后面。具体示例如下：

```
https: // www.baidu.com /s? rtt = 1&bsst = 1&cl = 2&tn = news&word =
Java&fr=wenku
```

在上述 URL 中，"?"后面的内容为参数，参数使用"参数名＝参数值"这种键值对的形式。如果 URL 地址中有多个参数，则参数之间用"&"分隔。

当浏览器向服务器发送请求消息时，上述 URL 中的参数会附加在要访问的 URI 资源后面。具体示例如下：

```
GET /s?rtt = 1&bsst = 1&cl = 2&tn=news&word=Java&fr=wenku HTTP/1.1
```

需要注意的是，使用 GET 方式传输的数据量有限，通常为 2~8 KB。

② POST 方式。

如果将网页上 form 表单的 method 属性设置为 POST，当用户提交表单时，浏览器将使用 POST 方式提交表单内容，并把 form 表单的元素和数据作为 HTTP 请求消息的实体内容发送给服务器，而不是作为 URL 地址的参数传输。另外，在使用 POST 方式向服务器传输数据时，Content-Type 消息头会自动设置为"application/x-www-form-urlencoded"，Content-Length 消息头会自动设置为实体内容的长度。

对于使用 POST 方式传输的请求信息，服务器会采用与获取 URI 后面参数相同的方式来获取表单各个字段的数据。

需要注意的是，在实际开发中，通常会使用 POST 方法发送请求，主要有以下两个原因。

➤ POST 方式可以传输大量数据。由于 GET 请求方法是通过请求参数传输数据的，因此可以传输的数据量有限；而 POST 请求方法是通过实体内容传输数据的，因此可以传输大量数据。

➤ POST 方式比 GET 方式更安全。由于 GET 请求方式的参数信息都会在 URL 地址栏里明确显示，而 POST 请求方式传输的参数隐藏在实体内容中，用户是看不到的，因此 POST 方式比 GET 方式更安全。

（2）HTTP 请求头

在 HTTP 请求消息中，请求行之后便是若干请求头。HTTP 请求头主要用于向 Web 服务器传输附加消息。例如，客户端可以接收的数据类型、客户端所用的字符集编码、客户端使用的操作系统及版本、浏览器版本、浏览器渲染引擎等。

当浏览器向 Web 服务器发送请求时，根据功能需求的不同，发送的请求头也不相同。常见的 HTTP 请求头字段如表 1-2 所示。

表 1-2　常见的 HTTP 请求头字段

头字段	描述
Accept	指出浏览器能够处理的 MIME 类型，如 text/html、image/jpeg、image/gif、video/mpeg、application/zip 等
Accept-Charset	告知 Web 服务器客户端所使用的字符集
Accept-Encoding	指定浏览器能够进行解码的数据编码格式，这里的编码格式通常指的是某种压缩方式，如 gzip、compress 等
Accept-Language	指定浏览器期望 Web 服务器返回哪个国家语言的文档，如 zh-cn、en-us
Connection	告知 Web 服务器或者代理服务器在完成本次请求响应后的连接状态，是否等待本次连接的后续请求。keep-alive 表示保持连接；close 表示断开连接
Cookie	包含在上一次响应中 Web 服务器设置的 Cookie，再次请求时会携带 Cookie
Host	指定请求资源所在的主机名和端口号
Range	指定 Web 服务器只需返回文档中的部分内容及内容范围
Referer	Referer 头字段非常有用，常用于追踪网站的访问者是如何导航进入网站的；还可用于网站的防盗链
User-Agent	译为用户代理，缩写为 UA，用于指定浏览器或者其他客户端程序使用的操作系统及版本、浏览器版本、浏览器渲染引擎、浏览器语言等，以便 Web 服务器针对不同类型的浏览器返回不同的内容
Authorization	当客户端接收到来自 Web 服务器的 WWW-Authenticate 响应时，后面可以用该头字段来携带自己的身份验证信息给 Web 服务器直接进行认证
Proxy-Authorization	与 Authorization 头字段的作用和用法基本相同，只不过 Proxy-Authorization 请求头字段是浏览器响应代理服务器的身份验证请求，提供自己的身份信息
If-Match	当客户端再次向 Web 服务器请求当前的 URL 资源时，可以使用 If-Match 头字段附带以前缓存的实体标签内容，这个请求被视为一个条件请求
If-Modified-Since	和 If-Match 的作用类似，只不过它的值为 GMT 格式的时间
If-Range	If-Range 头字段只能伴随着 Range 头字段一起使用，其值可以是实体标签或 GMT 格式的时间
Max-Forward	指定当前请求可以经过的代理服务器或网关的最大数量，每经过一个代理服务器或网关，此数值就减 1

1.4.4　HTTP 响应消息

Web 服务器收到浏览器的 HTTP 请求后，会发送响应消息给客户端。一个完整的 HTTP 响应消息由响应状态行、响应头和实体内容三部分组成，每部分都有各自的作用。

（1）HTTP 响应状态行

HTTP 响应状态行由 3 个部分组成，分别是 HTTP 协议版本、状态码（一个表示成功或错误的整数代码）和状态描述信息，每个部分用空格分隔。具体示例如下：

```
HTTP/1.1  200 OK
```

上述代码就是一个 HTTP 响应状态行。其中，HTTP/1.1 是通信使用的协议及其版本；200 是状态码；OK 是状态描述，说明客户端请求成功。

状态码由三位数字组成，表示请求是否被理解或满足。状态码的第一位数字定义了响应的类别，后面两位没有具体的分类。第一位数字有 5 种可能取值，意义如下。

- 1××：表示请求已接收，需要继续处理。
- 2××：表示请求已成功被服务器接收、理解并接受。
- 3××：为完成请求，客户端需进一步细化请求。
- 4××：客户端的请求有错误。
- 5××：服务器出现错误。

状态码数量众多，其中大部分无须记忆。下面列举几个 Web 开发中的常见状态码，具体如表 1-3 所示。

表 1-3　Web 开发中的常见状态码

状态码	状态描述	客户端
200	OK	请求成功。一般用于 GET 与 POST 请求
204	No Content	无内容。服务器成功处理，但未返回内容。在未更新网页的情况下，可确保浏览器继续显示当前文档
304	Not Modified	所请求的资源未修改，服务器返回此状态码时，不会返回任何资源。客户端通常会缓存访问过的资源，通过提供一个头信息指出客户端希望只返回在指定日期之后修改的资源
400	Bad Request	客户端请求有语法错误，服务器无法理解
403	Forbidden	服务器理解客户端的请求，但是拒绝提供服务
404	Not Found	服务器无法根据客户端的请求找到资源（网页）。可以通过自定义 404 页面提供更友好的用户提示信息
500	Internal Server Error	表示服务器的网页程序出错，无法处理客户端的请求。现在的浏览器会对状态码 500 做一定的处理，因此一般情况下会返回一个定制的错误页面

（2）HTTP 响应头

在 HTTP 响应消息中，HTTP 响应状态行之后紧跟着的就是若干响应头。Web 服务器通过 HTTP 响应头向客户端传输附加消息，如服务程序名、被请求资源需要的认证方式、客户端请求资源的最后修改时间、重定向地址等。

HTTP 响应头的格式与 HTTP 请求头的格式相同。当 Web 服务器向客户端发送 HTTP 响应消息时，根据请求情况的不同，返回的 HTTP 响应头也不相同。常见的 HTTP 响应头字段如表 1-4 所示。

表 1-4　常见的 HTTP 响应头字段

头字段	描述
Accept-Ranges	Web 服务器表明是否接收获取某个实体的一部分（比如文件的一部分）请求，这里主要用于部分文件传输。bytes 表示接受传输多大长度内容，none 表示不接受
Age	当 Web 服务器用自己缓存的实体去响应客户端请求时，可以用该头部字段表明实体从产生到现在经过了多长时间，以秒为单位
Allow	设置 Web 服务器支持接收哪些可用的 HTTP 请求方法，例如 GET、POST、PUT，如果不支持，则会返回 405（Method Not Allowed）
Cache-Control	用来声明服务器端缓存控制的指令，其单位为秒
Connection	告知浏览器在完成本次请求响应后的连接状态，是否等待本次连接的后续请求。keep-alive 表示保持连接；close 表示断开连接
Content-Disposition	对已知 MIME 类型资源的描述，浏览器可以根据这个响应头字段决定对返回资源的动作，如下载或打开
Content-Encoding	Web 服务器表明使用何种压缩方法（gzip、deflate）压缩响应中的对象
Content-Language	Web 服务器告知浏览器响应的媒体对象语言
Content-Length	Web 服务器告知浏览器 HTTP 响应对象的长度
Content-Type	Web 服务器告知浏览器响应的对象的 MIME 类型
Date	表明创建 HTTP 响应消息的日期和时间
ETag	对象（比如 URL）的标志值。一个对象（如 HTML 文件）如果被修改了，其 ETag 也会被修改，所以 ETag 的作用和 Last-Modified 差不多，主要用于 Web 服务器判断一个对象是否改变
Location	Web 服务器告知浏览器请求的对象已经被移到别的位置了，到该头字段指定的位置去取
Proxy-Authenticate	代理服务器响应浏览器，要求其提供代理身份验证信息
Refresh	告知浏览器多长时间会自动刷新页面，时间单位为秒
Retry-After	如果某个实体临时不可用，该头字段用于告知客户端应该多久以后再次发送请求。其值可以是指定的具体的日期时间，也可以是创建响应后的秒数

续表

头字段	描述
Server	Web 服务器表明自己是什么软件及版本等信息
Set-Cookie	向浏览器设置 Web 服务器创建的 Cookie
Vary	告知下游的代理服务器应当如何对以后的请求协议头进行匹配，以决定是否可使用已缓存的响应内容而不是重新从原服务器请求新的内容
WWW-Authenticate	用于 HTTP 访问认证。告知客户端适用于访问请求 URI 所指定资源的认证方案（Basic 或 Digest）和带参数提示的质询（challenge）

A⁺ ‖ 小贴士

消息头字段名称不区分大小写，但习惯上将单词的第一个字母大写。

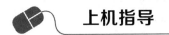

上机指导

1-1　在任意一款浏览器（如 Chrome 浏览器）中，使用开发者工具查看所浏览网页的 HTTP 请求消息和响应消息。

第 2 章 创建及配置 Web 项目

- 理解 Tomcat 的安装配置。
- 了解 IntelliJ IDEA 的安装及配置。
- 熟悉 IntelliJ IDEA 开发环境。
- 掌握在 IDEA 中创建及配置 Web 项目。
- 掌握在 IDEA 中配置 Tomcat。
- 掌握在 IDEA 中发布 Web 项目。

2.1 Java Web 开发环境

2.1.1 Tomcat 的安装配置

（1）Tomcat 安装前的准备工作

安装 Tomcat 前需要先安装 JDK，Tomcat 8.5 需要安装 JDK 8。安装 JDK 后，必须配置系统的 JDK 环境变量，配置系统环境变量的方法如下：

右击"我的电脑"，然后依次选择"属性"→"高级"→"环境变量"→"系统变量"，分别新建以下系统环境变量 JAVA_HOME 和 CLASSPATH。

① 系统环境变量：JAVA_HOME=JDK 的安装路径。

② 系统环境变量：CLASSPATH = . ;% JAVA_HOME% \lib\dt. jar;% JAVA_HOME% \lib\tools. jar。

在定义 CLASSPATH 系统环境变量时，此变量的值必须以". ;"开头，其中"."代表当前目录。以上准备工作完成后便可以运行 Tomcat 的安装程序，在安装过程中按照提示选取默认值即可，当问到 JDK 时只需给出正确的 JDK 安装路径。

（2）Tomcat 的安装

从官网（https://tomcat.apache.org）下载 Tomcat。Tomcat 分为 exe 版（安装版）和 zip 版（绿化版）。exe 版需要安装，双击 exe 安装文件，根据安装向导提示即可完成安装与配置，适合大多数用户，而且 exe 版提供了图形化的界面和安装向导，便于管理。zip 版不需要安装，将其解压到任意目录后再配置环境变量即可使用，适合需要便捷部署和绿色环境的用户。本书中 Tomcat 使用的是 zip 版。

① 通过 Tomcat 解压目录下的批处理可执行文件\bin\start. bat 启动 Tomcat 服

务器。

② 在浏览器地址栏输入 http：//localhost：8080 或 http：//127.0.0.1：8080，若显示图 2-1 所示的 Tomcat 欢迎界面，则说明 Tomcat 安装成功。

③ 通过 Tomcat 解压目录下的批处理可执行文件\bin\shutdown.bat 关闭 Tomcat 服务器。

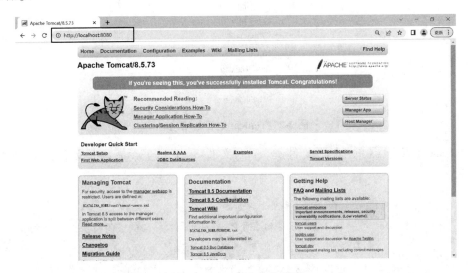

图 2-1　Tomcat 欢迎界面

（3）Tomcat 的目录结构

Tomcat 的目录结构如表 2-1 和图 2-2 所示。

表 2-1　Tomcat 的目录结构

目录	描述
bin	包含启动、关闭 Tomcat 或者其他功能的脚本（.bat 文件和 .sh 文件）
conf	包含各种配置文件，包括 Tomcat 的主要配置文件 server.xml，以及为不同的 Web 应用设置默认值的文件 web.xml
lib	包含 Tomcat 中使用的 JAR 文件（在 UNIX 平台中，此目录下的任何文件都被加到 Tomcat 的 classpath 中）
logs	日志文件目录
temp	临时文件
webapps	Web 应用程序主目录
work	Tomcat 自动生成，放置 Tomcat 运行时的临时文件（如 JSP 编译出的 Servlet 的 .java 和 .class 文件）

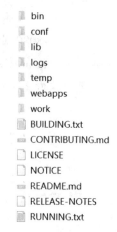

bin
conf
lib
logs
temp
webapps
work
BUILDING.txt
CONTRIBUTING.md
LICENSE
NOTICE
README.md
RELEASE-NOTES
RUNNING.txt

图 2-2　Tomcat 的目录结构

Tomcat 服务器的配置文件是 conf 文件夹下的 sever.xml 文件，其结构如下：

```
<!--<Server>根元素,代表整个服务器-->
<Server><!--服务器是服务的生存环境;关闭端口 8005,关闭指令 SHUTDOWN-->
    <!--服务器可以包含多个服务,默认服务的名称为 Catalina-->
    <Service><!--服务,由 Engine 及相关的一组 Connector 构成-->
        <Connector /><!--客户端与服务器之间的连接,port 属性定义端口-->
        <Engine><!--引擎,处理 Service 的所有请求,实现 Container 接口-->
            <Host><!--虚拟主机 appBase 属性设置应用程序目录-->
                <!--虚拟目录,每个 Context 定义一个 Web 应用,通过 path 来
                标识和区分不同的 Web 应用-->
                <Context />
            </Host>
        </Engine>
    </Service>
</Server>
```

配置文件 server.xml 中的默认设置一般无须修改，其服务器的端口为 8080，主目录为 $ TOMCAT_HOME/webapps/Root。通过修改属性 protocol = " HTTP/1.1" 的 Connector 元素的 port 属性值可以修改 Tomcat 服务器的端口号。具体示例如下：

```
<Connector port ="要设置的端口号"  protocol ="HTTP/1.1"
    connectionTimeout ="20000" redirectPort ="8443" />
```

通过修改 Host 元素的 appBase 属性值可以更改 Tomcat 服务器默认的应用程序发布目录，该目录下的 Root 目录为默认的主目录。具体示例如下：

```
<Host name="localhost" appBase="webapps" unpackWARs="true"
autoDeploy="true" xmlValidation="false"
xmlNamespaceAware="false" >
```

在 server. xml 中还可以配置虚拟主机、用户验证方式、设置单点登录等功能。实际上最常见的操作是建立虚拟路径或直接部署 Web 应用程序。

小贴士

注意：在修改默认配置前应对 server. xml 文件进行备份，任何错误设置将导致服务器无法启动。

在 config 目录下还有一个配置文件 web. xml，用来设置服务器上所有网站（Web 应用程序）的默认值（通用配置项）。文件 tomcat-user. xml 用来设置远程登录 Tomcat 服务器的角色和用户名，admin 角色的用户可以使用 Admin Web Application 进行系统管理，manager 角色的用户可以使用 Manager Web Application 进行应用管理。在 Tomcat 的默认主页（欢迎界面）有这两个 Web 管理程序的登录入口，还有帮助文档、Servlet 和 JSP 例程等学习资源的链接入口。

2.1.2　IntelliJ IDEA 开发工具

IDEA 全称为 IntelliJ IDEA，是 JetBrains 公司的产品，是一款功能强大的软件集成的开发工具。IDEA 可以集成各种 Web 服务器，方便开发人员进行 Web 开发。IDEA 有旗舰版（Ultimate Edition）和社区版（Community Edition）两种版本，旗舰版支持 HTML、CSS、Java、PHP、MySQL、Python 等语言，社区版只支持 Java、Kotlin 等少数语言。进行 Java Web 开发需使用旗舰版，可在官网下载。☞

2.2　在 IDEA 中创建及配置 Web 项目

通常使用 IDEA 或 Eclipse 开发工具进行 Web 应用的开发，由于 IDEA 在编码辅助和创新的 GUI（图形用户界面）设计方面有显著优势，可使开发人员的工作变得更加高效。下面通过 IDEA 实现 Web 项目的创建及配置。

2.2.1　创建 Web 项目

① 启动 IntelliJ IDEA 开发工具，单击 "New Project" 按钮，或者单击菜单栏中的 "File" → "New" → "Project"，打开 "New Project" 界面，如图 2-3 所示。

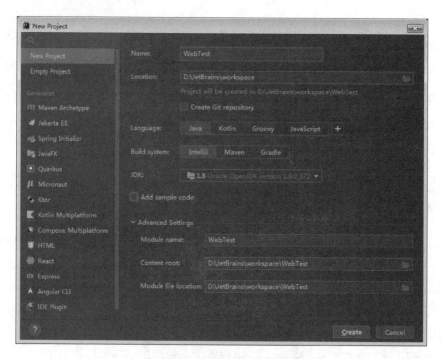

图 2-3　创建 Java 项目的界面

　　在图 2-3 中，单击左侧栏中的"New Project"，右侧栏中的"Name"文本框里是 Web 项目的名称，在"Location"文本框里选择 Web 项目的保存路径，"Language"选择"Java"，"Build system"选择"IntelliJ"，"JDK"选择本机安装的JDK（IntelliJ IDEA 2022.2 支持的 JDK 最低版本为 jdk 1.7），单击"Create"按钮，完成 Java 项目的创建，刚创建的 Java 项目结构如图 2-4 所示。

图 2-4　刚创建的 Java 项目结构

② Java 项目创建完成之后，选中刚创建的 Java 项目名称，单击鼠标右键选择"Add Framework Support…"，打开"Add Frameworks Support"界面，然后勾选"Web Application（4.0）"，单击"OK"按钮，如图 2-5 所示。

添加框架支持后，就将 Java 项目转为了 Web 项目，Web 项目的结构界面如图 2-6 所示。

(a)

(b)

图 2-5　"Add Frameworks Support"界面

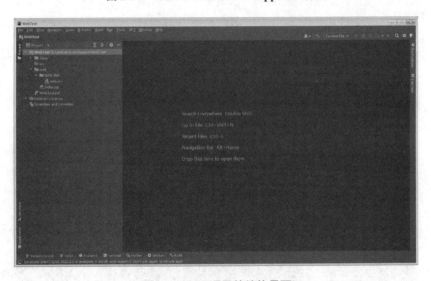

图 2-6　Web 项目的结构界面

2.2.2　配置 Web 项目

① 在 IDEA 的菜单栏中，单击"File"→"Project Structure…"，打开"Project Structure…"界面，如图 2-7 所示。

图 2-7 "Project Structure" 界面

在图 2-7 中，单击左侧栏中的 "Modules"，然后单击右侧栏中的 "Sources" 选项卡，展开 web 文件夹，指向 WEB-INF 文件夹并右击，单击 "New Directory…"，在项目的 "web/WEB-INF/" 目录下创建 "classes" 和 "lib" 文件夹，如图 2-8 所示。

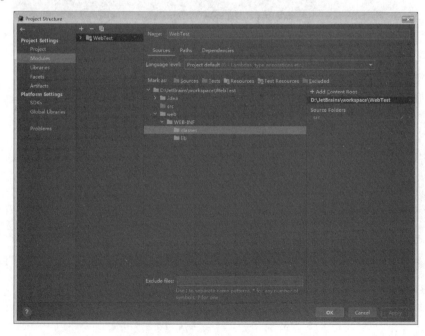

图 2-8 创建 "classes" 和 "lib" 文件夹

② 单击"Paths"选项卡，选中"Use module compile output path"，将"Output path"和"Test output path"的地址修改为图 2-8 中创建的"classes"文件夹的路径，该操作的作用是配置所有编译为 .class 的文件都输出到此文件夹下，具体如图 2-9 所示。

图 2-9　Paths 配置项界面

③ 单击"Dependencies"选项卡，单击该选项卡左上角的"+"按钮，选择"1 JARs or Directories…"（图 2-10），在弹出的"Attach Files or Directories…"窗口中选择图 2-8 中创建的"lib"文件夹（图 2-11），单击"OK"按钮，弹出"Choose Categories of Selected Files"窗口，如图 2-12 所示。

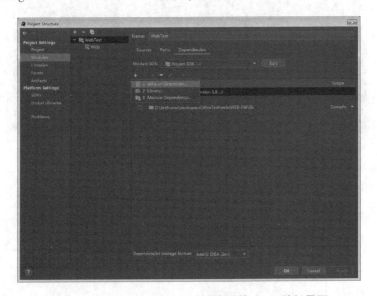

图 2-10　"Dependencies"选项卡下的"+"按钮界面

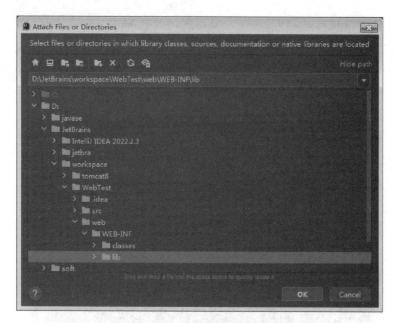

图 2-11　"Attach Files or Directories" 窗口

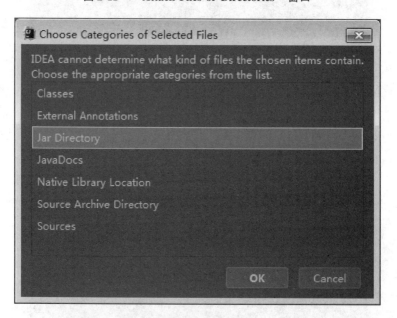

图 2-12　"Choose Categories of Selected Files" 窗口

在图 2-12 中，选择"Jar Directory"，单击"OK"按钮，使项目关联本地 JAR 包，如图 2-13 所示。至此，Web 项目配置完成。

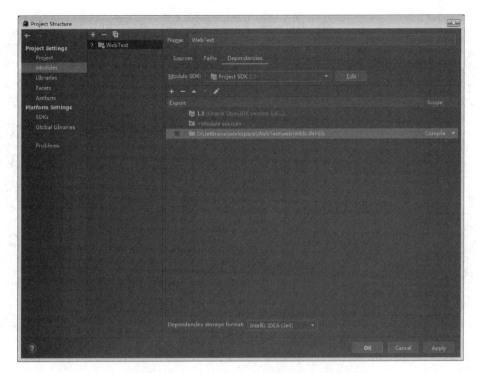

图 2-13　Web 项目关联本地 JAR 包

2.3　在 IDEA 中配置 Tomcat

下面配置 Tomcat，并将项目部署到 Tomcat。

通常在 IDEA 中使用本地 Tomcat 部署时，选择 war exploded（分解）而不是 war 包。war exploded 模式会将 Web 项目（包括文件夹、JSP 页面、classes 文件、lib 文件等）解压并直接部署到 Tomcat 的 webapps 目录下。因此，这种方式支持热部署，一般在开发时使用这种方式。

2.3.1　配置 Tomcat

在 IDEA 的菜单栏中单击 "Run" → "Edit Configurations…"，弹出 "Run/ Debug Configurations" 界面，如图 2-14 所示。

图 2-14 "Run/Debug Configurations" 界面

在"Run/Debug Configurations"界面中，单击左上角的"+"按钮，展开"Add New Configuration"界面，如图 2-15 所示。

图 2-15 "Add New Configuration" 界面

在"Add New Configuration"界面中，单击"Tomcat Server"，将其展开，然后

单击"Local"，在界面的右侧栏里配置一个 Tomcat 服务器，如图 2-16 所示。

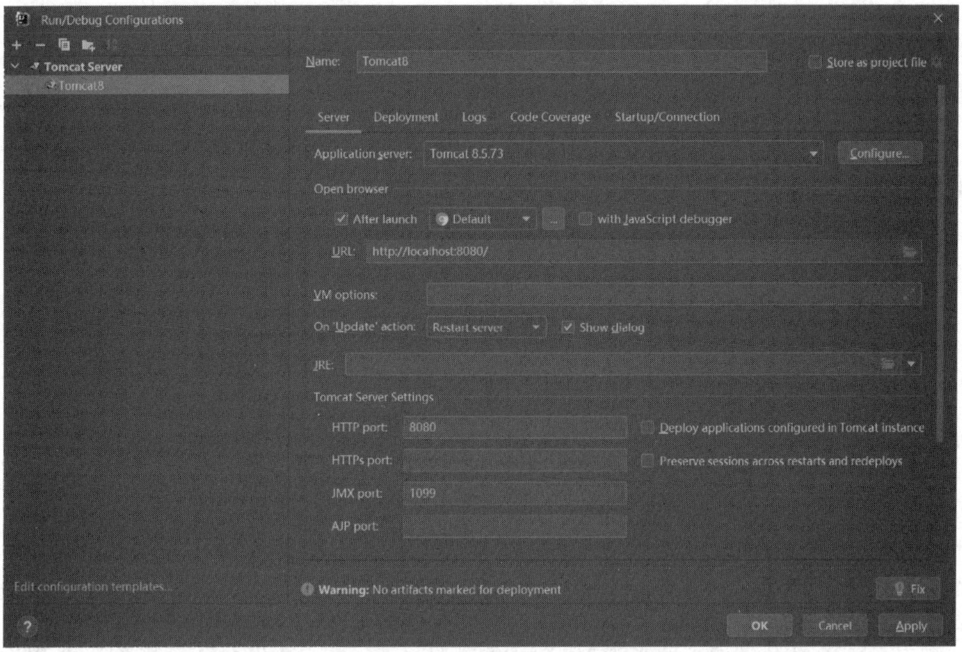

图 2-16　配置 Tomcat 服务器

在图 2-16 中，"Name"文本框用于指定配置的 Tomcat 的名称，可以使用默认的，也可以修改名称。单击"Server"选项卡，单击"Application server"列表框右侧的"Configure…"按钮，弹出"Application Servers"界面，如图 2-17 所示。

图 2-17　"Application Servers"界面

在"Application Servers"界面中，单击左上角的"+"按钮，弹出"Tomcat Server"窗口（图2-18），单击"Tomcat Home"文本框右侧的文件夹按钮，选择关联一个本地的 Tomcat，单击"OK"按钮，即可成功关联本地 Tomcat，并返回到"Application Servers"界面，再单击"Application Servers"界面中的"OK"按钮，返回到图2-16所示的界面，此时"Application server"列表框中显示的就是成功关联本地的 Tomcat。

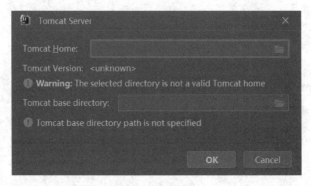

图 2-18　"Tomcat Server"窗口

在图 2-16 中，默认勾选"After launch"，单击右侧的列表框，选择一种浏览器，在服务器启动后，会自动启动该浏览器来展示 Web 项目。"URL"表示服务器默认打开路径，默认是"http://localhost:8080/"；"HTTP port"表示 Tomcat 的端口号，默认是 8080；"JMX port"表示远程连接端口号，默认是"1099"。需要注意的是，HTTP port 与 JMX port 这两个端口号一定不能相同。

2.3.2　将项目部署到 Tomcat

在图 2-16 中，单击"Deployment"选项卡，然后单击其下的"+"按钮，如图 2-19 所示。

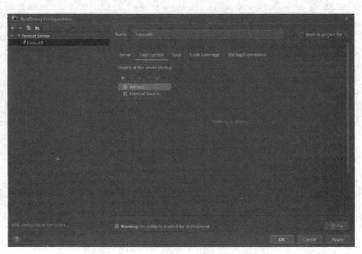

图 2-19　部署配置项界面

在图 2-19 所示界面中，单击"Artifact"，将项目部署到 Tomcat 上，如图 2-20 所示。

图 2-20　将项目部署到 Tomcat 上

在图 2-20 中，"Application context"表示 Web 项目的默认访问路径，可以修改 Web 项目的访问路径，如图 2-21 所示。

图 2-21　修改 Web 项目的访问路径

在图 2-21 所示界面中，单击"Server"选项卡，当 Web 项目成功部署到 Tomcat 上以后，"URL"文本框中的默认值为"http：∥localhost：8080/WebTest/"，如图 2-22 所示。

图 2-22　Tomcat 配置界面

在图 2-22 所示界面中，单击"OK"按钮，Tomcat 配置以及 Web 项目部署就成功完成了。在 IDEA 菜单栏中单击"Run"→"Run Tomcat"，启动 Tomcat 进行 Web 项目测试。在 IDEA 中启动 Tomcat 后，会在默认打开的浏览器地址栏中，访问默认的 URL 地址，即访问部署在 Tomcat 上的 WebTest 项目的 index.jsp 页面，浏览器的显示结果如图 2-23 所示。

图 2-23　启动 Tomcat 后浏览器的运行结果

2.4　在 IDEA 中发布 Web 项目

在 IDEA 中发布 Web 项目时，通常会涉及将项目打包成 WAR 文件（Web Application Archive），然后部署到 Web 服务器中。以下是在 IDEA 中发布 Web 项目的一般步骤。

（1）配置项目结构

确保待发布的项目是一个 Web 项目，并且已经正确配置了 Web 相关的文件（如 web.xml、Servlet 类等）。

（2）构建 WAR 文件

在 IDEA 中，选择菜单中的"Build"→"Build Artifacts…"。

在弹出的窗口中单击"+"按钮，选择"Web Application：Archive"，然后选择"From modules with dependencies..."。

在弹出的窗口中选择待发布的 Web 项目模块，单击"Build"按钮，完成构建。

（3）部署到 Web 服务器

将生成的 WAR 文件部署到 Web 服务器中。这一步取决于所使用的 Web 服务器，可以使用 Tomcat、Jetty 等，也可以手动将 WAR 文件复制到 Web 服务器的部署目录（如 Tomcat 的 webapps）下，或者在 IDEA 中配置服务器并进行部署。

（4）在 Web 服务器中启动项目

启动 Web 服务器，并确保 WAR 文件被正确部署；然后在浏览器中访问 Web 项目的 URL 地址，查看项目是否成功发布。

上述步骤是比较通用的发布 Web 项目的方式，在实际操作中可能会根据具体情况略有不同。

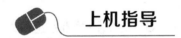 上机指导

2-1　安装配置 JDK，并测试 JDK 的安装是否成功。

2-2　从官网下载 Tomcat 免安装版，并解压至指定目录。

2-3　安装 IntelliJ IDEA 旗舰版。

2-4　在 IDEA 中创建并配置一个名称为 MyTest 的 Web 项目。

2-5　在 IDEA 中配置外置的 Tomcat 服务器，并将 MyTest 项目发布并部署到 Tomcat。

第 3 章 JSP 技术

3.1 JSP 概述

JSP（Java Server Pages，Java 服务器页面）是一种动态网页开发技术，由 SUN 公司（现被 ORACLE 公司收购）主导创建。JSP 技术允许开发者在 HTML 网页中嵌入 Java 代码，通过特殊的 JSP 标签或标签库来动态生成网页内容。JSP 标签通常以"<%"开头，以"%>"结束，JSP 文件的后缀名为 .jsp。JSP 提供了更易于开发和维护的方式，使开发人员能够将业务逻辑与页面内容分离。

JSP 是一种 Java Servlet，主要用于实现 Java Web 应用程序的用户界面部分。实际上，JSP 只是在 Servlet 的基础上做了进一步封装，由于 JSP 可以调用 Servlet 类，所以开发人员可以将部分功能在 Servlet 中实现，然后在 JSP 中调用。

JSP 的运行原理如图 3-1 所示。当用户第一次访问 JSP 页面时，JSP 页面文件最终要经过两次编译：第一次通过 JSP 引擎将 JSP 文件转换为 Servlet 文件（.java 文件），第二次通过 JSP 编译器将 Servlet 编译为字节码文件（.class 文件）。JSP 部署在 Web 服务器上，可以响应客户端发送的请求，并根据请求内容动态地生成 HTML、XML 或其他格式文档的 Web 网页，然后返回给请求者。JSP 技术使用 Java 语言作为脚本语言，响应用户的 HTTP 请求，并通过与服务器上的其他 Java 程序（如 Servlet、JavaBean 等）协作，共同处理复杂的业务需求，生成动态网页内容。

总之，Servlet 是 JSP 的基础，Servlet 虽然不直接面向用户，但它依然是 JSP 的后台支撑。用 JSP 开发的 Web 应用是跨平台的，既能在 Linux 上运行，也能在其他操作系统上运行。

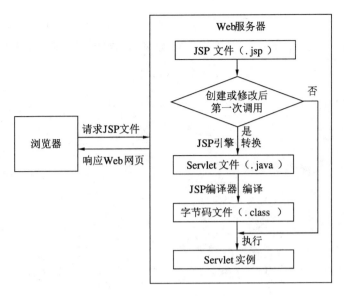

图 3-1　JSP 的运行原理

3.2　JSP 基本语法

一个 JSP 文件可以包含很多内容，如 JSP 指令元素、HTML 代码、JavaScript 代码、注释、Java 代码、JSP 动作元素等。这些内容必须遵循一定的语法规范才能生效。

3.2.1　JSP 脚本元素

JSP 脚本元素是指嵌套在"<%"和"%>"之间的 Java 代码。通过 JSP 脚本元素，可以将 Java 代码嵌入 HTML 页面中。值得注意的是，并不是所有的 Java 代码都适合放在 JSP 中，复杂的业务逻辑应通过 Servlet 或其他 Java 类来处理，以保持代码的可维护性和架构设计的清晰性。

在 JSP 页面中有 3 种脚本元素：代码片段、JSP 声明和 JSP 表达式。使用这 3 种脚本元素，在 JSP 页面中可以嵌入 Java 语句、声明变量、定义方法或表达式运算。下面对这 3 种脚本元素进行介绍。

（1）代码片段

代码片段就是在 JSP 页面中嵌入的 Java 代码或者脚本代码。代码片段是在 JSP 页面被请求的处理期间执行。通过 Java 代码可以定义变量或流程控制语句等；脚本代码可以应用 JSP 隐式对象在页面输出内容、处理请求和访问 Session 会话等。

代码片段的语法格式如下：

```
<% Java 代码 %>
```

下面通过一个案例演示代码片段的使用。

打开 IDEA 的"Project"视图卡，在 WebTest 项目中的 web 目录下创建一个名称为 sum 的 JSP 文件，在该文件中编写代码片段。程序代码如文件 3-1 所示。

文件 3-1　sum.jsp

```
1   <%@page contentType="text/html;charset=UTF-8" language="java" %>
2   <html>
3   <head>
4       <title>JSP 代码片段</title>
5   </head>
6   <body>
7   <%
8     int x=8,y=3; //定义两个整型变量x,y
9     out.println("变量x="+x+"与变量y="+y+"的和是:"+(x+y));
10  %>
11  </body>
12  </html>
```

在文件 3-1 中，第 7-10 行代码定义了一个 JSP 代码片段，在代码片段中定义了两个变量 x 和 y，然后通过 out 隐式对象在页面中输出这两个变量的和。在 IDEA 中启动项目后，在浏览器地址栏中访问 http://localhost:8080/WebTest/sum.jsp，运行结果如图 3-2 所示。

图 3-2　文件 3-1 的运行结果

小贴士

　　out 对象的 println()方法报错，是因为没有关联好服务器。

　　单击"File"→"Project Structure...",在打开的"Project Structure"对话框的左侧栏中单击"Modules",然后单击右侧栏中的"Dependencies"选项卡，单击其中的"+"按钮，选择"2 Library...",关联一个 Tomcat 服务器后，单击"AddSelected"按钮，单击"OK"按钮。此时即为该 Web 项目关联好 Tomcat 服务器了。

（2）JSP 声明

在 JSP 代码片段中可以定义变量，也可以在页面中输出内容，但不可以直接定义方法。如果需要在 JSP 脚本元素中定义方法，可以使用 JSP 声明进行定义。JSP

声明用于在 JSP 页面中定义全局变量或方法，以"<%!"开始，以"%>"结束。通过 JSP 声明定义的变量或方法可以被整个 JSP 页面访问。

JSP 声明的语法格式如下：

```
<%! 定义变量或方法 %>
```

在 JSP 声明语句中，定义的是全局变量或方法，但在方法内部定义的变量是局部变量，只在该方法内部有效。当 JSP 声明的方法被调用时，方法内部定义的局部变量会在方法执行期间分配内存，方法结束后这些局部变量的内存空间会被释放，且会由 JVM 自动管理。

在一个 JSP 页面中可以有多个 JSP 声明，单个声明中的 Java 语句可以是不完整的，但多个声明中的 Java 语句组合后，必须是完整的 Java 语句。

下面通过一个案例演示 JSP 声明的使用。

在 WebTest 项目的 web 目录下创建一个名称为 max 的 JSP 文件，在该文件中编写 JSP 声明。程序代码如文件 3-2 所示。

文件 3-2　max.jsp

```
1  <%@page contentType="text/html;charset=UTF-8"language="java"%>
2  <html>
3  <head>
4      <title>JSP 声明</title>
5  </head>
6  <body>
7  <%!
8      int x=4,y=6;//定义两个全局变量x,y
9      public int max(int a,int b){//定义max方法
10         int c;//局部变量c用于存放较大者
11         if(a>=b){//如果a大于或等于b,则较大者为a
12             c=a;
13         }else{//否则,如果a小于b,则较大者为b
14           c=b;
15         }
16         return c;//返回两个数中的较大者
17     }
18  %>
19  <%
20      out.println("x="+x+",y="+y);//在页面中输出全局变量x和y的值
21      out.println("<br/>");
22      int x=8,y=3;//定义两个局部变量x,y
```

```
23      out.println("变量x="+x+" 与变量y="+y+",两者中的较大者是:"+
24          max(x,y)); //在页面中输出局部变量x和y的值
25 %>
26 </body>
27 </html>
```

在文件 3-2 中，第 8 行代码在 JSP 声明中定义了两个全局变量 x 和 y。第 9~17 行代码在 JSP 声明中定义了一个 max(int, int)方法，在该方法中定义了一个局部变量 c，并将参数表中较大者赋值给 c，然后返回 c 的值。第 20 行代码使用代码片段输出了 JSP 声明中定义的全局变量 x 和 y 的值。第 22 行代码在代码片段中定义了两个局部变量 x 和 y。第 23~24 行代码使用代码片段输出了 max(int, int)方法调用后返回的值。当同名的局部变量和全局变量的作用域重叠时，局部变量起作用。

在 IDEA 中启动项目后，在浏览器地址栏中访问 http://localhost:8080/WebTest/max.jsp，运行结果如图 3-3 所示。

图 3-3　文件 3-2 的运行结果

小贴士

在 "<%!" 和 "%>" 之间，不可以进行页面内容输出，只能进行变量或方法的定义。而在 "<%" 和 "%>" 之间，可以进行页面内容输出。

通过 JSP 声明定义的变量或方法，在当前 JSP 页面中有效，它的生命周期从创建开始，到服务器关闭结束。代码片段创建的变量也是在当前 JSP 页面中有效，但它的生命周期从创建开始，到页面关闭结束。

（3）JSP 表达式

JSP 表达式可用于在页面中输出内容，它以 "<%=" 开始，以 "%>" 结束。

JSP 表达式的语法格式如下：

```
<%=表达式 %>
```

在上述语法中，表达式可以是包含任何符合 Java 语言规范的表达式；表达式的结果值会被转化成 String；表达式结尾不能有分号。

可以在 JSP 页面的任意位置编写 JSP 表达式，在页面中输出表达式的值。

下面通过一个案例演示 JSP 表达式的使用。

在 WebTest 项目的 web 目录下创建一个名称为 division 的 JSP 文件，在该文件中编写 JSP 表达式。程序代码如文件 3-3 所示。

文件 3-3　division. jsp

```
1  <%@page contentType="text/html;charset=UTF-8" language="java"%>
2  <html>
3  <head>
4      <title>JSP 表达式</title>
5  </head>
6  <body>
7  <%
8      int x=8,y=3; //定义两个整型变量x,y
9      out.println(x+"/"+y+"=");
10 %>
11 <%=x/y%>
12 </body>
13 </html>
```

在文件 3-3 中，第 8 行代码在代码片段中定义了两个变量 x 和 y。第 9 行代码在页面中输出提示信息。第 11 行代码在页面中输出 JSP 表达式的运算结果。

在 IDEA 中启动项目后，在浏览器地址栏中访问 http://localhost: 8080/ WebTest/division. jsp，运行结果如图 3-4 所示。

图 3-4　文件 3-3 的运行结果

3.2.2　JSP 文件中的注释

在 JSP 文件中可以使用 Java 的注释，也可以使用 HTML 的注释，还可以使用 JSP 的注释。

（1）Java 注释

在 JSP 文件中使用 Java 注释，要将 Java 注释放在 JSP 标签内部，即放在 "<%" 和 "%>" 之间。Java 注释有以下三种方式。

① 单行注释。

单行注释以双斜杠 "//" 开头，只能注释一行内容，用在注释信息内容少的地方。

单行注释的语法格式如下：

```
//这是单行注释
```

② 多行注释。

多行注释以"/＊"开头，以"＊/"结束，能注释多行内容。为了增加注释的可读性和美观性，一般在每行的注释内容前添加一个"＊"，并且首行和尾行不写注释信息。

多行注释的语法格式如下：

```
/*
* 这是多行注释
* 可以注释多行内容
*/
```

③ 文档注释。

文档注释以"/＊＊"开头，以"＊/"结束，也能注释多行内容，一般用在类、方法和变量上，用于描述代码结构和功能。为了增加注释的可读性和美观性，书写规则同多行注释。

文档注释的语法格式如下：

```
/**
* 这是文档注释
* 可以注释多条内容
*/
```

（2）HTML 注释

HTML 注释以"<!--"开头，以"-->"结束，也能注释多行内容。HTML 标签注释的内容不会在浏览器页面中显示出来，但在查看网页源代码时，可以看到 HTML 注释的内容。

HTML 注释的语法格式如下：

```
<!-- 这是 HTML 注释-->
```

如果 HTML 注释的内容为 Java 程序代码，则这些注释的 Java 程序代码会被 Web 服务器处理执行，并将执行结果发送到客户端。在客户端查看网页源代码时，可以看到 HTML 注释的 Java 程序代码的执行结果。

下面以一个案例讲解 HTML 注释。

在 WebTest 项目的 web 目录下创建一个名称为 time 的 JSP 文件，在该文件中编写 HTML 注释。程序代码如文件 3-4 所示。

文件 3-4　time. jsp

```
1  <%@page contentType="text/html;charset=UTF-8" language="java"%>
2  <%@ page import="java.util.Date" %>
3  <html>
4  <head>
5      <title>HTML注释</title>
6  </head>
7  <body>
8    <!-- 显示系统当前日期和时间-->
9    <!-- <% = new Date() %>-->
10  </body>
11  </html>
```

在文件 3-4 中，第 8 行代码是将普通文本作为 HTML 注释的内容。而第 9 行代码是将 Java 程序代码作为 HTML 注释的内容。

在 IDEA 中启动项目后，在浏览器地址栏中访问 http://localhost：8080/ WebTest/time. jsp，此时浏览器页面中什么都没有显示；然后在该页面中单击鼠标右键，在弹出的菜单中选择 "查看网页源代码" 选项，最终结果如图 3-5 所示。

图 3-5　文件 3-4 的网页源代码

（3）JSP 注释

JSP 注释以 "<%--" 开头，以 "--%>" 结束，也能注释多行内容。JSP 注释的内容不会在浏览器页面中显示出来，而且在查看网页源代码时也看不到 JSP 注释的内容。

JSP 注释的语法格式如下：

```
<%-- 这是JSP注释--%>
```

在查看网页源代码时，可以看到 HTML 注释，但是看不到 JSP 注释，这是因为 Web 服务器在编译 JSP 文件时，会将 HTML 注释当成普通文本发送到客户端，而 JSP 注释则会被忽略，不会发送到客户端。

3.3　JSP 指令

JSP 指令用于设置与 JSP 页面相关的属性，用于告诉 Web 服务器如何处理 JSP 页面的请求和响应。Web 服务器会根据 JSP 指令来编译 JSP 文件，生成 Java 文件。JSP 指令不产生任何可见输出，在生成的 Java 文件中，不存在 JSP 指令。

JSP 指令以 "<%@" 开始，以 "%>" 结束，具体语法格式如下：

```
<%@ 指令名　属性名1 = "属性值1"　[属性名2 = "属性值2"　...] % >
```

说明：属性名区分大小写；键值对之间要留空格；[ ] 中的内容是可选的；"@" 和指令名之间，以及最后一个键值对和 "%>" 之间的空格是可选的。

JSP2.3 定义了 3 种指令：page、include 和 taglib。

（1）page 指令

page 指令用于设置 JSP 页面的全局属性，如页面的编码方式、脚本语言、缓冲区大小、错误页面等。

page 指令的具体语法格式如下：

```
<%@ page　属性名1 = "属性值1"　属性名2 = "属性值2"　...　% >
```

page 指令的常用属性如表 3-1 所示。

表 3-1　**page 指令的常用属性**

属性名	取值范围	功能描述
language	脚本语言	指定 JSP 页面使用的脚本语言，默认值为 Java
contentType	有效的文档类型	指定当前 JSP 页面的 MIME 类型和字符编码方式，例如： HTML 文档为 text/html； JPG 图像为 image/jpeg； XML 文件为 application/xml
pageEncoding	任务合法的字符编码名称	指定 JSP 页面的编码方式，即通知编译器 JSP 页面采用的编码方式
import	类名、接口名、包名	指定在 JSP 页面编译成的 Java 文件中导入的类、接口、包。import 是 page 指令中唯一可以声明多次的属性。一个 import 属性可以导入多个类，类名之间用英文逗号隔开

续表

属性名	取值范围	功能描述
buffer	none、缓 冲 区 大 小（默认值为 8 kb）	指定输出流是否有缓冲区
autoFlush	true（默认值）、false	指定缓冲区是否自动清除
errorPage	JSP 页面路径	指定当前 JSP 页面发生异常时需要转向的错误处理页面。如果当前 JSP 页面抛出一个未捕捉的异常，则转到 errorPage 指定的页面，而且 errorPage 指定页面的 isErrorPage 属性值必须是 true
isErrorPage	true、false（默认值）	指定当前页面是否可以作为另一个 JSP 页面的错误处理页面
extends	包名、类名	指定当前页面继承的父类，一般很少使用
info	JSP 页面的描述信息	定义 JSP 页面的描述信息，可以使用 getServletInfo( ) 方法获取
isThreadSafe	true（默认值）、false	指定 JSP 页面是否允许多线程使用
session	true（默认值）、false	指定 JSP 页面是否使用 session
isELIgnored	true（默认值）、false	指定 JSP 页面是否忽略 JSP 中的 EL

需要注意的是，在表 3-1 列举的这些属性中，除了 import 属性，其他属性都只能使用一次，否则 JSP 页面会出现编译错误。

page 指令的使用示例如下：

```
<%@ page contentType="text/html;charset=UTF-8"
 language="java" pageEncoding="UTF-8" %>
<%@ page import="java.util.Date,java.sql.*" %>
```

小贴士

page 指令可以放在 JSP 页面的任意位置，page 指令对整个 JSP 页面都有效，通常将 page 指令放在 JSP 页面的顶部。

容器在读取数据时，将其转化为内部使用的编码，而页面显示的时候，将内部的编码转换为 contentType 指定的编码后显示页面内容。如果 pageEncoding 属性存在，那么 JSP 页面的字符编码方式就由 pageEncoding 决定，否则就由 contentType 属性中的 charset 决定。如果 charset 也不存在，那么 JSP 页面的字符编码方式就采用默认的 ISO-8859-1。

（2）include 指令

include 指令用于在 JSP 页面引入其他内容，可以是一个 JSP 文件、HTML 文件、文本文件，甚至是一段 Java 代码等。被引入的文件和 JSP 页面合并后编译运行。

可以在 JSP 页面的任何位置编写 include 指令。使用 include 指令具有如下优点：增加代码的可重用性；使 JSP 页面的代码结构清晰易懂；维护简单。

include 指令的具体语法格式如下：

```
<%@ include  file = "被包含文件的路径"%>
```

include 指令只有一个 file 属性，用于指定要包含文件的相对路径。需要注意的是，插入的文件路径一般不以"/"开头。

下面通过一个案例演示 include 指令的使用。

在 WebTest 项目的 web 目录下创建名称为 date 和 include 的两个 JSP 文件，在 include.jsp 文件中，使用 include 指令引入 date.jsp 文件。具体程序代码如文件 3-5 和文件 3-6 所示。

文件 3-5　date.jsp

```
1  <%@ page contentType="text/html;charset=UTF-8" language="java"%>
2  <%@ page pageEncoding="UTF-8" %>
3  <%@ page import="java.util.Date" %>
4  <%@ page import="java.text.SimpleDateFormat" %>
5  被引入文件 date.jsp 的内容<br/>
6  <%
7  Date date = new Date();
8  SimpleDateFormat df = new SimpleDateFormat("yyyy-MM-dd HH:mm:ss");
9  String d = df.format(date);
10 out.println(d);
11 %>
```

文件 3-6　include.jsp

```
1  <%@ page contentType="text/html;charset=UTF-8" language="java"
2  pageEncoding="UTF-8" %>
3  <html>
4  <head>
5     <title>include 指令</title>
6  </head>
7  <body>
8     include.jsp 文件的内容<br/>
9     <%@ include  file="date.jsp" %>
10 </body>
11 </html>
```

在 IDEA 中启动项目后，在浏览器地址栏中访问 http://localhost:8080/WebTest/include.jsp，运行结果如图 3-6 所示。

图 3-6　文件 3-6 的运行结果

由图 3-6 可知，测试 include. jsp 文件，页面中显示系统的当前日期和时间，说明 include 指令成功地将 date. jsp 文件中的代码合并到 include. jsp 文件中。

关于 include 指令的注意事项如下：

➢ 被引入的文件必须遵循 JSP 语法，可以包含静态 HTML、JSP 脚本元素、JSP 指令和 JSP 行为元素等普通 JSP 页面所具有的一切内容。

➢ 被引入的文件可以使用任意的扩展名，即使扩展名是 . html，JSP 引擎也会按照处理 JSP 页面的方式处理文件中的内容。为了便于区分管理，一般使用 . jspf 为静态引入文件的扩展名。

➢ 在将 JSP 文件翻译成 Servlet 源文件时，JSP 引擎将合并被引入文件与当前 JSP 页面的指令元素。因此，除了 import 和 pageEncoding 属性，page 指令的其他属性不能在这两个页面中有不同的设置值。

➢ 除了指令元素，被引入的文件中的其他元素都会被转换成相应的 Java 源代码并插入当前 JSP 页面所翻译成的 Servlet 源文件中，插入位置与 include 指令在当前 JSP 页面中的位置保持一致。

➢ 引入文件与被引入文件是在被 JSP 引擎翻译成 Servlet 的过程中合并的，而不是先合并源文件再对合并的文件进行翻译的。因此，当前 JSP 页面源文件与被引入的文件可以为属性 pageEncoding 指定不同的字符集编码。各自文件的 pageEncoding 的作用范围仅限于所在文件自身。

➢ file 属性的设置值必须使用相对路径，根目录为 web 应用程序的根目录。相对路径必须使用实际的路径，不能使用虚拟路径。假如存在 a. jsp 引入 b. jspf，都保存在根目录下，如果把 a. jsp 的路径映射成为 http://localhost:8080/MyServlet/test/a. jsp，则引入 b. jspf 时调用的是 http://localhost:8080/MyServIet/b. jspf，而不是 http://localhost:8080/MyServlet/test/b. jspf。

（3）taglib 指令

JSP 中允许用户自定义标签，自定义标签库就是一组自定义标签的集合。taglib 指令用于声明并引入标签库，以及指定标签的前缀。在 JSP 页面中引入标签库后，就可以通过指定的前缀来引用标签库中的标签。

taglib 指令的具体语法格式如下：

```
<%@ taglib  uri = "taglibURI"  prefix = "tagPrefix"%>
```

taglib 指令的属性含义如下：

➤ uri：指定标签库文件的所在位置。

➤ prefix：指定标签库的前缀，该前缀命名必须避免使用一些保留的前缀，如 jsp、javax、servlet 等，以免与系统或标准库的命名空间冲突。

例如，在 JSP 页面中引用 JSTL（JSP 标准标签库）中的核心标签库的代码如下：

```
<%@ taglib uri="http://java.sun.com/jsp/jstl/core" prefix="c"%>
```

小贴士

从 JSP1.1 规范开始，JSP 就支持使用自定义标签。SUN 公司（现被 QRACLE 公司收购）制定了一套 JSP 标准标签库（JSTL），JSTL 包含 5 类标准标签库，分别是核心标签库、国际化/格式化标签库、SQL 标签库、XML 标签库和函数标签库。在使用这些标签库之前，先要从 Apache 官网（https://www.apache.org/）下载 JSTL 的 JAR 包，如 JSTL1.1 里面有两个 JAR 文件，分别是 jstl.jar 和 standard.jar。

3.4　JSP 动作元素

JSP 动作元素用来控制 Servlet/JSP 引擎的行为，为请求处理阶段提供信息。通过 JSP 动作元素可以动态地插入文件、重用 JavaBean 组件、将用户请求转发到另外的页面等。

JSP 动作元素基本上都是预定义的函数，JSP 规范定义了一系列标准动作，它用 JSP 作为前缀。JSP 动作元素的基本语法格式如下：

```
<jsp:action_name  attribute="value" />
```

（1）引入文件的动作元素<jsp:include>

<jsp:include>动作元素用于把指定文件引入当前的 JSP 页面文件中，被引入的文件可以是静态文件，也可以是动态文件。<jsp:include>动作元素的具体语法格式如下：

```
<jsp:include  page="relative URL" flush="true" />
```

<jsp:include>动作元素的属性含义如下：

➤ page：用于指定被引入文件的相对地址。

➤ flush：用于指定是否将当前 JSP 页面的输出内容响应到客户端，默认值为 false。

在<jsp:include>动作元素中，主包含文件和被引入文件是各自单独进行编译处理的。被引入的文件是在主包含文件被请求时才进行编译处理的，然后将编译处理后的结果包含到主包含文件中，最后将两个页面组合的结果响应给客户端。

下面通过一个案例演示<jsp:include>动作元素的使用。

在 WebTest 项目的 web 目录下创建名称为 included 和 dynamicInclude 的两个 JSP 文件，在 dynamicInclude.jsp 文件中，使用<jsp:include>动作元素引入 included.jsp 文件。具体程序代码如文件 3-7 和文件 3-8 所示。

文件 3-7　included.jsp

```
1  <%@ page contentType="text/html;charset=UTF-8" language="java"%>
2  <html>
3  <head>
4      <title>included</title>
5  </head>
6  <body>
7      <% Thread.sleep(5000);%>
8      included.jsp 中的内容<br/>
9      </body>
10 </html>
```

文件 3-8　dynamicInclude.jsp

```
1  <%@ page contentType="text/html;charset=UTF-8" language="java"%>
2  <html>
3  <head>
4      <title>dynamicInclude page</title>
5  </head>
6  <body>
7      dynamicInclude.jsp 中的 jsp:include 动作元素之前的内容<br/>
8      <jsp:include page="included.jsp" flush="false" />
9      dynamicInclude.jsp 中的 jsp:include 动作元素之后的内容<br/>
10 </body>
11 </html>
```

在 IDEA 中启动项目后，在浏览器地址栏中输入 http://localhost:8080/WebTest/dynamicInclude.jsp 并按 Enter 键，等待 5 秒后，浏览器会将 dynamicInclude.jsp 和 included.jsp 页面中的输出内容同时显示出来，最终运行结果如图 3-7 所示。这说明，当 flush 属性的值为 false 时，并没有将主包含 JSP 页面文件 dynamicInclude.jsp 中的输出内容立即输出到客户端，而是等待被包含文件的编译处理结果，最终将两个页面的编译处理结果组合后同时输出到客户端。

dynamicInclude.jsp中的jsp:include动作元素之前的内容
included.jsp中的内容
dynamicInclude.jsp中的jsp:include动作元素之后的内容

图 3-7　文件 3-8 的运行结果

修改文件 3-8 中的第 8 行代码，将<jsp：include>动作元素中的 flush 属性设置为 true，重新启动项目，再次访问地址 http：//localhost：8080/WebTest/dynamic Include. jsp，发现浏览器首先会显示 dynamicInclude. jsp 页面文件中的<jsp：include>动作元素之前的输出内容，等待 5 秒后，再显示 included. jsp 页面文件中的输出内容和<jsp：include>动作元素之后的输出内容。这说明，当 flush 属性的值为 true 时，会将主包含 JSP 页面文件 dynamicInclude. jsp 中的<jsp：include>动作元素之前的输出内容立即输出到客户端，然后再输出被包含页面的内容和主包含页面的后续内容。

小贴士

include 指令与<jsp：include>动作元素都可以用于引入文件，但它们之间存在很大差别。

➤ include 指令通过 file 属性指定被引入文件，file 属性不支持任何表达式；<jsp：include>动作元素通过 page 属性指定被引入文件，page 属性支持 JSP 表达式。

➤ 使用 include 指令引入文件时，被引入文件的内容会原封不动地插入主包含文件中，然后 JSP 编译器将合成后的文件编译成一个 Java 文件；使用<jsp：include>动作元素引入文件时，当该动作元素被执行时，才对被引入文件进行编译处理，并将处理结果输出到浏览器中，然后返回主包含文件，继续执行<jsp：include>动作元素后面的程序代码。这是因为 Web 服务器执行的是多个文件，所以如果一个 JSP 页面引入了多个文件，JSP 编译器会分别对被引入文件进行编译处理。

➤ 使用 include 指令引入文件时，因为被引入文件最终会生成一个文件，所以在被引入文件、主包含文件中不能有重复的变量名或方法名；使用<jsp：include>动作元素引入文件时，因为每个文件是单独编译处理的，所以被引入文件和主包含文件的变量名和方法名是不冲突的。

（2）请求转发的动作元素<jsp：forward>

<jsp：forward>动作元素用于实现将请求转发到指定的页面（可以是 HTML 页面、JSP 页面或 Servlet 等）。在执行请求转发后，当前的页面将不再执行，而是去执行该动作元素指定的目标页面。<jsp：forward>动作元素从当前页面转发到指定页面时，完成的是同一个请求，是服务器端的操作，因此客户端并不知道请求转发

的页面，浏览器的地址栏不会发生变化。

<jsp:forward>动作元素的具体语法格式如下：

```
<jsp:forward  page="Relative URL"/>
```

<jsp:forward>动作元素只有一个 page 属性，用于指定请求转发到的目标页面的相对地址。需要注意的是，其指定的目标页面文件必须是内部资源，即当前应用中的资源。page 属性值若以 "/" 开头，则在当前应用的根目录下查找目标文件；否则，就在当前路径下查找目标文件。

如果转发到的目标页面是一个动态页面文件，那么还可以向目标文件传递参数。此时需要与<jsp:param>动作元素结合使用，实现页面间的参数传递。

下面通过一个案例演示<jsp:forward>和<jsp:param>动作元素的使用。

在 WebTest 项目的 web 目录下创建名称为 forward 和 welcome 的两个 JSP 文件。具体程序代码如文件 3-9 和文件 3-10 所示。

文件 3-9　forward. jsp

```
1   <%@ page contentType="text/html;charset=UTF-8" language="java"%>
2   <html>
3   <head>
4       <title>jsp:forward 动作元素</title>
5       <link rel="stylesheet" type="text/css" href="css/style1.css"/>
6   </head>
7   <body>
8   <form action="" method="post">
9       <table>
10        <tr>
11            <td class="alignRight">用户名:</td>
12            <td><input type="text" name="username"/></td>
13        </tr>
14        <tr>
15            <td class="alignRight">密    码: </td>
16            <td><input type="password" name="password"/></td>
17        </tr>
18      </table>
19      <input type="submit" value="登 录" class="submit"/>
20  </form>
21      <%
22          String s_username = null, s_password = null;
23          s_username = request.getParameter("username");
```

```
24        s_password = request.getParameter("password");
25        //用户名和密码均不为空时,转发到 welcome.jsp,
26        //通过<jsp:param>把用户名和密码以参数形式传递
27        if(s_username!=null && s_password!=null){
28    %>
29    <jsp:forward page="welcome.jsp">
30        <jsp:param name="uname" value="<%=s_username%>"/>
31        <jsp:param name="upwd" value="<%=s_password%>"/>
32    </jsp:forward>
33    <%
34        }
35    %>
36  </body>
37  </html>
```

文件 3-10　welcome. jsp

```
1  <%@ page contentType="text/html;charset=UTF-8" language="java" %>
2  <html>
3  <head>
4    <title>欢迎页面</title>
5  </head>
6  <body>
7    <%=request.getParameter("uname")%>,欢迎您访问本页面!<br/>
8    您的登录密码:<%=request.getParameter("upwd")%>
9  </body>
10 </html>
```

在 IDEA 中启动项目后,在浏览器地址栏中访问 http://localhost:8080/WebTest/forward.jsp,当用户名和密码均不为空时,从 forward.jsp 页面请求转发到目标页面 welcome.jsp,在 welcome.jsp 文件中获取 forward.jsp 文件通过<jsp:param>动作元素传递的参数值。此时,浏览器显示 welcome.jsp 页面的输出内容,地址栏中访问的地址没有变化。浏览器显示的结果如图 3-8 所示。

图 3-8　文件 3-10 的运行结果

3.5　JSP 隐式对象

JSP 隐式对象也被称为预定义变量或内置对象，JSP 2.3 中提供了 9 个隐式对象，它们是 JSP 系统中默认创建的 Java 对象，不需要显式声明即可直接使用。JSP 中的 9 个隐式对象的名称、所属类型、功能描述和作用域如表 3-2 所示。

表 3-2　JSP 隐式对象

对象名	所属类型	功能描述	作用域
out	javax. servlet. jsp. JspWriter	用于页面输出	page
request	javax. servlet. http. HttpServletRequest	用于获取用户的请求信息	request
response	javax. servlet. http. HttpServletResponse	用于服务器向客户端的响应信息	page
session	javax. servlet. http. HttpSession	用于保存用户的相关信息	session
application	javax. servlet. ServletContext	用于保存所有用户的共享信息	application
config	javax. servlet. ServletConfig	用于获取服务器的配置，可以获取初始化参数	page
pageContext	javax. servlet. jsp. PageContext	提供对 JSP 页面所有对象以及命名空间的访问	page
page	java. lang. Object	代表当前 JSP 页面，是当前 JSP 页面转换后的 Servlet 类的实例	page
exception	java. lang. Throwable	代表发生错误的 JSP 页面中的异常对象，在错误页中才起作用	page

JSP 中的 9 个隐式对象共有 4 种作用域，这 4 种作用域的范围从小到大依次为 page、request、session、application。page 作用域表示只在当前 JSP 页面内有效。request 作用域表示一次请求有效，一次请求可能包含一个页面，也可能包含多个页面。session 作用域表示在当前会话中有效。application 作用域表示在当前 Web 应用中都有效。

本章仅讲解部分隐式对象，其他隐式对象在另外章节中讲解。

3.5.1　out 对象

out 对象是 javax. servlet. jsp. JspWriter 类的实例，用于在 response 对象中写入内容，输出到客户端的页面中。out 对象的作用与 ServletResponse. getWriter( )方法返回的 PrintWriter 对象的作用相似，都是用于向客户端输出数据；不同的是，out 对象带有缓存功能。out 对象与 Servlet 引擎提供的缓冲区之间的工作关系如图 3-9 所示。

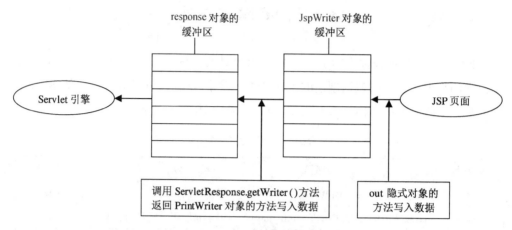

图 3-9　out 对象与 Servlet 引擎提供的缓冲区之间的工作关系

由图 3-9 可知，在 JSP 页面中，通过 out 对象输出数据，是先将数据缓存在 JspWriter 对象的缓冲区中，只有当 JspWriter 缓冲区的大小为 0，或缓冲区满，或 JSP 文件运行结束时，才会将 JspWriter 缓冲区中的数据真正写入 Servlet 引擎提供的缓冲区中，Servlet 引擎按照缓冲区的数据存放顺序来输出。

默认情况下，out 对象的缓冲区的大小为 8 kb，即为 page 指令的 buffer 属性的默认值。可以在 page 指令中使用 buffer="0kb" 设置缓冲的大小为 0，这时 out 对象就会把数据直接写入 Servlet 引擎提供的缓冲区中。

JspWriter 类包含了 java. io. PrintWriter 类中的大部分方法并新增了一些专为处理缓存而设计的方法。另外，JspWriter 类会抛出 IOException 异常，而 PrintWriter 类则不会。out 对象的常用方法如表 3-3 所示。

表 3-3　out 对象的常用方法

方法名称	功能描述
print(dataType dt)	输出 Type 类型的值
println(dataType dt)	输出 Type 类型的值，然后换行
flush( )	刷新输出流

在表 3-3 所列的方法中，dataType 代表数据类型，可以是 boolean、char、int、double、String、Object 等。

下面通过一个案例演示 out 对象的使用。

在 WebTest 项目的 web 目录下创建名称为 out 的 JSP 文件。具体程序代码如文件 3-11 所示。

文件 3-11　out.jsp

```
1   <%@ page contentType="text/html;charset=UTF-8" language="java"
2   buffer="0kb" %>
3   <html>
4   <head>
5       <title>out 对象</title>
6   </head>
7   <body>
8     <%
9       out.println("使用 out 对象的 println()方法向页面输出内容<br/>");
10      response.getWriter().println("使用 PrintWriter 字符输出流对象
11      的 println()方法向页面输出内容<br />");
12    %>
13  </body>
14  </html>
```

在 IDEA 中启动项目后，在浏览器地址栏中访问 http://localhost:8080/WebTest/out.jsp，浏览器显示的结果如图 3-10 所示。

图 3-10　文件 3-11 的运行结果

由图 3-10 可知，out 对象输出的内容在 PrintWriter 对象输出的内容之前，这是因为在文件 3-11 的第 2 行代码中指定了 page 指令的 buffer="0kb"，所以 out 对象把数据直接写入 Servlet 引擎提供的缓冲区中。

对文件 3-11 进行修改，将其第 2 行代码中的 buffer="0kb" 删除，重新启动项目，在浏览器地址栏中再次访问 http://localhost:8080/WebTest/out.jsp，浏览器显示的结果如图 3-11 所示。

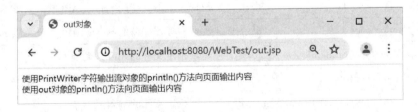

图 3-11　文件 3-11 修改后的运行结果

由图 3-11 可知，out 对象输出的内容在 PrintWriter 对象输出的内容之后，这是因为修改后的第 2 行代码没有指定 page 指令的 buffer 属性，默认 buffer 属性值为 8 kb，所以 out 对象先将数据缓存在 JspWriter 对象的缓冲区中，直到整个 JSP 页面运行结束，才将 JspWriter 缓冲区中的数据写入 Servlet 引擎提供的缓冲区中。

小贴士

在 IDEA 项目中，如果 out 对象的 println( ) 显示红色，添加 Tomcat 关联即可解决。具体操作步骤如下：单击 "File" → "Project Structure..."，在 Modules 的 Dependencies 选项卡下，单击 "+" 按钮，选择 "2 Libraries"，单击一个可用的 Tomcat，单击 "OK" 按钮。

3.5.2   application 对象

application 对象直接封装了 Servlet 的 ServletContext 类的对象，是 javax.servlet.ServletContext 类的实例。application 对象可以将信息保存在 Web 服务器中，直到 Web 服务器关闭。

application 对象在 JSP 页面初始化时被创建，随着 jspDestroy( ) 方法的调用而被移除。application 对象在 JSP 页面的整个生命周期中都代表着这个 JSP 页面。

通过向 application 对象中添加属性，Web 应用中所有的 JSP 文件都能访问到这些属性。

application 对象的常用方法如表 3-4 所示。

表 3-4   application 对象的常用方法

方法声明	功能描述
Object getAttribute(String name)	返回指定名称的 application 对象的属性值
Enumeration getAttributeNames( )	返回一个枚举，包括所有可用的属性名
void setAttribute(String name, Object obj)	设定指定名称的属性值
void removeAttribute(String name)	删除指定的属性及其属性值
String getServerInfo( )	返回 JSP(Servlet) 引擎名及版本号
String getRealPath(String path)	返回指定虚拟路径的真实路径
ServletContext getContext(String uripath)	返回指定 URI 路径对应的 Web 应用的 ServletContext 对象
int getMajorVersion( )	返回服务器支持的 Servlet API 的最大版本号
int getMinorVersion( )	返回服务器支持的 Servlet API 的最小版本号
String getMimeType(String file)	返回指定文件的 MIME 类型
URL getResource(String path)	返回指定资源（文件及目录）的 URL 路径
InputStream getResourceAsStream(String path)	返回指定资源的输入流

续表

方法声明	功能描述
RequestDispatcher getRequestDispatcher (String uripath)	返回指定资源的 RequestDispatcher 对象
Servlet getServlet(String name)	返回指定名的 Servlet
Enumeration getServlets( )	返回一个枚举,包括所有已注册的 Servlet
Enumeration getServletNames( )	返回一个枚举,包括所有 Servlet 的名称
void log(String msg)	把指定消息写入 Servlet 的日志文件中
void log(Exception exception,String msg)	把指定异常的栈轨迹及错误消息写入 Servlet 日志文件中
void log(String msg,Throwable throwable)	把栈轨迹及 Throwable 异常信息写入 Servlet 日志文件中

下面通过一个案例演示 application 对象的使用。

在 WebTest 项目的 web 目录下创建名称为 application 的 JSP 文件。具体程序代码如文件 3-12 所示。

文件 3-12　application. jsp

```
1   <%@ page contentType="text/html;charset=UTF-8" language="java"%>
2   <html>
3   <head>
4       <title>application 对象的应用</title>
5   </head>
6   <body>
7   <%
8      if(application.getAttribute("count")==null){
9          application.setAttribute("count",1);
10         out.println("欢迎您,您是本网页第 1 位访客!");
11     }else{
12         int i = (int) application.getAttribute("count");
13         i++;
14         application.setAttribute("count",i);
15         out.println("欢迎您,您是本网页第 " + i + " 位访客!");
16     }
17  %>
18  </body>
19  </html>
```

运行程序，发现即使将页面关闭再重新打开，或从不同客户端浏览器打开该网页，计数器依然有效，直到重启 Web 服务器。这说明此计数器记录的是本网页的访问次数，与是不是同一客户端无关。

如果要实现整个网站访问量的统计功能，则需要结合过滤器技术进行设计。

application 对象除了能够在多个 JSP 之间、JSP 和 Servlet 之间共享数据，还可访问 Web 应用的配置参数。

3.5.3　config 对象

config 对象是 javax. servlet. ServletConfig 类的实例，表示 Servlet 的配置信息。Servlet 的配置信息可以在 web. xml 配置文件中配置，还可以在@ WebServlet 注解的属性中配置。通过 pageContext 对象的 getServletConfig( )方法可以获得一个 config 对象。当一个 Servlet 初始化时，Web 服务器会将该 Servlet 的配置信息封装到一个 ServletConfig 类的对象中，通过 config 对象把配置信息传递给这个 Servlet。config 对象允许开发者访问 Servlet 或者 JSP 引擎的初始化参数，如文件路径等。config 对象的常用方法如表 3-5 所示。

表 3-5　config 对象的常用方法

方法声明	功能描述
String getInitParameter(String name)	获取指定参数名的初始化参数值，如果参数不存在，则返回 null
java. util. Enumeration getInitParameterNames( )	返回一个枚举，包括所有初始化参数的名称
ServletContext getServletContext( )	获取 Servlet 或 JSP 页面所属的 ServletContext 对象
String getServletName( )	获取 Servlet 实例或 JSP 页面的名称，此名称可以在 web. xml 文件中配置。对于一个未配置的 Servlet 实例或 JSP 页面，将返回该 Servlet 类的类名

下面通过一个案例演示 config 对象的使用。

第一步，在 WebTest 项目的 web 目录下创建名称为 config 的 JSP 文件。具体程序代码如文件 3-13 所示。

文件 3-13　config. jsp

```
1  <%@ page contentType="text/html;charset=UTF-8" language="java"%>
2  <html>
3  <head>
4      <title>config 对象</title>
5  </head>
6  <body>
7    <%
```

```
8          // 通过 config 对象获取 JSP 页面的名称
9          String servName = config.getServletName();
10         // 通过 config 对象获取初始化参数 course 的值
11         String value = config.getInitParameter("course");
12         out.println("Servlet 的名称为:" + servName + "<br/>");
13         out.println("course 参数的值为:" + value + "<br/>");
14     %>
15   </body>
16   </html>
```

在文件 3-13 中，第 9 行代码是通过 config 对象获取 config. jsp 页面文件的名称；第 11 行代码是通过 config 对象获取初始化参数 course 的值；第 12~13 行代码是在页面中输出获取到的值。

第二步，在 WebTest 项目的 web. xml 文件中对 config. jsp 页面文件指定配置信息，并为其设置一个 URL。具体程序代码如文件 3-14 所示。

文件 3-14　web. xml

```
1    <?xml version="1.0" encoding="UTF-8"?>
2    <web-app xmlns="http://xmlns.jcp.org/xml/ns/javaee"
3            xmlns:xsi="http://www.w3.org/2001/XMLSchema-instance"
4            xsi:schemaLocation="http://xmlns.jcp.org/xml/ns/javaee
5            http://xmlns.jcp.org/xml/ns/javaee/web-app_4_0.xsd
6            "version="4.0">
7       <servlet>
8          <servlet-name>ConfServlet</servlet-name>
9          <jsp-file>/config.jsp</jsp-file>
10         <init-param>
11             <param-name>course</param-name>
12             <param-value>Java Web</param-value>
13         </init-param>
14      </servlet>
15      <servlet-mapping>
16         <servlet-name>ConfServlet</servlet-name>
17         <url-pattern>/ConfServlet</url-pattern>
18      </servlet-mapping>
19      <context-param>
20         <param-name>companyName</param-name>
21         <param-value>cz</param-value>
```

```
22        </context-param>
23        <context-param>
24            <param-name>address</param-name>
25            <param-value>jiangsu</param-value>
26        </context-param>
27    </web-app>
```

在文件 3-14 中, 第 7~18 行代码将 config.jsp 页面文件当成 Servlet 进行配置。第 8 行代码指定了 Servlet 的名称; 第 9 行代码指定将 config.jsp 配置成 Servlet; 第 10~13 行代码配置了一个初始化参数, 并指定了参数名和对应的参数值; 第 15~18 行代码在 Servlet 和 URL 之间定义了一个映射; 第 16 行代码给出了 Servlet 名称, 这个 Servlet 名称必须是在 Servlet 元素中声明过的 Servlet 的名称; 第 17 行代码指定了对应于该 Servlet 的 URL 路径, 以后所有对这个路径下资源的请求都会由第 16 行 <servlet-name> 中指定的 Servlet 处理。

在 IDEA 中启动项目后, 在浏览器地址栏中访问 http://localhost:8080/WebTest/ConfServlet, 浏览器显示的结果如图 3-12 所示。

图 3-12　访问配置路径的文件 3-13 的运行结果

由图 3-12 可知, 在 web.xml 文件中将 config.jsp 配置成一个 Servlet, 为其配置了一个初始化参数 course, 并将该 Servlet 映射到 "/ConfServlet"。在浏览器中访问的是该 Servlet 映射到的 URL, 所以执行 config.getServletName() 返回的 Servlet 的名称为 "ConfServlet", 执行 config.getInitParameter("course") 返回的初始化参数 course 的值为 "Java Web"。

在 IDEA 中启动项目后, 在浏览器地址栏中访问 http://localhost:8080/WebTest/config.jsp, 浏览器显示的结果如图 3-13 所示。

图 3-13　直接访问 config.jsp 的文件 3-13 的运行结果

由图 3-13 可知, 在浏览器中访问的是 /config.jsp, 而不是 Servlet 映射到的 URL, 相当于 config.jsp 页面文件未配置, 所以执行 config.getServletName() 的返

回值为"jsp"，执行 config. getInitParameter("course") 的返回值为 null。若将文件 3-14 的第 17 行代码中的<url-pattern>/ConfServlet</url-pattern>修改为<url-pattern>/ config. jsp</url-pattern>，然后在浏览器地址栏中访问 http://localhost:8080/ WebTest/config. jsp，则页面的显示结果将如图 3-12 所示。

3.5.4　pageContext 对象

pageContext 对象是 javax. servlet. jsp. PageContext 类的实例，用来代表整个 JSP 页面。使用 pageContext 对象能够获取 JSP 的其他 8 个对象，还可以用来保存数据。pageContext 对象获取其他 8 个对象的方法如表 3-6 所示。

表 3-6　pageContext 对象获取其他 8 个对象的方法

方法声明	功能描述
JspWriter getOut( )	获取 out 对象
ServletRequest getRequest( )	获取 request 对象
ServletResponse getResponse( )	获取 response 对象
HttpSession getSession( )	获取 session 对象
ServletContext getServletContext( )	获取 application 对象
ServletConfig getServletConfig( )	获取 config 对象
Object getPage( )	获取 page 对象
Exception getException( )	获取 exception 对象

pageContext 对象存储数据的功能是通过对属性的操作来实现的。pageContext 对象操作属性的常用方法如表 3-7 所示。

表 3-7　pageContext 对象操作属性的常用方法

方法	功能描述
Java. lang. Object getAttribute(String name, int scope)	获取指定域中名称为 name 的属性
void setAttribute(String name, Object value, int scope)	通过 pageContext 对象设置指定域中的属性
void removeAttribute(String name, int scope)	删除指定域中名称为 name 的属性
void removeAttribute(String name)	删除 4 个域中名称为 name 的属性
Java. lang. Object findAttribute(String name)	从 4 个域中查找名称为 name 的属性

在表 3-7 所示的方法中，参数 name 表示属性名称；参数 value 表示属性值；参数 scope 表示属性的作用域，pageContext 对象的作用域有 4 个，具体如下。

➤ pageContext. PAGE_SCOPE：表示一个页面范围。

➤ pageContext. REQUEST_SCOPE：表示一次请求范围。

➤ pageContext. SESSION_SCOPE：表示一次会话范围。

➤ pageContext. APPLICATION_SCOPE：表示一个 Web 项目范围。

注意：① getAttribute( ) 和 setAttribute( ) 方法中的 scope 参数可以省略，默认值为 pageContext. PAGE_SCOPE。② findAttribute( ) 方法在查找指定名称的属性时，会在 4 个域的范围内，按照 page 域、request 域、session 域、application 域的顺序依次进行查找。如果查找到，则返回属性的值；否则返回 null。

下面通过一个案例演示 pageContext 对象的使用。

在 WebTest 项目的 web 目录下创建名称为 pageContext 的 JSP 文件。具体程序代码如文件 3-15 所示。

文件 3-15　pageContext. jsp

```
1  <%@ page contentType = "text/html;charset =UTF-8" language = "java"% >
2  <html>
3  <head>
4     <title>pageContext 对象</title>
5  </head>
6  <body>
7     <%
8        //获取 request 对象
9        HttpServletRequest req = (HttpServletRequest)
10 pageContext.getRequest();
11        //通过 pageContext 对象设置 page 域中的属性
12        pageContext.setAttribute("msg","page 域的属性");
13        //通过 request 对象设置 request 域中的属性
14        req.setAttribute("msg","通过 request 对象设置属性");
15        //通过 pageContext 对象设置 request 域中的属性
16        pageContext.setAttribute("msg","request 域的属性",
17 pageContext.REQUEST_SCOPE);
18        //通过 pageContext 对象设置 session 域中的属性
19        pageContext.setAttribute("msg","session 域的属性",
20 pageContext.SESSION_SCOPE);
21        //通过 pageContext 对象设置 application 域中的属性
22        pageContext.setAttribute("msg","application 域的属性",
23 pageContext.APPLICATION_SCOPE);
24        //获取 page 域中的 msg 属性值
25        String strpage = (String) pageContext.getAttribute
26 ("msg",pageContext.PAGE_SCOPE);
27        //获取 request 域中的 msg 属性值
```

```
28        String strreq = (String) pageContext.getAttribute("msg",
29  pageContext.REQUEST_SCOPE);
30        //获取 session 域中的 msg 属性值
31        String strsess = String.valueOf(pageContext.getAttribute
32  ("msg", pageContext.SESSION_SCOPE));
33        //获取 application 域中的 msg 属性值
34        String strappl = String.valueOf(pageContext.getAttribute
35  ("msg", pageContext.APPLICATION_SCOPE));
36        //查找属性名称为 msg 的属性
37        String strname = String.valueOf(pageContext.findAttribute("msg"));
38    %>
39    <%= "page 域:" + strpage %><br/>
40    <%= "request 域:" + strreq %><br/>
41    <%= "session 域:" + strsess %><br/>
42    <%= "application 域:" + strappl %><br/>
43    <%= "查找 msg 属性:" + strname %><br/>
44  </body>
45  </html>
```

在文件 3-15 中，第 9-10 行代码是通过 pageContext 对象获取 request 对象；如果第 12 行代码中的 setAttribute( ) 方法没有指定 scope 参数，那么 scope 参数使用默认值 pageContext. PAGE_SCOPE，这行代码的功能是通过 pageContext 对象设置 page 域中的属性；第 14 行代码是通过 request 对象设置 request 域中的属性，这行代码的功能与第 16-17 行代码的功能是等价的，第 16-17 行的代码是通过 pageContext 对象设置 request 域中的属性；第 25-35 行代码是通过 pageContext 对象获取指定域中的指定属性的值；第 37 行代码是通过 pageContext 对象查找属性名称为 msg 的属性，首先在 page 域中查找 msg 属性，因为在 page 域中存在 msg 属性，所以能查找到，返回 msg 属性的值；第 39-43 行代码是使用 JSP 表达式输出数据。

在 IDEA 中启动项目后，在浏览器地址栏中访问 http://localhost:8080/WebTest/pageContext. jsp，浏览器显示的结果如图 3-14 所示。

图 3-14　文件 3-15 的运行结果

由图 3-14 可知，通过 pageContext 对象可以获取到 request 对象，同理，通过 pageContext 对象还可以获取到其他对象；可以通过 request 对象存取属性，还可以通过 pageContext 对象存取 4 个域中的属性；可以通过 pageContext 对象查找 4 个域中的属性。

3.5.5 page 对象

page 对象就是页面实例的引用，它代表 JSP 页面本身，它是当前 JSP 页面转换后的 Servlet 类的实例。page 对象就是 this 对象的同义词。page 对象是 java. lang. Object 类的实例，只能调用 Object 类的方法，不能调用实例变量以及非 Object 类的方法。

下面通过一个案例演示 page 对象的使用。

在 WebTest 项目的 web 目录下创建名称为 page 的 JSP 文件。具体程序代码如文件 3-16 所示。

文件 3-16　page. jsp

```
1  <%@ page contentType="text/html;charset=UTF-8" language="java"%>
2  <%@ page info="page 对象"%>
3  <html>
4  <head>
5      <title>page 对象的应用</title>
6  </head>
7  <body>
8      <%!
9          int i = 5;
10     %>
11     通过 this 对象调用整型变量 i:<%= this.i %><br/>
12     获取当前 JSP 页面的 info 属性:<%= this.getServletInfo() %><br/>
13     返回当前页面所在类:<%= page.getClass() %><br/>
14     转换成 String 类的对象:<%= page.toString() %><br/>
15     page 与 this 比较:<%= page.equals(this) %><br/>
16         </body>
17  </html>
```

在 IDEA 中启动项目后，在浏览器地址栏中访问 http://localhost:8080/WebTest/page. jsp，浏览器显示的结果如图 3-15 所示。

通过this对象调用整型变量i: 5
获取当前JSP页面的info属性: page对象
返回当前页面所在类: class org.apache.jsp.page_jsp
转换成String类的对象: org.apache.jsp.page_jsp@5bf8372a
page与this比较: true

图 3-15　文件 3-16 的运行结果

由图 3-15 可知，在文件 3-16 中，若将第 11–12 行代码中的 this 替换成 page，则编译器将会报错，表明 page 不能调用实例变量以及非 Object 类的方法；第 13–14 行代码可以正常执行，表明 page 对象可以调用 Object 类的方法；第 15 行代码表明 page 对象就是 this 的引用。

3.5.6　exception 对象

通常情况下，当页面发生异常时，只需要提示用户页面出现了错误，不必将异常的详细情况显示给用户，而是将异常的详细信息写入 Log 文件中，以方便程序员调试。这种处理异常的方式可以通过 exception 对象实现。

exception 对象封装了从先前 JSP 页面中抛出的异常信息。当 JSP 页面发生错误时，就会产生异常。exception 对象用于捕获和展示 JSP 页面中发生的异常，通常在错误页面中使用。

page 指令中的 errorPage 属性可以为 JSP 页面指定错误处理页面，无论 JSP 页面何时抛出异常，Web 服务器都会自动调用所指定的错误处理页面。一个 JSP 页面要成为错误处理页面，必须在其 page 指令中设置 isErrorPage 属性值为 true，Web 服务器才会把错误交给它来处理。

下面通过一个案例演示 exception 对象的使用。

第一步，在 WebTest 项目的 web 目录下创建名称为 exception 的 JSP 文件。具体程序代码如文件 3-17 所示。

文件 3-17　exception. jsp

```
1  <%@ page contentType="text/html;charset=UTF-8" language="java"
2  errorPage="error.jsp" %>
3  <html>
4  <head>
5      <title>exception 对象的使用</title>
6  </head>
7  <body>
8      <%
9          int intx = 5, inty = 0;
```

```
10      %>
11      输出结果为:<% =(intx /inty)% ><!--0 作为除数,会产生异常  -->
12   </body>
13   </html>
```

在文件 3-17 中,第 2 行代码的 page 指令中设置 errorPage 属性值为 error. jsp,即给 exception. jsp 指定错误处理页面为 error. jsp。

第二步,在 WebTest 项目的 web 目录下创建名称为 error 的 JSP 文件。具体程序代码如文件 3-18 所示。

文件 3-18　error. jsp

```
1   <%@ page contentType="text /html;charset=UTF-8" language="java"
2   isErrorPage="true"% >
3   <html>
4   <head>
5      <title>错误处理页面</title>
6   </head>
7   <body>
8      出错原因:
9      <!-- 显示 exception.jsp 产生的异常信息 -->
10     <%= exception.getMessage()% ><!-- 获取异常消息字符串 -->
11     <br/>
12     <%= exception.toString()% ><!-- 以字符串的形式返回对异常的描述-->
13   </body>
14   </html>
```

在文件 3-18 中,第 2 行代码的 page 指令中设置 isErrorPage 属性值为 true,指定error. jsp 是错误处理页面;第 10 行代码使用 exception 对象显示异常信息,在 exception 对象中封装了 exception. jsp 页面抛出的异常信息。

当 exception. jsp 页面发生异常时,Web 服务器会自动调用 error. jsp 页面,在页面中显示 exception. jsp 页面产生的异常信息。在 IDEA 中启动项目后,在浏览器地址栏中访问 http:∥localhost:8080/WebTest/exception. jsp,浏览器显示的结果如图 3-16 所示。

图 3-16　文件 3-17 的运行结果

由图 3-16 可知，浏览器地址栏中的 URL 地址并没有发生变化，但浏览器页面显示的是 error. jsp 中要输出的内容。这说明当 exception. jsp 页面发生异常时，Web 服务器自动调用 error. jsp 页面进行异常处理。

上机指导

3-1　在 MyTest 项目的 web 目录下创建名称为 include 和 included 的两个 JSP 文件，在 include. jsp 文件中，分别使用 include 指令和<jsp：include>动作元素将 included. jsp 文件引入。

3-2　在 MyTest 项目的 web 目录下创建名称为 login 的 JSP 登录页面，输入任意的用户名和密码，单击登录按钮后，可以实现从 login. jsp 页面请求转发到目标页面 index. jsp，在 index. jsp 文件中获取 login. jsp 文件通过<jsp：param>动作元素传递的用户名和密码，并显示出来。

3-3　在 MyTest 项目中创建一个 JSP 页面，在此页面中使用 pageContext 对象来存储和访问页面属性，以及通过它访问其他隐式对象。

第 4 章　Servlet 技术

学习目标

- 掌握 Servlet 的基本概念。
- 掌握 Servlet 的特点及其接口。
- 熟练使用 IDEA 工具开发 Servlet。
- 掌握 Servlet 的配置以及 Servlet 的生命周期。
- 掌握 ServletConfig 和 ServletContext 接口的使用方法。
- 掌握 HttpServletRequest 接口的使用方法。
- 掌握 HttpServletResponse 接口的使用方法。

随着 Web 应用业务需求的增多，动态 Web 资源的开发变得越来越重要。目前，很多公司都提供动态 Web 资源的相关技术，其中比较常见的有 ASP、PHP、JSP 和 Servlet 等。基于 Java 的动态 Web 资源开发，SUN 公司（现被 ORACLE 公司收购）提供了 Servlet 和 JSP 两种技术。Servlet 用于扩展 Web 服务器的功能，将其从仅提供静态内容的简单服务器变成动态内容生成的高级 Web 应用服务器。本章将对 Servlet 技术的相关知识进行详细讲解。

4.1　Servlet 概述

Servlet 是 Server Applet 的缩写，译为"服务器端小程序"，是一种基于 Java 的动态网站开发技术。严格来说，Servlet 只是一套 Java Web 开发的规范，或者说是一套 Java Web 开发的技术标准。所谓实现 Servlet 规范，就是通过编写代码去实现 Servlet 规范提到的各种功能，包括类、方法、属性等。编写 Servlet 代码需要遵循 Java 语法，一个 Servlet 程序其实就是一个按照 Servlet 规范编写的 Java 类（*.java 文件）。Servlet 程序需要先编译成平台独立的字节码文件（*.class 文件），再动态地加载到支持 Java 技术的 Web 服务器中运行。

Servlet 规范是开放的，目前常见的实现了 Servlet 规范的产品包括 Tomcat、WebLogic、Jetty、JBoss、WebSphere 等，它们都被称为"Servlet 容器"。

Servlet 容器也称 Servlet 引擎，用来管理程序员编写的 Servlet 类。由于 Servlet 没有 main( )方法，不能独立运行，它必须被部署到 Servlet 容器中，由容器来实例化和调用 Servlet 的方法，如 doGet( ) 和 doPost( )。因此，Servlet 的生命周期是由 Servlet 容器来包容和管理的。在 JSP 技术推出后，管理和运行 Servlet/JSP 的容器也被称为 Web 容器。

用户通过单击某个链接或者直接在浏览器的地址栏中输入 URL 来访问 Servlet，Web 服务器接收到该请求后，并不是将请求直接交给 Servlet，而是交给 Servlet 容器。Servlet 容器实例化 Servlet，调用 Servlet 的一个特定方法对请求进行处理，并产生一个响应。这个响应由 Servlet 容器返回给 Web 服务器，Web 服务器封装这个响应，以 HTTP 响应的形式回送给 Web 浏览器，如图 4-1 所示。

图 4-1　Servlet 应用程序的体系结构

使用 Servlet 开发动态网站非常方便，程序员只需要集中精力处理业务逻辑，不需要再为那些基础性的、通用性的功能编写代码，这使得 Servlet 在动态网站开发领域具备了很高的实用性。

从原理上讲，Servlet 可以响应任何类型的请求，但在绝大多数情况下，Servlet 只用来扩展基于 HTTP 协议的 Web 服务器。

4.1.1　Servlet 的特点

Servlet 是一个 Java 类，Java 语言能够实现的功能，Servlet 基本上都可以实现（图形界面除外）。Servlet 技术具有以下特点。

（1）性能高效

Servlet 初始化情形有两种，一是在 Servlet 容器启动时初始化，此种情形是在 web.xml 中进行了 Servlet 参数配置，默认情况下没有此参数配置；二是 Servlet 在第一次被访问时初始化，即创建唯一的 Servlet 实例对象。在服务器上仅运行一个 Java 虚拟机（JVM），其优势在于，当多个客户端请求同时访问时，Servlet 为每个请求分配一个线程，而不是启动多个进程。

（2）编程方便

Servlet 提供了大量的实用工具例程，如处理很难完成的 HTML 表单数据、读取和设置 HTTP 头、处理 Cookie 和跟踪会话等。

（3）可跨平台运行

Servlet 是用 Java 类编写的，可以在不同的操作系统平台和不同的应用服务器平台下运行。

（4）灵活性和可扩展性强

采用 Servlet 开发的 Web 应用程序，由于 Java 类的继承性、构造函数等特点，使得其应用灵活，可随意扩展。

（5）共享数据

Servlet 之间通过共享数据可以很容易地实现数据库连接池。它能方便地实现管理用户请求，简化 Session 和获取前一页面信息的操作，而在 CGI（计算机图形接口）之间通信则很差。由于每个 CGI 程序的调用都要开始一个新的进程，且调用间通信通常通过文件进行，因而通信速度相当缓慢。同一台服务器上的不同 CGI 程序之间的通信也相当复杂。

（6）安全性强

有些 CGI 版本有明显的安全弱点，即使是使用最新的标准和 Perl 等语言，系统也没有基本安全框架。而 Java 定义有完整的安全机制，包括 SSL、CA 认证、安全政策等规范。

4.1.2　Servlet 接口

SUN 公司（现被 ORACLE 公司收购）提供了一系列接口和类用于 Servlet 技术开发，其中最重要的是 javax.servlet.Servlet 接口。所有的 Servlet 功能都是通过 Servlet 接口（Interface）向外暴露的，编写 Servlet 代码可以从实现 Servlet 接口开始。具体示例如下：

```
public class ServletDemo implements Servlet{
    // TODO:
}
```

在 Servlet 接口中定义了 5 个抽象方法，具体如表 4-1 所示。

表 4-1　Servlet 接口的方法

方法声明	功能描述
ServletConfig getServletConfig( )	获取 Servlet 对象的配置信息，返回 ServletConfig 对象
void init(ServletConfig config)	对 Servlet 实例进行初始化。整个生命周期只执行一次
void service(ServletRequest request, ServletResponse response)	负责响应客户端的请求，当容器接收到客户端访问 Servlet 对象的请求时，容器就会调用此方法。容器会构造一个表示客户端请求消息的 ServletRequest 对象和一个用于响应客户端的 ServletResponse 对象作为参数传递给此方法。在此方法中，可以通过 ServletRequest 对象获得客户端的请求消息，容器处理请求后，调用 ServletResponse 对象的方法设置响应结果。对 Servlet 发送一次请求就执行一次此方法，并且创建新的 ServletRequest 和 ServletResponse 对象，整个生命周期可执行多次
String getServletInfo( )	获取 Servlet 的一个描述，如作者、版本和版权等
void destroy( )	当服务器暂停或者程序结束运行时，容器调用此方法，释放 Servlet 对象占用的资源，并将 Servlet 对象销毁。整个生命周期只执行一次

直接实现 Servlet 接口比较麻烦，因为需要实现很多方法。为了简化开发，Servlet 规范提供了两个抽象类：GenericServlet 和 HttpServlet，它们分别实现了 Servlet 接口的许多常用功能。GenericServlet 类同时也实现了 ServletConfig 接口和 Serializable 接口的很多功能。HttpServlet 类是 GenericServlet 类的子类，实际开发中一般都继承自 HttpServlet 类。HttpServlet 类的常用方法及功能如表 4-2 所示。

表 4-2　HttpServlet 类的常用方法及功能

方法声明	功能描述
protected void doGet(HttpServletRequest req, HttpServletResponse resp)	用于处理 GET 方式的 HTTP 请求
protected void doPost(HttpServletRequest req, HttpServletResponse resp)	用于处理 POST 方式的 HTTP 请求
protected void doPut(HttpServletRequest req, HttpServletResponse resp)	用于处理 PUT 方式的 HTTP 请求

4.1.3　编写 Servlet 程序

IDEA 在编码辅助和创新的 GUI 设计等方面具有显著优势，可使程序员的开发工作变得更加高效、智能。下面使用 IDEA 开发工具完成 Servlet 的开发。

（1）在已有的 Web 项目中添加 servlet-api. jar

在进行 Servlet 开发时，需要先导入 servlet-api. jar 包文件。☞

在 WebTest 项目导入 servlet-api. jar 后，选中 src 目录并右击，可以看到"New"菜单项中新增"Servlet"菜单项，如图 4-2 所示。

图 4-2　添加 servlet-api. jar 后菜单项中新增"Servlet"菜单项

（2）创建一个 Servlet 类

在图 4-2 所示页面中，单击"Servlet"菜单项，进入"New Servlet"界面，如图 4-3 所示。图 4-3 中，"Name"用于指定 Servlet 的名称；"Package"用于指定 Servlet 所在的包的名称；"Class"是根据"Name"自动生成的 Servlet 类名，可以修改，但是一般与 Servlet 名称一致。单击"OK"按钮，创建一个 Servlet 类，如文件 4-1 所示。

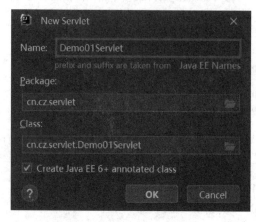

图 4-3　创建 Servlet 类的界面

文件 4-1　Demo01Servlet. java

```
1  package cn.cz.servlet;
2  import javax.servlet.ServletException;
3  import javax.servlet.annotation.WebServlet;
4  import javax.servlet.http.HttpServlet;
5  import javax.servlet.http.HttpServletRequest;
6  import javax.servlet.http.HttpServletResponse;
7  import java.io.IOException;
8  @WebServlet(name = "Demo01Servlet", value = "/Demo01Servlet")
9  public class Demo01Servlet extends HttpServlet {
10     @Override
11     protected void doGet(HttpServletRequest request,
12     HttpServletResponse response) throws
13     ServletException, IOException {  }
14     @Override
15     protected void doPost(HttpServletRequest request,
16     HttpServletResponse response) throws
17     ServletException, IOException {  }
18  }
```

在文件 4-1 中，第 8 行代码中的 @ WebServlet 属于类级别的注解，用于将一个类声明为 Servlet，标注在继承了 HttpServlet 的类之上。@ WebServlet 注解会在部署时被容器处理，容器根据其具体的属性配置将相应的类部署为 Servlet。常用的写法是将 Servlet 的相对请求路径（即 value 或 urlPatterns）直接写在注解内。第 9 行代码声明了一个 public 权限的类，类名是 Demo01Servlet，该类继承自 HTTPServlet 类。第 10-17 行代码是重写 doGet( ) 和 doPost( ) 方法，客户端的请求方式一般是 GET 或 POST，当请求方式是 GET 时，调用 doGet( ) 方法处理请求；当请求方式是 POST 时，调用 doPost( ) 方法处理请求。

为了在运行测试 Demo01Servlet 时能看到输出结果，应在 doGet( ) 和 doPost( ) 方法中添加一些代码，修改后的 Demo01Servlet. java 的部分代码如文件 4-2 所示。

文件 4-2 Demo01Servlet. java（修改后）

```
1  @WebServlet(name = "Demo01Servlet", value = "/Demo01Servlet")
2  public class Demo01Servlet extends HttpServlet {
3      @Override
4      protected void doGet(HttpServletRequest request,
5      HttpServletResponse response) throws
6      ServletException, IOException {
7          this.doPost(request, response);
8      }
9      @Override
10     protected void doPost(HttpServletRequest request,
11     HttpServletResponse response) throws
12     ServletException, IOException {
13         PrintWriter out = response.getWriter();
14         out.println("Hello Servlet!");
15     }
16 }
```

在文件 4-2 中，第 7 行代码是调用 doPost( ) 方法，因为只是客户端的请求方式不同，但请求处理的逻辑代码是一样的，所以只需要在其中一个方法中编写代码，在另一个方法中调用即可。第 13-14 行代码是使用 PrintWriter 的 println( ) 方法在页面中输出内容。

（3）启动测试 Servlet

在 IDEA 中启动项目后，在浏览器地址栏中访问 http://localhost：8080/ WebTest/Demo01Servlet，浏览器显示的结果如图 4-4 所示。

图 4-4　文件 4-2 的运行结果

4.2　Servlet 的生命周期

Servlet 的生命周期指的是一个 Servlet 对象从创建到销毁的整个过程。Servlet 的生命周期大致可以分为 3 个阶段，分别是加载和初始化阶段、请求处理阶段和销毁阶段。图 4-5 所示为 Servlet 的生命周期。

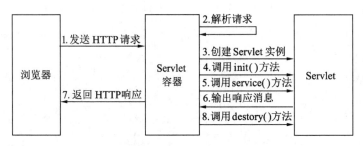

图 4-5　Servlet 的生命周期

4.2.1　加载和初始化阶段

当客户端向 Servlet 容器发出 HTTP 请求访问 Servlet 时，Servlet 容器首先会解析请求，检查内存中是否已有该 Servlet 类的实例对象。如果有，容器就会调用 ServletContext 的 getServlet( ) 方法来获取该 Servlet 对象。如果没有，容器就会加载该 Servlet 类，把它的 . class 文件读入内存，然后获取一个 ServletConfig 对象，把当前 Servlet 的配置信息封装到 ServletConfig 对象中；Servlet 还会使 ServletConfig 与当前应用的 ServletContext 对象关联，再创建一个 Servlet 对象，通过 Servlet 对象调用 init( ) 方法进行初始化；至此，Servlet 对象创建完成。在 init( ) 方法中，Servlet 可以进行一些初始化工作，如获取配置信息、建立数据库连接等。需要注意的是，在一个 Servlet 对象的整个生命周期中，它的 init( ) 方法只能被调用一次。

4.2.2　请求处理阶段

当客户端发起请求时，Servlet 容器会为每个请求创建一个新的线程，Servlet 容器会创建针对这个请求的 ServletRequest 与 ServletResponse 对象，并调用 Servlet 的 service( ) 方法处理客户端的请求。service( ) 方法检查请求方式（GET、POST、PUT、DELETE 等），来对应地选择调用 doGet( )、doPost( )、doPut( )、doDelete( ) 等方法，所以只需要根据来自客户端的请求方式重写 doGet( ) 或 doPost( ) 等。

在 service 方法中，Servlet 可以读取请求数据、进行业务处理，并生成响应数据发送给客户端。当容器把 Servlet 生成的响应结果发送给客户端后，容器就会销毁 ServletRequest 和 ServletResponse 对象。在 Servlet 的整个生命周期中，service( ) 方法可以被调用多次。

4.2.3　销毁阶段

当 Servlet 容器关闭或者 Web 应用程序被卸载时，会调用 Servlet 的 destroy( ) 方法，此时 Servlet 会执行一些清理工作，如关闭数据库连接、保存会话数据等。此外还会销毁与 Servlet 对象关联的 ServletConfig 对象。在销毁阶段结束后，Servlet 实例对象将被销毁并释放资源。在 Servlet 的整个生命周期中，destroy( ) 方法也只被调用一次。

4.3　Servlet 的配置

配置 Servlet 相当于注册 Servlet。自定义的 Servlet 需要放入 Servlet 容器，并告诉容器可以通过哪个 URL 地址访问这个 Servlet；还可以配置更多参数，让 Servlet 可以提供更灵活的功能。只有正确配置 Servlet，容器才能正确响应客户端请求，所以必须将 Servlet 配置在 Web 应用中。

在 Servlet 3.0 之前，只能在配置文件 web.xml 中配置 Servlet，配置文件 web.xml 位于 Web 应用的 WEB-INF 目录中。从 Servlet 3.0 开始，Servlet 的配置方式有两种，分别是在 web.xml 文件中进行配置和在 Servlet 类中使用@WebServlet 注解进行配置。

4.3.1　在 web.xml 文件中配置 Servlet

① 通过<servlet>标签进行注册。在<servlet>标签内包含若干子标签，这些子标签的功能如表 4-3 所示，其中子标签<servlet-name>和<servlet-class>是必须有的。

表 4-3　<servlet>标签内的子标签

子标签	功能描述
<servlet-name>	指定该 Servlet 的名称，名称一般与 Servlet 类名相同，要求唯一
<servlet-class>	指定该 Servlet 类的位置，包含包名与类名
<description>	指定该 Servlet 的描述信息
<display-name>	指定该 Servlet 的显示名称
<init-param>	在其内有<param-name>和<param-value>子标签，用于初始化一对键值对参数
<load-on-startup>	设置 Servlet 的加载优先级别和容器是否在启动时加载该 Servlet

② 通过<servlet-mapping>标签进行映射，把 Servlet 映射到 URL 地址。<servlet-name>子标签指定要映射的 Servlet 名称，这个名称要与之前在<servlet>标签下的

<servlet-name>子标签指定的名称一致。<url-pattern>子标签用于指定 Servlet 映射的 URL 地址，地址前必须加"/"，否则访问不到。

下面以 WebTest 项目中的一个名称为 RegisterServlet 的 Servlet 为例，介绍 Servlet 在 web.xml 文件中的配置。具体配置如下：

```
<servlet>
    <servlet-name>RegisterServlet</servlet-name>
    <servlet-class>cn.servlet.RegisterServlet</servlet-class>
</servlet>
<servlet-mapping>
    <servlet-name>RegisterServlet</servlet-name>
    <url-pattern>/RegServlet</url-pattern>
</servlet-mapping>
```

通过以上 Servlet 配置后，若要运行测试 RegisterServlet，可以在浏览器地址栏中访问其映射的 URL 地址，即访问 http://localhost:8080/WebTest/RegisterServlet。

4.3.2 在 Servlet 类中使用@WebServlet 注解配置 Servlet

在 Servlet 3.0 之后，提供了@WebServlet 注解，简化了 Servlet 的配置。该注解将会在项目部署时被容器处理，容器将根据具体的属性配置将相应的类部署为 Servlet。@WebServlet 注解的相关属性如表 4-4 所示。

表 4-4   @WebServlet 注解的相关属性

属性	功能描述
name	指定该 Servlet 的名称，等价于<servlet-name>，如果没有显式指定，则为该 Servlet 类的全限定名
value	该属性等价于 urlPatterns 属性，但 value 和 urlPatterns 属性不能同时使用
urlPatterns	指定一组 Servlet 的 URL 映射列表，等价于<url-pattern>
initParams	指定一组 Servlet 初始化参数，等价于<init-param>
loadOnStartup	设置 Servlet 的加载优先级别和容器是否在启动时加载该 Servlet，等价于<load-on-Startup>
description	指定该 Servlet 的描述信息，等价于<description>
displayName	指定 Servlet 的显示名，通常配合工具使用，等价于<display-name>
asyncSupported	声明 Servlet 是否支持异步操作模式，等价于<async-supported>

对@WebServlet 而言，有一个属性是必须有的，那就是它的访问路径。@WebServlet中有两个属性可以用来表示 Servlet 的访问路径，分别是 value 和 url-Patterns。value 和 urlPatterns 都是数组形式，表示可以把一个 Servlet 映射到多个访问路径，但是 value 和 urlPatterns 不能同时使用。若同时使用了 value 和 urlPatterns，

则 Servlet 是无法访问到的。

下面使用@WebServlet 注解配置 RegisterServlet 类。具体配置如下：

```
@WebServlet(name="RegisterServlet", value="/RegisterServlet")
public class RegisterServlet extends HttpServlet {
    //处理 GET 请求的方法
    @Override
    protected void doGet(HttpServletRequest request,
    HttpServletResponse response) throws
    ServletException, IOException {}
    //处理 POST 请求的方法
    @Override
    protected void doPost(HttpServletRequest request,
    HttpServletResponse response) throws
    ServletException, IOException {}
}
```

在上述代码中，使用@WebServlet 注解将 RegisterServlet 类配置为一个 Servlet。
@WebServlet 注解中的 name 属性用于指定 Servlet 的名称，等价于<Servlet-name>。
如果没有设置@WebServlet 注解的 name 属性，则其默认值是 Servlet 类的完整名称。
value 属性用于指定 Servlet 映射的 URL 地址，等价于<url-pattern>。@WebServlet 注
解中的属性之间用英文逗号隔开。通过@WebServlet 注解极大地简化了 Servlet 配置
过程，降低了项目的开发难度。

小贴士

- 当 Servlet 容器启动或者客户端第一次请求某个 Servlet 时，容器会加载并创建该 Servlet
实例对象。如果配置了<load-on-Startup>，那么容器会在启动后立即加载并创建 Servlet 实例，
然后调用 init()方法完成初始化；如果未配置<load-on-Startup>，那么容器会在客户端第一次
请求某个 Servlet 时加载并创建 Servlet 实例，然后调用 init()方法完成初始化。初始化成功后，
再响应请求。

一般地，在开发 Web 应用时，都会配置这个参数，这样做有两个好处：如果初始化过程
失败，则容器会提示启动失败，此时能够提前知道相关错误；配置该参数相当于将初始化
Servlet 的工作转移到容器启动过程，使得容器只要启动成功，就可立即响应 Web 请求。

- 如果 Servlet 类上同时有@WebServlet 注解和在 web.xml 中的配置，容器会优先使用
@WebServlet 注解中的配置。不过，通常情况下，容器会将注解和 web.xml 中的配置结合起
来，而不会忽略其中任何一方。

下面通过一个案例演示 Servlet 的配置及 Servlet 生命周期中方法的执行效果。
在 WebTest 项目的 cn.cz.servlet 包中创建名称为 Demo02Servlet 的 Servlet，并在

Demo02Servlet 中重写 init（）、destroy（）和 service（）方法。具体代码如文件 4-3 所示。

文件 4-3　Demo02Servlet. java

```
1  import javax.servlet.*;
2  import javax.servlet.http.*;
3  import javax.servlet.annotation.*;
4  import java.io.IOException;
5  @WebServlet(name = "Demo02Servlet", value = "/Demo02Servlet")
6  public class Demo02Servlet extends HttpServlet {
7      @Override
8      public void init() throws ServletException {
9          System.out.println("init method is called!");
10     }
11     @Override
12     protected void service(HttpServletRequest req,
13     HttpServletResponse resp)throws
14     ServletException, IOException {
15         System.out.println("service method is called!");
16     }
17     @Override
18     public void destroy() {
19         System.out.println("destroy method is called!");
20     }
21  }
```

在文件 4-3 中，第 7-10 行代码重写 init（）方法；第 11-16 行代码重写 service（）方法；第 17-20 行代码重写 destroy（）方法。

在 IDEA 中启动项目后，在浏览器地址栏中访问 http://localhost：8080/WebTest/Demo02Servlet，Tomcat 控制台中的输出结果如图 4-6 所示。

图 4-6　文件 4-3 的运行结果

由图 4-6 可知，在 IDEA 中的 Tomcat 控制台输出了"init method is called！"和

"service method is called!"。客户端第一次访问 Demo02Servlet 时，容器就创建了 Demo02Servlet 对象，并调用 init( )方法完成了初始化，然后调用 service( )方法处理请求，并将响应结果回送给客户端。

刷新浏览器，多次请求访问 Demo02Servlet，Tomcat 控制台中的输出结果如图 4-7 所示。

图 4-7　多次访问文件 4-3 的运行结果

由图 4-7 可知，浏览器多次请求访问 Demo02Servlet，Tomcat 控制台只输出了一遍 "init method is called!"，而 "service method is called!" 却输出了多遍。由此可见，init( )方法只在第一次请求访问时执行，而 service( )方法在每次请求访问时都会执行。

在 IDEA 中停止 Tomcat，容器会调用 Demo02Servlet 的 destroy( )方法，在 Tomcat 控制台中输出 "destroy method is called!"，如图 4-8 所示。

图 4-8　停止 Tomcat 后文件 4-3 的运行结果

4.4　ServletConfig 和 ServletContext 接口

4.4.1　ServletConfig 接口

当 Servlet 容器启动或者客户端第一次请求某个 Servlet 时，容器会加载该 Servlet 类，把它的 .class 文件读入内存；紧接着获取一个 ServletConfig 对象，并把该 Servlet 的配置信息封装到 ServletConfig 对象中，Servlet 还会使 ServletConfig 对象与当前应用的 ServletContext 对象关联；然后实例化一个 Servlet 对象；通过 Servlet 对象调用 init(ServletConfig config)方法，将 ServletConfig 对象传递给当前 Servlet。通过 ServletConfig 对象就可以得到当前 Servlet 的配置信息。ServletConfig 接口定义了一系列获取配置信息的方法，如表 4-5 所示。

表 4-5 ServletConfig 获取配置信息的方法

方法声明	功能描述
String getServletName( )	获取当前 Servlet 对象的名称
ServletContext getServletContext( )	获取代表当前 Web 应用的 ServletContext 对象
String getInitParameter(String name)	获取 Servlet 配置信息中的指定的初始化参数的值，如果 name 对应的初始化参数不存在，则返回 null
Enumeration<String> getInitParameterNames( )	获取 Servlet 配置信息中所有的初始化参数名

下面通过一个案例演示 ServletConfig 方法的调用。

在 WebTest 项目的 cn. cz. servlet 包中创建名称为 Demo03Servlet 的 Servlet。具体代码如文件 4-4 所示。

文件 4-4 Demo03Servlet. java

```
1  import javax.servlet.*;
2  import javax.servlet.http.*;
3  import javax.servlet.annotation.*;
4  import java.io.IOException;
5  import java.io.PrintWriter;
6  @WebServlet(name = "Demo03Servlet", value = "/Demo03Servlet"
7     ,initParams={@WebInitParam(name="username", value="CHINA")})
8  public class Demo03Servlet extends HttpServlet {
9      @Override
10     protected void doGet(HttpServletRequest request,
11     HttpServletResponse response) throws
12     ServletException, IOException {
13         this.doPost(request, response);
14     }
15     @Override
16     protected void doPost(HttpServletRequest request,
17     HttpServletResponse response) throws
18     ServletException, IOException {
19         PrintWriter out = response.getWriter();
20         //获取 ServletConfig 对象
21         ServletConfig config = this.getServletConfig();
22         //获取 Servlet 配置信息中的参数名为 username 的参数值
23         String param = this.getInitParameter("username");
24         //获取当前 Servlet 实例的名称
```

```
25          String servletName = config.getServletName();
26          out.println("username = " + param);
27          out.println("ServletName = " + servletName);
28      }
29  }
```

在文件 4-4 中，第 7 行代码在@ WebServlet 注解中使用 initParams 属性配置了一个名称为 username 的参数，并设置该参数的值为 CHINA。第 21 行代码调用 get-ServletConfig( ) 方法获取 ServletConfig 对象。第 23 行代码通过 this 对象调用 getInit-Parameter( ) 方法获取 Servlet 配置信息中参数名为 username 的参数值，也可以通过 ServletConfig 对象调用方法来获取。第 25 行代码通过 ServletConfig 对象调用 getServ-letName( ) 方法获取当前 Servlet 对象的名称，也可以通过 this 对象调用方法来获取。

在 IDEA 中启动项目后，在浏览器地址栏中输入 http://localhost:8080/WebTest/Demo03Servlet，访问 Demo03Servlet，浏览器显示的结果如图 4-9 所示。

图 4-9　文件 4-4 的运行结果

由图 4-9 可知，通过 ServletConfig 对象可以获取 Servlet 配置信息。

4.4.2　ServletContext 接口

servlet 容器(如 Tomcat)启动时，会为每个 Web 应用创建一个唯一的 Servlet Context 对象代表当前的 Web 应用，不管在哪个 Servlet 里面，获取到的 ServletContext 对象都是同一个。该对象不仅封装了当前 Web 应用的所有信息，而且其作用范围是整个 Web 项目，实现了多个 Servlet 之间的数据共享，但不能跨 Web 项目获取。当 Web 项目从服务器中移除或者服务器关闭时，ServletContext 对象就会被销毁。

ServletContext 的主要作用是获取 Web 应用程序的初始化参数、实现多个 Servlet 对象的数据共享、读取 Web 应用中的资源文件。

下面对 ServletContext 的主要作用进行详细讲解。

(1) 获取 Web 应用程序的初始化参数

在 web.xml 文件中，可以通过<init-param>配置 Servlet 的初始化参数，也可以通过<context-param>配置整个 Web 应用的初始化参数。<context-param>位于根标签<web-app>中，它的子标签<param-name>和<param-value>分别用于指定参数名和参数值。Web 应用初始化参数的配置方式具体示例如下：

```
<context-param>
    <param-name>name</param-name>
    <param-value>value</param-value>
</context-param>
```

在上述示例中，<context-param>可以有多个，有几个参数就用几个<context-param>进行配置。

下面通过一个案例演示如何使用 ServletContext 接口获取 Web 应用程序的初始化参数。

第一步，在 WebTest 项目的 web. xml 文件中配置初始化参数。具体代码如下：

```
<context-param>
    <param-name>companyName</param-name>
    <param-value>cz</param-value>
</context-param>
<context-param>
    <param-name>address</param-name>
    <param-value>jiangsu</param-value>
</context-param>
```

第二步，在 WebTest 项目的 cn. cz. servlet 包中创建名称为 Demo04Servlet 的 Servlet，在该 Servlet 类中使用 ServletContext 接口来获取 web. xml 文件中的配置参数。具体代码如文件 4-5 所示。

文件 4-5　Demo04Servlet. java

```
1  import javax.servlet.*;
2  import javax.servlet.http.*;
3  import javax.servlet.annotation.*;
4  import java.io.IOException;
5  import java.io.PrintWriter;
6  import java.util.Enumeration;
7  @WebServlet(name = "Demo04Servlet", value = "/Demo04Servlet")
8  public class Demo04Servlet extends HttpServlet {
9      @Override
10     protected void doGet(HttpServletRequest request,
11     HttpServletResponse response) throws
12     ServletException, IOException {
13         this.doPost(request, response);
14     }
```

```
15    @Override
16    protected void doPost(HttpServletRequest request,
17    HttpServletResponse response) throws
18    ServletException, IOException {
19        PrintWriter out = response.getWriter();
20        //获取 ServletContext 对象
21        ServletContext servletContext = this.getServletContext();
22        //获取配置信息中所有的初始化参数名
23        Enumeration<String> paramNames =
24        servletContext.getInitParameterNames();
25        //遍历所有的初始化参数名,获取对应的参数值并显示
26        out.println("All of the paramName and paramValue are"
27        +"following:");
28        while(paramNames.hasMoreElements()){
29            String paramName = paramNames.nextElement();
30            String paramValue =
31            servletContext.getInitParameter(paramName);
32            out.println(paramName + " : " + paramValue);
33        }
34    }
35 }
```

在文件 4-5 中，第 21 行代码通过 this.getServletContext( ) 方法获取到 Servlet-Context 对象后，在第 23-24 行代码中调用 getInitParameterNames( ) 方法获取到配置信息中所有的初始化参数，存放到 Enumeration<String>对象中，然后在第 28-33 行代码中遍历 Enumeration<String>对象，根据获取到的参数名，通过 getInitParameter(String name) 方法获取对应的参数值。

在 IDEA 中启动项目后，在浏览器地址栏中输入 http://localhost:8080/WebTest/Demo04Servlet，访问 Demo04Servlet，浏览器显示的结果如图 4-10 所示。

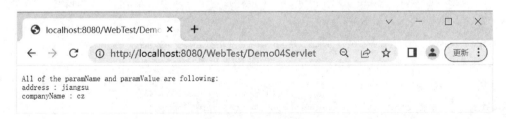

图 4-10　文件 4-5 的运行结果

由图 4-10 可知，通过 ServletContext 对象可以获取 Web 应用的初始化参数。

<context-param>配置的参数是 application 范围内的参数，存放在 ServletContext 中。<init-param>配置的参数是 Servlet 范围内的参数，只能在 Servlet 的 init( )方法中获取。

（2）实现多个 Servlet 对象的数据共享

一个 Web 应用中只有一个 ServletContext 对象，一个 Web 应用中所有的 Servlet 共享同一个 ServletContext 对象，因此，ServletContext 对象的域属性可以被该 Web 应用中的所有 Servlet 访问。ServletContext 接口中提供了获取、设置、删除 ServletContext 域属性的 4 个方法，如表 4-6 所示。

表 4-6　ServletContext 接口中的相关方法

方法声明	功能描述
Object getAttribute(String name)	根据参数指定的域属性名返回一个与之匹配的域属性值，其中 name 为域属性名
Enumeration <String> getAttributeNames( )	返回一个 Enumeration<String>对象，该对象包含存放在 ServletContext 中的所有域属性名
void setAttribute(String name , Object obj)	设置 ServletContext 域属性，其中 name 为域属性名，obj 是域属性值
void removeAttribute(String name)	根据参数指定的域属性名，从 ServletContext 中删除匹配的域属性，其中 name 为域属性名

下面通过一个案例演示表 4-6 中相关方法的使用。

在 WebTest 项目的 cn. cz. servlet 包中创建两个 Servlet，名称分别为 Demo05Servlet 和 Demo06Servlet，这两个 Servlet 中分别调用了 ServletContext 接口中的方法设置和获取域属性。具体代码如文件 4-6 和文件 4-7 所示。

文件 4-6　Demo05Servlet. java

```
1   import javax.servlet.*;
2   import javax.servlet.http.*;
3   import javax.servlet.annotation.*;
4   import java.io.IOException;
5   @WebServlet(name = "Demo05Servlet", value = "/Demo05Servlet")
6   public class Demo05Servlet extends HttpServlet {
7       @Override
8       protected void doGet(HttpServletRequest request,
9       HttpServletResponse response) throws
10      ServletException, IOException {
11          this.doPost(request, response);
```

```
12          }
13          @Override
14          protected void doPost(HttpServletRequest request,
15          HttpServletResponse response) throws
16          ServletException, IOException {
17              //获取 ServletContext 对象
18              ServletContext servletContext = this.getServletContext();
19              //通过 setAttribute()方法设置域属性
20              servletContext.setAttribute("attrName","attrValue");
21          }
22      }
```

在文件 4-6 中，第 20 行代码通过 setAttribute( )方法设置 ServletContext 对象的域属性。

文件 4-7　Demo06Servlet. java

```
1       import javax.servlet.*;
2       import javax.servlet.http.*;
3       import javax.servlet.annotation.*;
4       import java.io.IOException;
5       import java.io.PrintWriter;
6       @WebServlet(name = "Demo06Servlet", value = "/Demo06Servlet")
7       public class Demo06Servlet extends HttpServlet {
8           @Override
9           protected void doGet(HttpServletRequest request,
10          HttpServletResponse response) throws
11          ServletException, IOException {
12              this.doPost(request, response);
13          }
14          @Override
15          protected void doPost(HttpServletRequest request,
16          HttpServletResponse response) throws
17          ServletException, IOException {
18              PrintWriter out = response.getWriter();
19              //获取 ServletContext 对象
20              ServletContext servletContext = this.getServletContext();
21              //通过 getAttribute()方法获取域属性值
22              String domainAttr =
```

```
23              (String) servletContext.getAttribute ("attrName");
24              out.println(domainAttr);
25         }
26    }
```

在文件 4-7 中，第 23 行代码通过 getAttribute( ) 方法获取 ServletContext 对象的域属性值。

在 IDEA 中启动项目后，首先在浏览器地址栏中输入 http://localhost:8080/WebTest/Demo05Servlet，访问 Demo05Servlet，将数据存入 ServletContext 对象，然后在浏览器地址栏中输入 http://localhost:8080/WebTest/Demo06Servlet，访问 Demo06Servlet，浏览器显示的结果如图 4-11 所示。

attrValue

图 4-11　运行文件 4-6 后再运行文件 4-7 的结果

由图 4-11 可知，浏览器输出了 ServletContext 对象存储的域属性值。由此可见，ServletContext 对象存储的域属性可以被多个 Servlet 共享。

（3）读取 Web 应用中的资源文件

在 Web 应用的实际开发中，可能会需要读取 Web 应用中的一些资源文件，如配置文件、图片等。为此，ServletContext 接口定义了一些用于读取 Web 资源的方法，这些方法是依靠 Servlet 容器来实现的。Servlet 容器根据资源文件相对于 Web 应用的路径，返回关联资源文件的 I/O 流、资源文件在文件系统的绝对路径等。ServletContext 接口中用于获取资源路径的相关方法如表 4-7 所示。

表 4-7　ServletContext 接口中用于获取资源路径的相关方法

方法声明	功能描述
Set<String> getResourcePaths(String path)	返回一个 Set 集合，集合中包含资源目录中子目录和文件的路径名称。参数 path 必须以 "/" 开头，指定匹配资源的部分路径
URL getResource(String path)	返回指定资源（文件及目录）的 URL 路径，参数 path 必须以 "/" 开头，"/" 表示当前 Web 应用的根目录
InputStream getResourceAsStream(String path)	返回映射到某个资源文件的 InputStream 输入流对象。参数 path 传递规则与 getResource( ) 方法一致

方法声明	功能描述
String getRealPath(String path)	返回资源文件在服务器文件系统上的真实路径（文件的绝对路径）。参数 path 代表资源文件的虚拟路径，应该以正 "/" 开头，"/" 表示当前 Web 应用的根目录，如果 Servlet 容器不能将虚拟路径转换为文件系统的真实路径，则返回 null

下面通过一个案例演示如何使用 ServletContext 对象读取资源文件。

第一步，创建一个资源文件。在 WebTest 项目中右击 Src 目录，选择 "New" → "File" 菜单项，创建一个资源文件 cz. properties。在 cz. properties 文件中，输入如下的配置信息：

```
CompanyName = cz
CompanyAddress = JiangSu
```

第二步，创建读取资源文件的 Servlet。在 WebTest 项目的 cn. cz. servlet 包中创建名称为 Demo07Servlet 的 Servlet。具体代码如文件 4-8 所示。

文件 4-8　Demo07Servlet. java

```
1  import javax.servlet.*;
2  import javax.servlet.http.*;
3  import javax.servlet.annotation.*;
4  import java.io.IOException;
5  import java.io.InputStream;
6  import java.io.PrintWriter;
7  import java.util.Properties;
8  @WebServlet(name = "Demo07Servlet", value = "/Demo07Servlet")
9  public class Demo07Servlet extends HttpServlet {
10     @Override
11     protected void doGet(HttpServletRequest request,
12     HttpServletResponse response) throws
13     ServletException, IOException {
14         this.doPost(request, response);
15     }
16     @Override
17     protected void doPost(HttpServletRequest request,
18     HttpServletResponse response) throws
19     ServletException, IOException {
20         PrintWriter out = response.getWriter();
21         //获取 ServletContext 对象
```

```
22          ServletContext servletContext = this.getServletContext();
23          //根据相对路径获取关联资源文件中的输入流对象
24          InputStream in = servletContext
25  .getResourceAsStream("/WEB-INF/classes/cz.properties");
26          Properties prop = new Properties();
27          prop.load(in);
28          out.println("CompanyName = "
29          + prop.getProperty("CompanyName"));
30          out.println("CompanyAddress = "
31          + prop.getProperty("CompanyAddress"));
32      }
33  }
```

在文件 4-8 中，调用 ServletContext.getResourceAsStream(String path) 方法，根据相对路径读取关联 cz. properties 资源文件的输入流对象，其中 path 参数必须以"/"开头，表示 cz. properties 文件相对于 Web 应用的相对路径。

在 IDEA 中启动项目后，在浏览器地址栏中输入 http://localhost:8080/WebTest/Demo07Servlet，访问 Demo07Servlet，浏览器显示的结果如图 4-12 所示。

图 4-12   文件 4-8 的运行结果

由图 4-12 可知，在 Web 应用中可将资源文件 cz. properties 的内容读取出来。由此可见，使用 ServletContext 可以读取 Web 应用中的资源文件。

在 Web 应用开发中，可能需要获取资源文件的绝对路径，也可能提供资源文件的绝对路径来读取资源文件的内容。

下面在 WebTest 项目的 cn. cz. servlet 包中创建名称为 Demo08Servlet 的 Servlet，在文件 4-8 的基础上进行修改，采用文件的绝对路径读取 cz. properties 资源文件的内容。具体代码如文件 4-9 所示。

文件 4-9   Demo08Servlet. java

```
1  import javax.servlet.*;
2  import javax.servlet.http.*;
3  import javax.servlet.annotation.*;
4  import java.io.FileInputStream;
5  import java.io.IOException;
```

```
6   import java.io.InputStream;
7   import java.io.PrintWriter;
8   import java.util.Properties;
9   @WebServlet(name = "Demo08Servlet", value = "/Demo08Servlet")
10  public class Demo08Servlet extends HttpServlet {
11      @Override
12      protected void doGet(HttpServletRequest request,
13      HttpServletResponse response) throws
14      ServletException, IOException {
15          this.doPost(request, response);
16      }
17      @Override
18      protected void doPost(HttpServletRequest request,
19      HttpServletResponse response) throws
20      ServletException, IOException {
21          PrintWriter out = response.getWriter();
22          //获取 ServletContext 对象
23          ServletContext servletContext = this.getServletContext();
24          //获取资源文件的绝对路径
25          String path =
26          servletContext.getRealPath("/WEB-INF/classes/cz.properties");
27          //根据绝对路径创建关联资源文件的输入流对象
28          FileInputStream in = new FileInputStream(path);
29          Properties prop = new Properties();
30          prop.load(in);
31          out.println("CompanyName = "
32          + prop.getProperty("CompanyName"));
33          out.println("CompanyAddress = "
34          + prop.getProperty("CompanyAddress"));
35      }
36  }
```

在文件4-9中，调用 ServletContext. getRealPath(String path)方法获取 cz. properties 资源文件的绝对路径，如果路径有效，则使用该路径创建 FileInputStream 输入流对象，并读取资源文件内容。

在 IDEA 中启动项目后，在浏览器地址栏中输入 http://localhost:8080/ WebTest/Demo08Servlet，访问 Demo08Servlet，浏览器显示的结果与图 4-12 所示相同。

4.5 HttpServletRequest 接口详解

通过前面的介绍已经了解到 Servlet 中最重要的方法为 service()方法，该方法的形参表中有两个参数，分别为 HttpServletRequest 和 HttpServletResponse。Web 服务器接收到客户端的 HTTP 请求，会创建一个代表请求的 HttpServletRequest 对象和一个代表响应的 HttpServletResponse 对象。针对每次请求，都会创建各自的 HttpServletRequest 请求对象和 HttpServletResponse 响应对象。获取客户端的数据，需要通过 HttpServletRequest 对象实现；向客户端发送数据，需要通过 HttpServletResponse 对象实现。

在 Servlet API 中，定义了一个 HttpServletRequest 接口，该接口专门用于封装 HTTP 请求消息，该接口中提供了获取请求行信息、获取请求头字段、获取请求参数等的相关方法，该接口继承自 ServletRequest 接口。

4.5.1 获取请求行信息的方法

当访问 Servlet 时，请求消息的请求行中会包含请求方法、请求资源名、请求路径等信息。为了获些信息，HttpServletRequest 接口中提供了一系列用于获取请求行信息的方法，如表 4-8 所示。

表 4-8 HttpServletRequest 接口中获取请求行信息的方法

方法声明	功能描述
String getMethod()	获取 HTTP 请求消息中的请求方式（如 GET、POST 等）
String getContextPath()	获取请求 URL 中属于 Web 应用程序的路径，这个路径以"/"开头，表示相对于整个 Web 站点的根目录，路径结尾不含"/"。如果请求 URL 属于 Web 站点的根目录，那么返回结果为空字符串（""）
String getQueryString()	获取请求行中的参数部分，也就是资源路径后面"?"以后的所有内容
String getRequestURI()	获取请求行中资源名称部分，即位于 URL 的主机和端口之后、参数部分之前的数据
StringBuffer getRequestURL()	获取客户端发出请求时的完整 URL，包括协议、服务器名、端口号、资源路径等信息，但不包括后面的查询参数部分。需要注意的是，getRequestURL()方法返回的结果是 StringBuffer 类型，而不是 String 类型，这样更便于对结果进行修改
String getServletPath()	获取 Servlet 的名称或 Servlet 所映射的路径
String getProtocol()	获取请求行中的协议名和版本，如 HTTP/1.1
String getScheme()	获取请求的协议名，如 HTTP、HTTPS、FTP 等

续表

方法声明	功能描述
String getServerName( )	获取当前请求所指向的主机名，即 HTTP 请求消息中 Host 头字段所对应的主机名部分
int getServerPort( )	获取当前请求所连接的服务器端口号，即 HTTP 请求消息中 Host 头字段所对应的端口号部分
String getRemoteAddr( )	获取请求客户端的 IP 地址
String getRemoteHost( )	获取请求客户端的完整主机名。如果无法解析出客户端的完整主机名，将返回客户端的 IP 地址
int getRemotePort( )	获取请求客户端网络连接的端口号
String getLocalName( )	获取 Web 服务器上接收当前请求网络连接的 IP 地址所对应的主机名
String getLocalAddr( )	获取 Web 服务器上接收当前请求网络连接的 IP 地址
int getLocalPort( )	获取 Web 服务器上接收当前请求网络连接的端口号

下面通过一个案例演示这些方法的使用。

在 WebTest 项目的 cn. cz. servlet 包中创建名称为 RequestLineServlet 的 Servlet，在该类中编写用于获取请求行的相关信息的代码。具体代码如文件 4-10 所示。

文件 4-10　RequestLineServlet. java

```
1   import javax.servlet.*;
2   import javax.servlet.http.*;
3   import javax.servlet.annotation.*;
4   import java.io.IOException;
5   import java.io.PrintWriter;
6   @WebServlet(name = "RequestLineServlet",
7   value = "/RequestLineServlet")
8   public class RequestLineServlet extends HttpServlet {
9       @Override
10      protected void doGet(HttpServletRequest request,
11      HttpServletResponse response) throws
12      ServletException, IOException {
13          this.doPost(request, response);
14      }
15      @Override
16      protected void doPost(HttpServletRequest request,
17      HttpServletResponse response) throws
18      ServletException, IOException {
```

```
19          PrintWriter out = response.getWriter();
20          //获取请求行的相关信息
21          out.println("Method : " + request.getMethod());
22          out.println("ContextPath : " + request.getContextPath());
23          out.println("QueryString : " + request.getQueryString());
24          out.println("RequestURL : " + request.getRequestURL());
25          out.println("ServletPath : " + request.getServletPath());
26          out.println("Protocol : " + request.getProtocol());
27          out.println("ServerName : " + request.getServerName());
28          out.println("ServerPort : " + request.getServerPort());
29          out.println("RemoteAddr : " + request.getRemoteAddr());
30          out.println("RemoteHost : " + request.getRemoteHost());
31          out.println("RemotePort : " + request.getRemotePort());
32      }
33  }
```

在文件 4-10 中，第 21-31 行代码通过 HttpServletRequest 对象调用相关方法获取请求行的相关信息。

在 IDEA 中启动项目后，在浏览器地址栏中输入 http://localhost:8080/WebTest/RequestLineServlet，访问 RequestLineServlet，浏览器显示的结果如图 4-13 所示。

图 4-13　文件 4-10 的运行结果

由图 4-13 可知，浏览器显示出请求 RequestLineServlet 时发送的请求行信息。由此可见，通过 HttpServletRequest 对象可以获取请求行的相关信息。

4.5.2　获取请求头字段的方法

当访问 Servlet 时，需要通过请求头向服务器传送附加信息，如客户端可以接收的数据类型、语言、压缩方式等。因此，HttpServletRequest 接口提供了一系列用于获取 HTTP 请求头字段的方法，如表 4-9 所示。

表 4-9　HttpServletRequest 接口中获取 HTTP 请求头字段的方法

方法声明	功能描述
String getHeader(String name)	获取一个指定的请求头字段的值，如果请求消息中没有包含指定的头字段，则返回 null；如果请求消息中包含多个指定的头字段的值，则返回其中第一个值
Enumeration<String> getHeaders(String name)	获取指定头字段的所有的值，返回一个 Enumeration<String>集合对象。在多数情况下，一个头字段在请求消息中只出现一次，但有时候可能会出现多次
Enumeration<String> getHeaderNames( )	获取所有的请求头字段的名称
int getIntHeader(String name)	获取一个指定名称的请求头字段的值，并且将其值转为 int 类型。如果请求消息中没有包含指定的头字段，则返回值为-1；如果获取到的请求头字段的值不能转为 int 类型，则将发生 NumberFormatException 异常
long getDateHeader(String name)	获取指定请求头字段的值，并将其按 GMT 时间格式转换成一个代表日期/时间的长整数，这个长整数是自 1970 年 1 月 1 日 0 点 0 分 0 秒算起的以毫秒为单位的时间值
String getContentType( )	获取 Content-Type 头字段的值，返回值的类型是 String
int getContentLength( )	获取 Content-Length 头字段的值，返回值的类型是 int
long getContentLengthLong( )	获取 Content-Length 头字段的值，返回值的类型是 long
String getCharacterEncoding( )	获取请求消息的实体内容的字符集编码，通常是从 Content-Type 头字段中进行提取，返回值的类型是 String

下面通过一个案例演示这些方法的使用。

在 WebTest 项目的 cn. cz. servlet 包中创建名称为 RequestHeadersServlet 的 Servlet，在该类中调用 getHeaderNames( )方法获取请求头字段信息。具体代码如文件 4-11 所示。

文件 4-11　RequestHeadersServlet. java

```
1   import javax.servlet.*;
2   import javax.servlet.http.*;
3   import javax.servlet.annotation.*;
4   import java.io.IOException;
```

```
5    import java.io.PrintWriter;
6    import java.util.Enumeration;
7    @WebServlet(name = "RequestHeadersServlet"
8    ,value = "/RequestHeadersServlet")
9    public class RequestHeadersServlet extends HttpServlet {
10       @Override
11       protected void doGet(HttpServletRequest request,
12       HttpServletResponse response) throws
13       ServletException, IOException {
14           this.doPost(request, response);
15       }
16       @Override
17       protected void doPost(HttpServletRequest request,
18       HttpServletResponse response) throws
19       ServletException, IOException {
20           PrintWriter out = response.getWriter();
21           //获取请求消息中的所有请求头字段
22           Enumeration<String> headerNames = request.getHeaderNames();
23           //循环遍历所有请求头字段,并通过 getHeader()方法获取一个指定头字段的值
24           while (headerNames.hasMoreElements()){
25               //获取请求头字段的名称
26               String headerName = headerNames.nextElement();
27               //获取指定请求头字段的值
28               String headerValue = request.getHeader(headerName);
29               out.println(headerName + " : " + headerValue);
30           }
31       }
32   }
```

在 IDEA 中启动项目后，在浏览器地址栏中输入 http://localhost：8080/
WebTest/RequestHeadersServlet，访问 RequestHeadersServlet，浏览器显示的结果如
图 4-14 所示。

图 4-14　文件 4-11 的运行结果

4.5.3　获取请求参数的方法

在 Web 开发中，经常需要获取用户提交的表单数据，如获取用户名、密码等。ServletRequest 接口定义了基本的请求操作方法，而 HttpServletRequest 作为其子接口，扩展了这些方法，增加了处理 HTTP 请求特有的参数的获取功能，如表 4-10 所示。

表 4-10　HttpServletRequest 接口中获取请求参数的方法

方法声明	功能描述
String getParameter(String name)	获取一个指定参数名称的参数值，如果请求消息中没有包含指定名称的参数，则返回 null；如果指定名称的参数存在但没有设置值，则返回一个空串；如果请求消息中包含多个指定名称的参数，则返回第一个出现的参数值
Enumeration<String> getParameterNames( )	获取请求消息中所有的参数名称，返回一个 Enumeration<String>集合对象
String[ ] getParameterValues (String name)	获取请求消息中指定参数名称的所有值，返回一个 String 类型的数组。HTTP 请求消息中可以有多个相同名称的参数，通常由包含多个同名的表单元素组成
Map<String, String[ ]> getParameterMap( )	获取一个指定名称的请求头字段的值，并且将其值转为 int 类型。如果请求消息中没有包含指定的头字段，则返回值为-1；如果获取到的请求头字段的值不能转为 int 类型，则将发生 NumberFormat Exception 异常

下面通过一个案例演示获取请求参数的方法的使用。

第一步，在 WebTest 项目的 web 目录中创建 questionnaire. html。具体代码如文件 4-12 所示。

文件 **4-12** questionnaire. html

```html
1  <!DOCTYPE html>
2  <html>
3  <head>
4      <meta http-equiv="Content-Type"
5      content="text/html; charset=UTF-8">
6      <title>问卷调查</title>
7  </head>
8  <body>
9  <form action="/WebTest/RequestParamsServlet" method="post" >
10   用户名：<input name="username" type="text" id="name"
11 style="width:200px"><br/><br/>
12   密   码：<input name="password" type=
13 "password" id="pwd" style="width: 200px"><br><br>
14   您能熟练使用的编程语言：
15   <input type="checkbox" name="progLang" value="C++">C++
16   <input type="checkbox" name="progLang" value="Java">Java
17   <input type="checkbox" name="progLang" value="Python">Python
18   <br/><br/>
19   <input type="submit" name="submit" value="提  交">
20        
21   <input type="reset" name="reset" value="重  置">
22 </form>
23 </body>
24 </html>
```

在 IDEA 中启动项目后，在浏览器地址栏中输入访问 http://localhost:8080/WebTest/questionnaire. html，填写表单信息后的浏览器页面如图 4-15 所示。

图 4-15 文件 4-12 的运行结果

第二步，在 WebTest 项目的 cn. cz. servlet 包中创建名称为 RequestParamsServlet

的 Servlet，在该类中获取请求参数。具体代码如文件 4-13 所示。

文件 4-13　RequestParamsServlet. java

```java
1  import javax.servlet.*;
2  import javax.servlet.http.*;
3  import javax.servlet.annotation.*;
4  import java.io.IOException;
5  import java.io.PrintWriter;
6  @WebServlet(name = "RequestParamsServlet"
7  ,value = "/RequestParamsServlet")
8  public class RequestParamsServlet extends HttpServlet {
9      @Override
10     protected void doGet(HttpServletRequest request,
11     HttpServletResponse response) throws
12     ServletException, IOException {
13         this.doPost(request, response);
14     }
15     @Override
16     protected void doPost(HttpServletRequest request,
17     HttpServletResponse response) throws
18     ServletException, IOException {
19         //请求参数中的中文乱码处理
20         request.setCharacterEncoding("UTF-8");
21         //响应报文中的中文输出乱码处理
22         response.setContentType("text/html;charset=UTF-8");
23         PrintWriter out = response.getWriter();
24         //获取请求消息中参数名为 username 的参数值
25         String name = request.getParameter("username");
26         //获取请求消息中参数名为 password 的参数值
27         String password = request.getParameter("password");
28         //获取请求消息中参数名为 progLang 的所有参数值
29         String[] progLang = request.getParameterValues("progLang");
30         out.println("用户名: " + name + "<br/>");
31         out.println("密码: " + password + "<br/>");
32         out.print("您能熟练使用的编程语言: ");
33         for(int i=0; i<progLang.length-1; i++) {
34             out.print(progLang[i] + ", ");
35         }
```

```
36              out.println(progLang[progLang.length-1]);
37      }
38  }
```

在文件 4-13 中, 第 6~7 行代码使用 @ WebServlet 注解配置了 RequestParams Servlet 的 URL 映射地址; 第 25、27 行代码通过 getParameter( )方法分别获取用户名和密码; 第 29 行代码通过 getParameterValues( )方法获取指定参数的所有参数值, 返回一个 String 类型的数组, 通过循环遍历数组, 输出 "progLang" 参数的所有参数值。

在图 4-15 所示的页面中, 单击 "提交" 按钮, 浏览器显示的结果如图 4-16 所示。

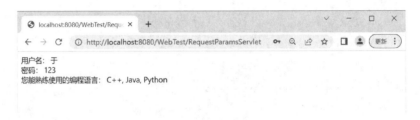

图 4-16   文件 4-12 的运行结果

4.5.4   通过 HttpServletRequest 对象传递数据

HttpServletRequest 对象不仅可以获取请求中的参数, 还可以通过 setAttribute( )方法在请求范围内传递数据, 实现数据共享。在请求转发时, 可以将一些数据存储在请求对象中, 转发到目标资源后, 目标资源可以通过 getAttribute( )方法访问这些数据。

HttpServletRequest 接口继承自 ServletRequest 接口, 后者定义了一些操作请求属性的方法, 如 getAttribute( )、setAttribute( )等。HttpServletRequest 扩展了这些功能, 增加了与 HTTP 请求相关的特有方法, 如表 4-11 所示。

表 4-11   HttpServletRequest 接口中操作参数的方法

方法声明	功能描述
void setAttribute (String name, Object obj)	用于在 ServletRequest 对象中以键值对的形式存储数据。在该方法的参数列表中, 第 1 个参数表示属性名, 第 2 个参数表示属性值。如果 ServletRequest 对象中已经存在指定名称的属性, 则修改属性的值。如果传递给该方法的第 2 个参数值为 null, 则删除这个属性, 这时的效果等同于 removeAttribute( )方法
Object getAttribute(String name)	获取 ServletRequest 对象中指定属性名称的属性值

方法声明	功能描述
Enumeration<String> getAttributeNames（）	获取 ServletRequest 对象中所有的属性名称，返回一个 Enumeration<String>集合对象
void removeAttribute（String name）	删除 ServletRequest 对象中指定名称的属性

4.5.5　请求转发

当 Web 服务器接收到客户端的请求后，如果仅使用一个 Servlet 进行请求处理，有可能会造成 Servlet 逻辑代码冗余、Servlet 的职责不明确等问题，利用请求转发可以很容易地把一项任务按模块分开处理。

请求转发是一种服务器的行为，当客户端请求到达后，服务器内部进行转发，此时会将请求对象进行保存，地址栏中的 URL 地址不会改变，对请求进行处理后，服务器再将响应消息发送给客户端，从始至终只有一次请求；请求转发不能访问其他 Web 应用的资源；请求能转发到 WEB-INF 目录下的文件。

HttpServletRequest 接口提供了一个 getRequestDispatcher（）方法，该方法返回一个 RequestDispatcher 对象，调用这个对象的 forward（）方法可以实现请求转发。

getRequestDispatcher（）方法的声明如下：

```
RequestDispatcher getRequestDispatcher(String path)
```

getRequestDispatcher（）方法返回封装了某条路径所指定的资源的 RequestDispatcher 对象。其中，参数 path 必须以 "/" 开头，用于表示当前 Web 应用的根目录。需要注意的是，WEB-INF 目录中的内容对 RequestDispatcher 对象也是可见的。因此，传递给 getRequestDispatcher(String path) 方法的资源可以是 WEB-INF 目录中的文件。

forward（）方法的声明如下：

```
void forward（ServletRequest request，ServletResponse response）
throws ServletException，IOException
```

forward（）方法用于将请求从一个 Servlet 传递给另一个 Web 资源。在 Servlet 中，可以对请求做一个初步处理，然后通过调用 forward（）方法将请求传递给其他资源进行响应。需要注意的是，该方法必须在将响应提交给客户端之前被调用，否则将抛出 IllegalStateException 异常。

forward（）方法的工作原理如图 4-17 所示。

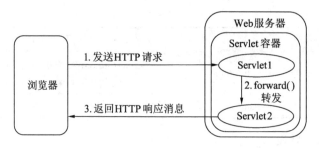

图 4-17　forward( )方法的工作原理

由图 4-17 可知，当浏览器请求访问 Servlet1 时，可以通过 forward( )方法将请求转发给其他 Web 资源（如 Servlet2），其他 Web 资源处理完请求后，直接将响应结果返回到浏览器。

下面通过一个案例演示 forward( )方法以及操作属性方法的使用。

第一步，在 WebTest 项目的 cn. cz. servlet 包中创建名称为 RequestForwardServlet 的 Servlet，在该类中调用 forward( )方法将请求转发到一个新的 Servlet，通过操作属性的方法实现共享同一个请求中的数据。具体代码如文件 4-14 所示。

文件 4-14　RequestForwardServlet. java

```
1  import javax.servlet.*;
2  import javax.servlet.http.*;
3  import javax.servlet.annotation.*;
4  import java.io.IOException;
5  @WebServlet(name = "RequestForwardServlet"
6  ,value = "/RequestForwardServlet")
7  public class RequestForwardServlet extends HttpServlet {
8      @Override
9      protected void doGet(HttpServletRequest request,
10     HttpServletResponse response) throws
11     ServletException, IOException {
12         this.doPost(request, response);
13     }
14     @Override
15     protected void doPost(HttpServletRequest request,
16     HttpServletResponse response) throws
17     ServletException, IOException {
18         //将数据存储到 request 对象的 username 属性中
19         request.setAttribute("username", "于");
20         //获取 RequestDispatcher 对象
```

```
21        RequestDispatcher dispatcher =
22        request.getRequestDispatcher("/ResultServlet");
23        //请求转发
24        dispatcher.forward(request, response);
25    }
26 }
```

在文件 4-14 中，第 19 行代码调用 setAttribute( )方法将数据存储到 request 对象中；第 21 ~ 24 行代码通过使用 forward( )方法将当前 Servlet 的请求转发到 ResultServlet。

第二步，在 WebTest 项目的 cn. cz. servlet 包中创建名称为 ResultServlet 的 Servlet，在该类中调用 getAttribute( )方法获取文件 4-14 中存储在 request 对象中的数据，并输出数据。具体代码如文件 4-15 所示。

文件 4-15　ResultServlet. java

```
1  import javax.servlet.*;
2  import javax.servlet.http.*;
3  import javax.servlet.annotation.*;
4  import java.io.IOException;
5  import java.io.PrintWriter;
6  @WebServlet(name = "ResultServlet", value = "/ResultServlet")
7  public class ResultServlet extends HttpServlet {
8      @Override
9      protected void doGet(HttpServletRequest request,
10     HttpServletResponse response) throws
11     ServletException, IOException {
12         this.doPost(request, response);
13     }
14     @Override
15     protected void doPost(HttpServletRequest request,
16     HttpServletResponse response) throws
17     ServletException, IOException {
18         //响应报文中的中文输出乱码处理
19         response.setContentType("text/html;charset=UTF-8");
20         PrintWriter out = response.getWriter();
21         //获取 request 对象中 username 属性的值
22         String username=(String) request.getAttribute("username");
23         if(username ! = null){
```

```
24              out.println("用户名: " + username);
25          }
26      }
27  }
```

在 IDEA 中启动项目后，在浏览器地址栏中输入 http://localhost:8080/
WebTest/RequestForwardServlet，访问 RequestForwardServlet，浏览器显示的结果如
图 4-18 所示。

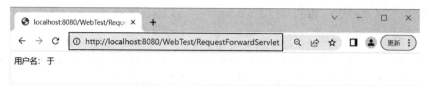

图 4-18   文件 4-14 的运行结果

由图 4-18 可知，浏览器地址栏中显示的仍然是 RequestForwardServlet 的请求路
径，但浏览器页面中却显示出了 ResultServlet 要输出的内容。这是因为请求转发是
发生在服务器内部的行为，从 RequestForwardServlet 到 ResultServlet 属于同一次请
求，在同一次请求中可以使用 request 属性进行数据共享。

4.5.6   解决请求参数中的中文乱码问题

在 Web 开发中，当浏览器向服务器发送的请求参数中包含中文字符时，服务
器获取到的请求参数的值就可能是乱码。出现中文乱码其实是由于客户端（浏览
器）与服务器端采用的编码格式不一致。

当浏览器发送 HTTP 请求时，因为浏览器与服务器之间的通信实质上是 Socket
流，所以要先将所有请求参数（如 URL 参数、表单数据等）通过字符编码转换为
字节流，并通过 HTTP 协议传输到服务器。服务器收到 HTTP 请求后，会根据请求
头中的编码信息将字节流解码成字符。这些字符数据随后被封装到 ServletRequest
对象中，供处理该请求的 Servlet 或 JSP 使用。如果客户端与服务器端的编码不一
致，就会导致通过 ServletRequest 对象获取到的请求参数的值是中文乱码。

要解决请求参数中的中文乱码问题，客户端和服务器端就必须使用一致的字
符编码。由于访问方式不同，浏览器对参数的编码格式也不同，为了方便处理，
通过链接和表单的访问也必须指定相应的编码格式，浏览器将统一使用指定的编
码格式对所有请求参数进行编码。

在 HttpServletRequest 接口的基类 ServletRequest 接口中定义了一个 setCharacter
Encoding()方法，该方法用于设置 ServletRequest 对象的编码格式。具体代码如下：

```
//设置 ServletRequest 对象的编码格式
request.setCharacterEncoding("UTF-8");
```

在文件 4-13 中，第 20 行代码通过 setCharacterEncoding( )方法来指定服务器编码请求参数时使用的字符码表，从而解决了请求参数中的中文乱码问题。

4.6　HttpServletResponse 接口详解

在 Servlet API 中，定义了一个 HttpServletResponse 接口，用于封装 HTTP 响应消息。该接口提供了与 HTTP 响应相关的方法，帮助开发者控制和定制 HTTP 响应状态码、响应头、实体内容等信息。该接口继承自 ServletResponse 接口。

4.6.1　设置响应状态码的方法

当 Servlet 向客户端发送响应消息时，需要在响应消息中设置响应状态码，状态码代表客户端请求服务器的结果。为此，HttpServletResponse 接口提供了设置响应状态码的相关方法，如表 4-12 所示。

表 4-12　HttpServletResponse 接口中设置响应状态码的方法

方法声明	功能描述
void setStatus(int status)	设置 HTTP 响应消息的状态码，生成响应状态行。状态行中的描述信息直接与状态码相关，HTTP 版本由服务器确定。正常情况下，Web 服务器会默认产生一个状态码为 200 的状态行
void setStatus(int status，String message)	设置 HTTP 响应消息的状态码及描述信息。由于响应状态码不确定，所以不推荐使用该方法
void sendError(int status)	用于发送表示错误信息的响应状态码。例如，404 状态码表示找不到客户端请求的资源
void sendError(int status，String message)	用于发送表示错误信息的响应状态码，同时发送错误描述信息。服务器默认会创建一个 HTML 格式的错误服务页面作为响应结果页，其中包含参数 message 指定的描述信息，这个 HTML 页面的内容类型为 text/html，保留 Cookie 和其他未修改的响应头信息。如果一个对应传入的错误码的错误页面已经在 web. xml 中声明，则这个声明的错误页面会将优先建议的 message 描述信息服务于客户端

4.6.2　设置响应头的方法

当 Servlet 向客户端发送响应消息时，由于 HTTP 协议的响应头字段有很多种，HttpServletResponse 接口提供了一系列设置 HTTP 响应头字段的方法，如表 4-13 所示。

表 4-13　HttpServletResponse 接口中设置响应头字段的方法

方法声明	功能描述
void addHeader(String name, String value)	这两种方法都用于设置 HTTP 协议的响应头字段。其中，参数 name 用于指定响应头字段的名称，参数 value 用于指定响应头字段的值。不同的是，addHeader()方法可以增加同名的响应头字段，而 setHeader()方法则会覆盖同名的响应头字段
void setHeader(String name, String value)	
void addIntHeader(String name, String value)	这两种方法专门用于设置包含整数值的响应头，避免了调用 addHeader()与 setHeader()方法时，需要将 int 类型的设置值转换为 String 类型的麻烦
void setIntHeader(String name, String value)	
void setContentLength(int len)	该方法用于设置响应消息的实体内容的大小，单位为字节。对 HTTP 协议来说，就是设置 Content-Length 响应头字段的值
void setContentType (String type)	该方法用于设置 Servlet 输出内容的 MIME 类型，对 HTTP 协议来说，就是设置 Content-Type 响应头字段的值。例如，如果发送到客户端的内容是 JPEG 格式的图像数据，就需要将响应头字段的类型设置为 image/jpeg。需要注意的是，如果响应的内容为文本，那么该方法还可以用于设置字符编码，例如 text/html; charset=UTF-8
void setLocale(Locale loc)	该方法用于设置响应消息的本地化信息，对 HTTP 来说，就是设置 Content-Language 响应头字段和 Content-Type 头字段中的字符集编码部分。需要注意的是，如果 HTTP 消息没有设置 Content-Type 头字段，那么该方法设置的字符集编码不会出现在 HTTP 消息的响应头中；如果调用 setCharacterEncoding()或 setContentType()方法指定了响应内容的字符集编码，该方法将不再具有指定字符集编码的功能
void setCharacterEncoding (String charset)	该方法用于设置输出内容使用的字符编码，对 HTTP 协议来说，就是设置 Content-Type 头字段中的字符集编码部分。如果没有设置 Content-Type 头字段，setCharacterEncoding()方法设置的字符集编码不会出现在 HTTP 消息的响应头中。该方法比 setContentType()和 setLocale()方法的优先权高，该方法的设置结果将覆盖 setContentType()和 setLocale()方法所设置的字符码表

在表 4-13 列举的一系列方法中，addHeader()、setHeader()、add IntHeader()和 setIntHeader()方法用于设置各种头字段；setContentType()、set Locale()和 set CharacterEncoding()方法用于设置字符编码，这些设置编码的方法可以有效解决中文乱码问题。

4.6.3 设置实体内容的方法

在 HTTP 响应消息中，大量的数据都是通过实体内容传送的，因此 ServletResponse 遵循以 I/O 流传送大量数据的设计理念。ServletResponse 接口中提供了两个与输出流相关的方法，如表 4-14 所示。

表 4-14 HttpServletResponse 获取输出流的方法

方法声明	功能描述
ServletOutputStream getOutputStream( )	获取字节输出流对象
PrintWriter getWriter( )	获取字符输出流对象

HttpServletResponse 对象调用 getOutputStream( )方法将返回一个 ServletOutputStream 对象，该对象用于输出二进制的字节流数据，ServletOutputStream 是 OutputStream 的子类。

HttpServletResponse 对象调用 getWriter( )方法将返回一个 PrintWriter 对象，该对象用于输出字符流数据。

需要注意的是，getOutputStream( )和 getWriter( )方法不能同时使用，调用了其中一个方法后，就不能调用另一个方法。

下面通过一个案例讲解这两种方法的使用。

第一步，在 WebTest 项目的 cn. cz. servlet 包中创建名称为 Demo09Servlet 的 Servlet。具体代码如文件 4-16 所示。

文件 4-16 Demo09Servlet. java

```
1  import javax.servlet.*;
2  import javax.servlet.http.*;
3  import javax.servlet.annotation.*;
4  import java.io.IOException;
5  import java.io.OutputStream;
6  @WebServlet(name = "Demo09Servlet", value = "/Demo09Servlet")
7  public class Demo09Servlet extends HttpServlet {
8      @Override
9      protected void doGet(HttpServletRequest request,
10     HttpServletResponse response) throws
11     ServletException, IOException {
12         this.doPost(request, response);
13     }
14     @Override
15     protected void doPost(HttpServletRequest request,
```

```
16    HttpServlet-Response response) throws
17    ServletException, IOException {
18        String str = "ServletResponse";
19        //获取字节输出流对象
20        ServletOutputStream out = response.getOutputStream();
21        //ServletOutputStream对象输出二进制的字节流数据
22        out.write(str.getBytes());
23    }
24 }
```

在文件 4-16 中，第 20 行代码通过 HttpServletResponse 对象调用 getOutputStream()方法来获取字节输出流对象；第 22 行代码使用字节输出流对象输出信息。

在 IDEA 中启动项目后，在浏览器地址栏中输入 http://localhost：8080/WebTest/Demo09Servlet，访问 Demo09Servlet，浏览器显示的结果如图 4-19 所示。

图 4-19　文件 4-16 的运行结果

由图 4-19 可知，浏览器输出了 HttpServletResponse 对象的实体内容。由此可见，HttpServletResponse 对象的 getOutputStream()方法可以很方便地发送实体内容。

第二步，在文件 4-16 的基础上进行修改，将调用 getOutputStream()方法修改为调用 getWriter()方法。在 WebTest 项目的 cn. cz. servlet 包中创建名称为 Demo10Servlet 的 Servlet。具体代码如文件 4-17 所示。

文件 4-17　Demo10Servlet. java

```
1  import javax.servlet.*;
2  import javax.servlet.http.*;
3  import javax.servlet.annotation.*;
4  import java.io.IOException;
5  import java.io.PrintWriter;
6  @WebServlet(name = "Demo10Servlet", value = "/Demo10Servlet")
7  public class Demo10Servlet extends HttpServlet {
8      @Override
9      protected void doGet(HttpServletRequest request,
10     HttpServletResponse response) throws
11     ServletException, IOException {
```

```
12          this.doPost(request, response);
13      }
14      @Override
15      protected void doPost(HttpServletRequest request,
16      HttpServletResponse response) throws
17      ServletException, IOException {
18          String str = "ServletResponse";
19          //获取字符输出流对象
20          PrintWriter out = response.getWriter();
21          //PrintWriter 对象输出字符流数据
22          out.write(str);
23      }
24  }
```

在文件 4-17 中，第 20 行代码通过 HttpServletResponse 对象调用 getWriter( )方法获取字符输出流对象。第 22 行代码使用字符输出流对象输出信息。

在 IDEA 中启动项目后，在浏览器地址栏中输入 http://localhost：8080/WebTest/Demo10Servlet，访问 Demo10Servlet，浏览器显示的结果与图 4-19 所示相同。

4.7　HttpServletResponse 的应用

4.7.1　解决中文输出乱码问题

在计算机中，所有信息都是以二进制的形式存放的。当传送数据时，需要对所传送的数据进行编码与解码处理。如果编码和解码的方式不同，就可能会造成中文输出乱码问题。

对 HTTP 请求进行处理时，HttpServletResponse 对象的字符输出流在编码时，默认采用的是 ISO-8859-1 的字符码表（该码表并不兼容中文）；浏览器对接收到的数据进行解码时，默认采用的字符码表是 GB2312。此种情况下浏览器显示的内容就会出现中文乱码。

要解决响应的中文输出乱码问题，只需要在服务器端指定一个编码字符集，然后通知浏览器按照这个字符码表进行解码即可。HttpServletResponse 接口提供了两种解决响应的中文输出乱码问题的方案，具体如下。

➢ 方案一：HttpServletResponse 接口提供了一个 setCharacterEncoding( )方法，该方法用于设置字符的编码方式；提供了一个 setHeader( )方法，该方法用于通知浏览器使用的解码方式。具体代码如下：

```
//设置 HttpServletResponse 对象使用 UTF-8 编码
response.setCharacterEncoding("UTF-8");
//通知浏览器使用 UTF-8 解码
response.setHeader("Content-Type","text/html;charset=UTF-8");
```

➤ 方案二：HttpServletResponse 接口提供了一个 setContentType( )方法，该方法用于设置文档内容的类型和字符的编码方式，以及通知浏览器使用的解码方式。具体代码如下：

```
//设置 HttpServletResponse 对象使用 UTF-8 对文本字符编码,
//通知浏览器使用 UTF-8 解码
response.setContentType("text/html;charset=UTF-8");
```

通常情况下，方案二的代码更加简洁。

下面通过一个案例演示如何解决中文输出乱码问题。

在 WebTest 项目的 cn. cz. servlet 包中创建名称为 Demo11Servlet 的 Servlet。具体代码如文件 4-18 所示。

文件 4-18　Demo11Servlet. java

```
1  import javax.servlet.*;
2  import javax.servlet.http.*;
3  import javax.servlet.annotation.*;
4  import java.io.IOException;
5  import java.io.PrintWriter;
6  @WebServlet(name = "Demo11Servlet", value = "/Demo11Servlet")
7  public class Demo11Servlet extends HttpServlet {
8     @Override
9     protected void doGet(HttpServletRequest request,
10    HttpServletResponse response) throws
11    ServletException, IOException {
12        this.doPost(request, response);
13    }
14    @Override
15    protected void doPost(HttpServletRequest request,
16    HttpServletResponse response) throws
17    ServletException, IOException {
18        //解决中文输出乱码问题
19        response.setContentType("text/html;charset=UTF-8");
20        String str = "欢迎您!";
```

```
21          PrintWriter out = response.getWriter();
22          out.println(str);
23      }
24  }
```

在文件 4-18 中，第 19 行代码使用 HttpServletResponse 对象的第二种方案解决中文输出乱码问题。

在 IDEA 中启动项目后，在浏览器地址栏中输入 http://localhost：8080/WebTest/Demo11Servlet，访问 Demo11Servlet，浏览器显示的结果如图 4-20 所示。

图 4-20　文件 4-18 的运行结果

4.7.2　实现请求重定向

在某些情况下，针对客户端的请求，一个 Servlet 可能无法完成全部工作，这时可以使用请求重定向来完成。所谓请求重定向，是指客户端向 Web 服务器发送请求，服务器接收到请求后进行处理，返回给客户端一个新的资源路径，让客户端使用新的 URL 地址重新发送请求。

请求重定向是客户端浏览器的行为，客户端有两次请求，地址栏中的 URL 地址会发生变化；重定向可以访问其他 Web 应用的资源；重定向不能转到 WEB-INF 目录下的文件。

为了实现请求重定向，HttpServletResponse 接口定义了一个 sendRedirect( ) 方法，该方法用于生成 302 响应码和 Location 响应头字段，从而通知客户端重新访问 Location 响应头字段中指定的 URL。sendRedirect( ) 方法的工作原理如图 4-21 所示。

sendRedirect( ) 方法的完整声明如下：

```
public void sendRedirect(java.lang.String location) throws
java.io.IOException
```

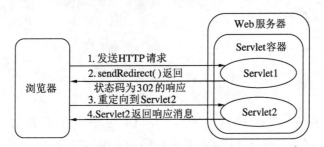

图 4-21　sendRedirect( ) 方法的工作原理

需要注意的是，参数 location 可以使用相对 URL，Web 服务器会自动将相对 URL 翻译成绝对 URL，再生成 Location 头字段。

下面通过一个案例演示 sendRedirect( )方法的使用。

第一步，在 WebTest 项目的 Web 中创建用户登录页面 login. jsp 和登录成功后的欢迎页面 welcome. html。具体代码如文件 4-19 和文件 4-20 所示。

文件 4-19　login. jsp

```
1   <%@ page contentType="text/html;charset=UTF-8" language="java" %>
2   <html>
3   <head>
4     <title>用户登录</title>
5   </head>
6   <body>
7   <form  action="/WebTest/LoginServlet"  method="post">
8     用户名：<input  name="username"  type="text"  id="name"
9   style="width:200px"><br><br>
10    密    码： <input  name="password"
11  type="password"  id="pwd" style="width:200px"><br><br>
12    <input  type="submit"  name="submit"  value="提交">
13  </form>
14  </body>
15  </html>
```

文件 4-20　welcome. html

```
1   <!DOCTYPE html>
2   <html>
3   <head>
4     <meta http-equiv="Content-Type"
5     content="text/html;charset=UTF-8">
6     <title>欢迎页面</title>
7   </head>
8   <body>
9     欢迎您,登录成功!
10  </body>
11  </html>
```

第二步，在 WebTest 项目的 cn. cz. servlet 包中创建名称为 LoginServlet 的 Servlet，用于处理用户的登录请求。具体代码如文件 4-21 所示。

文件 4-21 LoginServlet. java

```java
1  import javax.servlet.*;
2  import javax.servlet.http.*;
3  import javax.servlet.annotation.*;
4  import java.io.IOException;
5  @WebServlet(name = "LoginServlet", value = "/LoginServlet")
6  public class LoginServlet extends HttpServlet {
7      @Override
8      protected void doGet(HttpServletRequest request,
9      HttpServletResponse response) throws
10     ServletException, IOException {
11         this.doPost(request, response);
12     }
13     @Override
14     protected void doPost(HttpServletRequest request,
15     HttpServletResponse response) throws
16     ServletException, IOException {
17         //请求参数中的中文乱码处理
18         request.setCharacterEncoding("UTF-8");
19         //用于解决中文输出乱码问题
20         response.setContentType("text/html;charset=utf-8");
21  //用 HttpServletRequest 对象的 getParameter()方法获取登录用户名和密码
22         String username = request.getParameter("username");
23         String password = request.getParameter("password");
24         //假设正确的用户名是"于"、密码是"123"
25         if (("于").equals(username) && ("123").equals(password)) {
26             //如果登录用户名和密码正确,则重定向到 welcome.html 页面
27             response.sendRedirect("/WebTest/welcome.html");
28         } else {
29             //如果登录用户名或密码错误,则重定向到 login.jsp 页面
30             response.sendRedirect("/WebTest/login.jsp");
31         }
32     }
33  }
```

在文件 4-21 中,第 5 行代码使用@ WebServlet 注解配置了 LoginServlet 的 URL 映射地址。第 20 行代码设置响应字符集编码为 UTF-8。第 22-23 行代码通过 getParameter()方法分别获取用户名和密码。第 25-31 行代码判断表单中输入的用户

名和密码是否为指定的"于"和"123"，如果是，则将请求重定向到 welcome. html 页面，否则重定向到 login. jsp 页面。

在 IDEA 中启动项目后，在浏览器地址栏中访问 http://localhost:8080/WebTest/login. jsp，浏览器显示的结果如图 4-22 所示。

图 4-22 文件 4-19 的运行结果

在图 4-22 所示的用户登录界面中，如果输入正确的用户名和密码，单击"登录"按钮，则重定向到 welcome. html 页面，浏览器显示的结果如图 4-23 所示；如果输入错误的用户名或密码，单击"登录"按钮，则重定向到 login. jsp 页面，浏览器显示的结果如图 4-22 所示。

图 4-23 文件 4-20 的运行结果

小贴士

Servlet 是后端开发的重要基础技术，其主要功能在于交互式地浏览和修改数据，生成动态 Web 内容。

JSP 其实是 Servlet 的扩展，由于 Servlet 大多是用于响应 HTTP 请求，并返回 Web 页面，所以在编写 Servlet 时会涉及大量的 HTML 代码，这给 Servlet 代码的编写和维护带来非常大的麻烦，为了解决这一问题，就此产生了 JSP。

JSP 的作用是使用 HTML 的编写方式，在适当的地方嵌入 Java 代码；同时，JSP 增加称为"JSP 动作"的 XML 标签，用于调用内建功能。

JSP 在首次被访问时会被服务器转成 Servlet，以后 Web 容器就可以直接调用这个 Servlet，而不再访问 JSP 页面，所以 JSP 实质上还是 Servlet。需要重点掌握的是 JSP 标签库。

上机指导

4-1　在 MyTest 项目中创建一个 Servlet，通过 ServletConfig 和 ServletContext 获取配置信息，并将其显示在页面中。

第 5 章　JavaBean 技术

- 理解 JavaBean 的概念。
- 掌握 JavaBean 的基本特点。
- 掌握如何编写 JavaBean 类。
- 掌握如何定义 JavaBean 的属性。
- 掌握如何使用 JavaBean。

5.1　JavaBean 概述

JavaBean 是使用 Java 语言编写的可重用组件，通常用于表示应用程序中的数据对象。它遵循一定的规范，提供了标准的构造函数、属性以及访问方法，使得 JavaBean 在不同的应用程序之间可以轻松共享和重用。在 JavaWeb 开发中，JavaBean 不仅可以用于封装数据实体，如用户信息、商品数据等，还可以封装业务逻辑，如数据处理和验证等功能。这种封装机制使得 JavaBean 在分层架构中扮演着重要角色，尤其是在 MVC 开发模式中，JavaBean 作为模型（Model）层的一部分，帮助开发者实现了清晰的代码组织和功能分离。

JavaBean 是一种 Java 类，具有以下特点：

➤ JavaBean 的类必须是具体的和公有的（public）。

➤ JavaBean 必须具有无参数的构造方法。如果在 JavaBean 中定义了有参数的构造方法，就必须显式添加一个 public 的无参构造方法，否则<jsp:useBean>动作元素将无法实例化对象。

➤ 为了防止外部直接调用 JavaBean 的属性，将 JavaBean 的属性设置为私有的（private），提供公有的（public）getter( )和 setter( )方法。

➤ JavaBean 的 getter( )和 setter( )方法不一定成对出现。如果只有 getter( )方法，则对应的属性为只读属性。

在 Java Web 开发中，使用 JavaBean 可以减少重复代码，降低 HTML 代码和 Java 代码之间的耦合度，使整个开发项目更加简洁和清晰。

5.2　JavaBean 的应用

5.2.1　\<jsp:useBean\>

\<jsp:useBean\>动作元素用于实例化一个将在 JSP 页面中使用的 JavaBean。这个功能非常有用，因为它既可以发挥 JavaBean 组件可重用的优势，同时又保留了 JSP 区别于 Servlet 的方便性。

\<jsp:useBean\>动作元素的具体语法格式如下：

```
<jsp:useBean id="name"  class="package.class"
scope="page |request |session |application" />
```

\<jsp:useBean\>动作元素的属性含义如下：

➤ id：用于实例化 JavaBean 对象，该属性值是 JavaBean 实例化后的对象名。

➤ class：用于指定需要实例化的 JavaBean 的完整的包名及类名。

➤ scope：用于指定 JavaBean 实例化对象的生命周期，其值可以是 page、request、session 或 application，默认值是 page。

5.2.2　\<jsp:setProperty\>

在 JSP 页面中设置 JavaBean 对象的属性的值，除了调用 JavaBean 的 setter( )方法，还可以使用\<jsp:setProperty\>动作元素来实现，尤其是用收集的表单元素提交的数据去设置 JavaBean 对象的属性的值时特别方便。

\<jsp:setProperty\>动作元素用于设置已经实例化的 JavaBean 对象的属性。该动作元素有两种用法，一种用法是把\<jsp:setProperty\>放在\<jsp:useBean\>动作元素的外面（后面），如下所示：

```
<jsp:useBean  id="myName" class="package.class" />
    <jsp:setProperty   name = " myName "   property = " Property1 "
[value="Value1"] |[param="Param1"] />
    <jsp:setProperty   name = " myName "   property = " Property2 "
[value="Value2"] |[param="Param2"] />
```

此时，不管\<jsp:useBean\>是找到了一个现有的 Bean 实例对象，还是新创建了一个 Bean 实例对象，\<jsp:setProperty\>都会执行。

另一种用法是把\<jsp:setProperty\>放到\<jsp:useBean\>动作元素的内部，如下所示：

```
<jsp:useBean id="myName" class="package.class" >
    <jsp:setProperty   name="myName"  property="Property1"
    [value="Value1"] |[param="Param1"] />
```

```
<jsp:setProperty name="myName" property="Property2"
[value="Value2"] |[param="Param2"] />
</jsp:useBean>
```

此时，<jsp:setProperty>只有在新创建 Bean 实例对象时才会执行，如果是使用已有的 Bean 实例对象，则不执行<jsp:setProperty>。

<jsp:setProperty>动作元素的属性含义如下：

➢ name：已存在或新建的 Bean 实例对象名，一般与<jsp:useBean>的 id 属性值相同。

➢ property：用于指定要设置的 Bean 实例对象的属性的名称。如果属性名为"∗"，则表示所有与 Bean 属性名匹配的 request 参数都将其值传递给 Bean 相对应的属性。

➢ value：可选的，用于指定 Bean 实例对象的属性的值，即设置 property 属性值的取值。需要注意的是，value 和 param 不能同时使用，但可以使用其中任意一个。

➢ param：可选的，用于指定用哪个请求参数作为 Bean 实例对象的属性的值。该属性的值可以是表单元素的对象名（参数名），如果当前的请求没有参数，则系统什么都不做，不会把 null 传递给 Bean 实例对象的属性的 setter 方法。

5.2.3 <jsp:getProperty>

在 JSP 页面中获取 JavaBean 对象的属性的值，除了调用 JavaBean 的 getter 方法之外，还可以使用<jsp:getProperty>动作元素来实现。

<jsp:getProperty>动作元素用于获取指定 Bean 实例对象的属性的值，转换成字符串，然后输出。

<jsp:getProperty>动作元素的具体语法格式如下：

```
<jsp:useBean id="myName" class="package.class" />
    <jsp:getProperty name="myName" property="Property1" />
    <jsp:getProperty name="myName" property="Property2"/>
```

<jsp:getProperty>动作元素的属性含义如下：

➢ name：已存在的 Bean 实例对象名，一般与<jsp:useBean>的 id 属性值相同。

➢ property：用于指定要获取的 Bean 实例对象的属性的名称。

下面通过一个案例演示 JavaBean 在 JSP 中的应用。本案例用于实现图书信息的录入显示功能。

第一步，在 WebTest 项目的 src 目录下创建名称为 cn.cz.domain 的包，在该包下创建名称为 Book 的类。Book 类是图书信息实体类的 JavaBean，用于实现对图书信息的封装。具体程序代码如文件 5-1 所示。

文件 5-1　Book. java

```
1  package cn.cz.domain;
2  public class Book {
3      private String bookName;
4      private double price;
5      private String author;
6      public String getBookName() {
7          return bookName;
8      }
9      public void setBookName(String bookName) {
10         this.bookName = bookName;
11     }
12     public double getPrice() {
13         return price;
14     }
15     public void setPrice(double price) {
16         this.price = price;
17     }
18     public String getAuthor() {
19         return author;
20     }
21     public void setAuthor(String author) {
22         this.author = author;
23     }
24 }
```

在文件 5-1 中，第 3~5 行代码声明了 Book 类的 3 个属性（书名、价格、作者），第 6~23 行代码定义了这 3 个属性的 getter 和 setter 方法。

小贴士

在 IDEA 中快速添加 getter 和 setter 方法的步骤：在 Java 类中，将光标放在类名上或放在类体内的空白处，单击鼠标右键→Generate... →Getter and Setter→选择需要生成 getter 和 setter 的字段→单击 "OK" 按钮完成。

第二步，在 WebTest 项目的 web 目录下创建名称为 addBookInfo 和 bookInfo 的两个 JSP 文件。addBookInfo. jsp 文件用于显示图书信息录入的界面，在该界面的表单元素中录入图书信息后，单击 "添加" 按钮，将录入的图书信息提交给 bookInfo. jsp 文件进行处理。bookInfo. jsp 将收集到的表单数据保存到 Bean 实例对象中，

然后到该 Bean 实例对象中获取图书信息显示到页面中。具体程序代码如文件 5-2
和文件 5-3 所示。

文件 5-2　addBookInfo. jsp

```
1   <%@ page contentType="text/html;charset=UTF-8" language="java" %>
2   <html>
3   <head>
4       <title>图书信息录入</title>
5   </head>
6   <body>
7   <form action="bookInfo.jsp" method="post">
8       <table align="center" width="400" height="200" border="0">
9           <tr>
10              <td align="center" colspan="2" height="40">
11              <b>录入图书信息</b>
12              </td>
13          </tr>
14          <tr>
15              <td align="center">
16                  书名:<input type="text" name="bookName">
17              </td>
18          </tr>
19          <tr>
20              <td align="center">
21                  价格:<input type="text" name="price">
22              </td>
23          </tr>
24          <tr>
25              <td align="center">
26                  作者:<input type="text" name="author">
27              </td>
28          </tr>
29          <tr>
30              <td align="center" colspan="2">
31                  <input type="submit" value="新增">
32              </td>
33          </tr>
34      </table>
35  </form>
36  </body>
37  </html>
```

文件 5-3　bookInfo. jsp

```
1  <%@ page contentType="text/html;charset=UTF-8" language="java" %>
2  <html>
3  <head>
4      <title>图书信息</title>
5  </head>
6  <body>
7  <% request.setCharacterEncoding("UTF-8");%>
8  <jsp:useBean id="book" class="cn.cz.domain.Book" scope="page">
9      <jsp:setProperty  name="book"  property="bookName">
10     </jsp:setProperty>
11     <jsp:setProperty  name="book"  property="price">
12     </jsp:setProperty>
13     <jsp:setProperty  name="book"  property="author">
14     </jsp:setProperty>
15 </jsp:useBean>
16 <table align="center" width="400">
17     <tr>
18         <td>书名:
19             <jsp:getProperty  name="book" property="bookName"/>
20         </td>
21     </tr>
22     </tr>
23         <td>价格:
24             <jsp:getProperty  name="book" property="price"/>
25         </td>
26     </tr>
27     </tr>
28         <td>作者:
29             <jsp:getProperty  name="book" property="author"/>
30         </td>
31     </tr>
32 </table>
33 </body>
34 </html>
```

在文件 5-2 中，第 7 行代码的 form 表单中的 action 指定将表单信息提交给
bookInfo. jsp 页面处理，method 提交方式为 post；第 16 行代码中的 input 表单元素

的 name 属性值为 bookName，与 Book 类中第 3 行代码声明的属性的名称保持一致，第 21、26 行代码中的 name 属性值的设置同理，这样做的好处是可以使用<jsp:setProperty name="book" property="*"/>替换掉文件 5-3 中第 9~14 行代码来接收表单提交的所有参数，这种方式可以简化程序代码的书写。

在文件 5-3 中，第 8 行代码通过<jsp:useBean>动作元素来实例化 Book 类。其中，id="book"表示系统会自动调用 Book 类的默认的无参构造方法实例化 Book 类，实例化的对象名称为 book；class="cn.cz.domain.Book"用于指定要进行实例化的 Book 类所在的完整的类包；scope="page"用于指定实例化后的 book 对象的生命周期是只在当前页面有效。第 9~14 行代码通过<jsp:setProperty>动作元素调用 Book 类中定义的 setter()方法，对 book 对象的 bookName、price、author 属性进行赋值。第 19、24、29 行代码通过<jsp:getProperty>动作元素调用 Book 类中定义的 getter()方法，获取 book 对象的 bookName、price、author 属性的值。

在 IDEA 中启动项目后，在浏览器地址栏中访问 http://localhost:8080/WebTest/addBookInfo.jsp，浏览器显示的结果如图 5-1 所示。

图 5-1　文件 5-2 的运行结果

在图 5-1 中的图书信息录入页面中，输入书名、价格和作者信息，单击"新增"按钮，运行结果如图 5-2 所示。

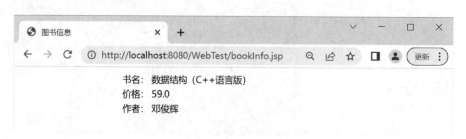

图 5-2　文件 5-3 的运行结果

在网站开发中，页面接收信息时经常会出现中文输出乱码问题，这时也可以使用 JavaBean 解决。先构建一个 JavaBean 类，在该类中定义一个处理字符编码的方法，对接收到的数据进行转码。当页面接收信息时，首先调用 JavaBean 类中处理字符编码的方法，对接收到的数据进行转码，使其与接收页面的编码字符集一致，然后将转码后的数据显示在接收页面中。

下面通过一个案例演示如何使用 JavaBean 解决中文输出乱码问题。

第一步，在 WebTest 项目的 cn. cz. domain 包下创建名称为 CharacterEncoding 的类，在该类中定义一个 toString( ) 方法，实现对字符串编码进行转码。具体程序代码如文件 5-4 所示。

文件 5-4　CharacterEncoding. java

```
1    packagecn.cz.domain;
2    public class CharacterEncoding {
3        //对字符串编码进行转码处理
4        public String toString(String str) {//参数 str 表示要转码的字符串
5            String text = "";
6            if (str! =null && !"".equals(str)){
7                try{
8                    text =new String(str.getBytes("ISO-8859-1"),"UTF-8");
9                }catch (Exception e){
10                   e.printStackTrace();
11               }
12           }
13           return text;//返回编码后的字符串
14       }
15   }
```

在文件 5-4 中，先判断要转码的字符串是否为空，如果字符串不为空，则将字符串使用的默认字符集编码 ISO-8859-1 转换为指定的字符集编码。由于接收数据的 booksInfo. jsp 页面的字符集编码为 UTF-8，所以此处转码指定的字符集编码为 UTF-8。

第二步，在 WebTest 项目的 web 目录中创建一个名为 booksInfo 的 JSP 文件，实现图书信息的显示。具体程序代码如文件 5-5 所示。

文件 5-5　booksInfo. jsp

```
1    <%@ page contentType="text/html;charset =UTF-8" language ="java" % >
2    <html>
3    <head>
4        <title>图书信息</title>
```

```
5   </head>
6   <body>
7   <%-- 实例化 CharacterEncoding 类的 JavaBean 对象 --%>
8   <jsp:useBean id="encoding" class="cn.cz.domain.CharacterEncoding"/>
9   <jsp:useBean id="book" class="cn.cz.domain.Book" scope="page"/>
10  <jsp:setProperty name="book" property="*"></jsp:setProperty>
11  <table align="center" width="400">
12     <tr>
13        <td>书名:
14           <%= encoding.toString(book.getBookName()) %>
15        </td>
16     </tr>
17     </tr>
18        <td>价格:
19           <%= book.getPrice() %>
20        </td>
21     </tr>
22     </tr>
23        <td>作者:
24           <%= encoding.toString(book.getAuthor()) %>
25        </td>
26     </tr>
27  </table>
28  </body>
29  </html>
```

在文件 5-5 中，第 8 行代码通过<jsp:useBean>动作元素实例化 CharacterEncoding 类，实例化的对象名称为 encoding；第 9 行代码通过<jsp:useBean>动作元素实例化 Book 类，实例化的对象名称为 book；第 14 行代码先通过 book 对象调用 Book 类中定义的 getter 方法来获取 bookName 属性的值，因为获取到的 bookName 属性值是 String 类型，所以再通过 encoding 对象调用 CharacterEncoding 类中定义的 toString( ) 方法，对获取到的 bookName 属性值的编码进行转码；第 19 行代码获取到的 price 属性值是 double 类型，不必转码；第 24 行代码与第 14 行代码同理。

将文件 5-2 中的第 7 行代码修改为<form action="booksInfo.jsp" method="post">，然后在 IDEA 中启动项目，在浏览器地址栏中访问 http://localhost:8080/WebTest/ addBookInfo.jsp，浏览器显示的结果如图 5-1 所示。

在图 5-1 所示的图书信息录入页面中，输入书名、价格和作者信息，单击"新增"按钮，运行结果如图 5-3 所示。

图 5-3　文件 5-5 修改代码后的运行结果

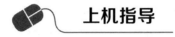

5-1　在 MyTest 项目中，实现学生信息的录入显示功能。

第6章　数据库访问技术

🖥️ 学习目标

- 理解 SQL Server 的相关知识。
- 了解 JDBC 在 Java 语言中的作用，掌握其在整个数据库访问过程中的应用。
- 掌握建立与数据库的连接、创建 Statement 对象、执行 SQL 查询和更新操作等基本的 JDBC 编程技能。
- 掌握使用 PreparedStatement 接口进行预编译、SQL 查询和更新操作的方法，了解其在防范 SQL 注入和提升性能方面的优势。
- 掌握使用 ResultSet 对象处理查询结果集的方法，包括遍历结果集、获取数据等操作。
- 掌握使用 JDBC 访问数据库并实现数据的增、删、改、查等操作的方法。

数据库在 Web 应用的后端开发中是不可或缺的一部分，也是开发中最重要的一部分。在数据库处理方面，Java 提供了 Java 数据库连接（Java Database Connectivity，JDBC），为数据库开发应用提供了标准的应用程序编程接口。JDBC 是 Java 应用程序连接数据库的标准方法，可以为多种关系型数据库提供统一的访问方式和访问接口。JDBC 提供了一组标准的 API，用于与数据库进行交互。用户对 Web 数据库的访问包括对数据库的查询、添加、修改和删除等操作。本章将介绍在 JavaWeb 应用开发中如何使用 JDBC 技术访问后端数据库。

6.1　SQL Server 简介

SQL Server 系列软件是 Microsoft 公司推出的关系型数据库管理系统。2008 年 10 月，SQL Server 2008 简体中文版在中国正式上市。SQL Server 2008 版本能够直接将结构化、半结构化和非结构化数据存储到数据库中，并可以对这些数据进行查询、搜索、同步、报告和分析等操作。数据可以存储在各种设备上，从数据中心的大型服务器到桌面计算机和移动设备，SQL Server 2008 都能有效地管理数据，而不需要关心数据存储的具体位置。

此外，SQL Server 2008 还允许在使用 Microsoft. NET 和 Visual Studio 开发的自定义应用程序中使用数据，并支持在面向服务的架构（SOA）以及通过 Microsoft

BizTalk Server 实现的业务流程中使用数据。信息工作人员可以通过常用的工具直接访问这些数据。

SQL Server 除发布了企业版外，还提供了适用于中小型应用规模的标准版、工作组版，以及 180 天试用的评估版及免费的学习版。

SQL Server 2008 是一个综合性的数据库平台，旨在通过提供可信、安全的基础设施，降低管理成本，提高运营效率，并通过智能分析和报告功能，帮助企业在关键任务应用程序中做出更快、更准确的决策。其特点如下：

➢ 可信任的——SQL Server 2008 提供了高水平的安全性、可靠性和可扩展性，确保企业能够安全地运行其最关键的应用程序。它具有多层次的安全功能，包括数据加密、访问控制、认证机制等，能够确保数据的完整性与保密性，并提供高可用性的支持，如数据库镜像、故障转移群集等。

➢ 高效的——SQL Server 2008 通过增强的工具和功能帮助企业降低开发和管理数据基础设施的成本，提高数据管理和应用的效率。例如，新的管理功能如 SQL Server Management Studio（SSMS）提高了管理效率，增强的性能优化功能（如索引优化、查询优化器等），减少了数据库管理的复杂性。同时，集成的 Business Intelligence 功能帮助企业更好地进行数据分析和报告。

➢ 智能的——SQL Server 2008 提供了一个全面的平台，支持实时数据分析和智能决策。它能够为用户提供信息优化功能，通过 SQL Server Integration Services（SSIS）、SQL Server Reporting Services（SSRS）和 SQL Server Analysis Services（SSAS）提供强大的数据处理和分析能力。此外，SQL Server 2008 还包含一些智能功能，如数据压缩和数据归档，可以帮助企业在大数据量下高效运行。

SQL Server 2008 增加了很多新功能，包括数据压缩，基于策略的管理和集成全文检索功能；可以对整个数据库、数据文件和日志文件进行加密，而不需要改动应用程序；热添加 CPU 使数据库可以按需扩展。

使用 SQL 语句可实现对数据库的查询、添加、修改和删除等操作，表 6-1 列出了一些常用的 SQL 命令。

表 6-1 常用的 SQL 命令

SQL 命令	功能描述
show databases	列出所有数据库
use database_name	使用名称为 database_name 的数据库
create database database_name	创建名称为 database_name 的数据库
drop database database_name	删除名称为 database_name 的数据库
show tables	列出数据库中所有数据表
create table table_name（column_name1 data_type（size），column_name2 data_type（size））	创建一个名称为 table_name 的数据表

SQL 命令	功能描述
describe table_name	显示名称为 table_name 的数据表的表结构
select * from table_name where 查询条件	查询名称为 table_name 的数据表中的记录,如果有 where 子句,则带条件查询
insert into table_name(column_name1,column_name2) values(column_value1,column_value2)	在名称为 table_name 的数据表中添加一条记录
update table_name set column_name=new_value where column_name = some_value	修改名称为 table_name 的数据表中的指定记录
drop table table_name where column_name=some_value	删除名称为 table_name 的数据表中的指定记录,一般带条件删除
delete from table_name	将名称为 table_name 的数据表中的所有记录清空

6.2　项目访问的数据库的创建

下面以创建图书信息管理数据库 bookmanager 为例,说明项目访问的数据库的创建涉及的 SQL 语句。

创建 bookmanager 数据库的 SQL 语句如下:

```
CREATE DATABASE bookmanager
```

（1）创建用户信息表 tb_user 的 SQL 语句

```
CREATE TABLE [dbo].[tb_user](
    [userid][int] IDENTITY(1,1) NOT NULL,
    [username][varchar](50) NOT NULL,
    [password][varchar](50) NOT NULL,
CONSTRAINT [PK_tb_user] PRIMARY KEY CLUSTERED ([userid] ASC))
CONSTRAINT [UC_username] UNIQUE NONCLUST ERED ([username] ASC)
```

（2）创建图书信息表 tb_book 的 SQL 语句

```
CREATE TABLE [dbo].[tb_book](
    [bookid][int] NOT NULL,
    [bookname][varchar](60) NOT NULL,
    [editor][varchar](8) NOT NULL,
    [price][decimal](5,1) NOT NULL,
    [publish][varchar](30) NOT NULL,
    [pubdate][date] NOT NULL,
    [kcl][int] NOT NULL,
CONSTRAINT [PK_tb_book] PRIMARY KEY CLUSTERED ([bookid] ASC))
```

（3）创建图书详情信息表 tb_titles 的 SQL 语句

```
CREATE TABLE [dbo].[tb_titles](
    [isbn][varchar](20) NOT NULL,
    [title][varchar](100) NOT NULL,
    [editionNumber][int] NOT NULL,
    [copyright][varchar](4) NULL,
    [publisherID][int] NULL,
    [imageFile][varchar](100) NULL,
    [price][decimal](5,1) NULL,
    [summary][varchar](100) NULL,
CONSTRAINT [PK_tb_titles] PRIMARY KEY CLUSTERED ([isbn] ASC))
```

（4）创建图书借阅信息表 tb_borrow 的 SQL 语句

```
CREATE TABLE [dbo].[tb_borrow](
    [cardid][varchar](10) NOT NULL,
    [bookid][varchar](8) NOT NULL,
    [bdate][date] NOT NULL,
    [rdate][date] NOT NULL
) ON [PRIMARY]
```

6.3 JDBC 概述

6.3.1 JDBC 的组成

JDBC 是一种特殊的 API，是用于执行 SQL 语句的 Java 应用程序接口（Java API），它规定了 Java 如何与数据库进行交互作用。

JDBC 由一组用 Java 语言写的类和接口组成，利用 Java 机制设计的标准 SQL 数据库连接接口 JDBC 去访问数据库。JDBC 也是一种规范，其宗旨是让各数据库开发商为 Java 程序员提供标准的数据库访问类和接口。采用 JDBC 可以很容易使用 SQL 语句访问各种类型的数据库，如 SQL Server、MySQL、Sybase 或 Oracle。因此，采用 Java 和 JDBC 编写的数据库应用程序具有与平台无关的特性。应用程序使用 JDBC 访问数据库的方式如图 6-1 所示。

JDBC 提供给程序员的编程接口由两部分组成，即面向应用的编程接口 JDBC API 和供底层开发的

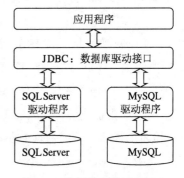

图 6-1 应用程序使用 JDBC
访问数据库的方式

驱动程序接口 JDBC Driver API。

（1）面向应用的编程接口 JDBC API

JDBC API 是 Java 平台中用于连接和操作数据库的编程接口。它提供了一组标准的接口和类，使 Java 程序能够与数据库进行交互，执行 SQL 语句并处理数据库结果。JDBC API 由多个接口和类组成，主要分为以下几个核心部分。

➢ java.sql.DriverManager：该接口定义装载驱动程序，并且为创建新的数据库连接提供支持。

➢ java.sql.Connection：该接口定义对某一种指定数据库连接的功能。

➢ java.sql.Statement：该接口定义在一个给定的连接中作为 SQL 语句执行声明的容器以实现对数据库的操作。它主要包含如下两种子类型。

● java.sql.CallableStatement：该接口定义用于执行数据库的存储过程的调用。

● java.sql.PreparedStatement：该接口定义用于执行带或不带 IN 参数的预编译 SQL 语句。

➢ java.sql.ResultSet：该接口定义用于执行数据库的操作后返回的结果集。

（2）供底层开发的驱动程序接口 JDBC Driver API

JDBC Driver API 是 Java 程序与数据库之间通信的桥梁，提供了一系列方法来加载、管理和连接数据库。不同类型的 JDBC 驱动提供了与不同数据库的高效的、灵活的连接方式，确保 Java 应用程序可以通过标准的 JDBC 接口与各种数据库交互。

数据库厂商必须提供相应的驱动程序并实现 JDBC API 所要求的基本接口（如 DriverManager、Connection、Statement、ResultSet 等接口），从而最终保证 Jave 应用程序通过 JDBC 实现对不同数据库的操作。

6.3.2 JDBC 的常用 API

JDBC API 主要位于 java.sql 包中，该包定义了一系列访问数据库的接口和类。下面对 java.sql 包内常用的接口和类进行详细介绍。

（1）Driver 接口

Driver 接口是所有 JDBC 驱动程序必须实现的接口，该接口专门提供给数据库厂商使用，不同数据库厂商提供不同的实现。在程序中不需要直接去访问实现了 Driver 接口的类，而是由驱动程序管理器类 DriverManager 去调用这些 Driver 实现。

需要注意的是，在编写 JDBC 程序时，必须把所使用的数据库驱动程序或类库（如 SQL Sener 2008 数据库驱动 JAR 包）导入项目中。

（2）DriverManager 类

DriverManager 类用于加载 JDBC 驱动并且创建与数据库的连接。DriverManager 类中定义了两个比较重要的静态方法，如表 6-2 所示。

表 6-2　DriverManager 类的静态方法

方法名称	功能描述
registerDriver(Driver driver)	用于向 DriverManager 中注册给定的 JDBC 驱动
getConnection(String url, String user, String password)	用于建立与数据库的连接，并返回表示连接的 Connection 对象

（3）Connection 接口

Connection 接口是 Java 程序和数据库建立的连接对象，只有获得该连接对象后才能访问数据库，并操作数据表。Connection 接口中定义了一系列方法，常用方法如表 6-3 所示。

表 6-3　Connection 接口的常用方法

方法名称	功能描述
getMetaData( )	用于返回表示元数据的 DatabaseMetaData 对象
createStatement( )	用于创建一个 Statement 对象并将 SQL 语句发送到数据库
prepareStatement(String sql)	用于创建一个 PreparedStatement 对象并将参数化的 SQL 语句发送到数据库
prepareCall(String sql)	用于创建一个 CallableStatement 对象来调用数据库存储过程

（4）Statement 接口

Statement 接口用于执行静态的 SQL 语句，并返回一个结果对象。Statement 接口的对象通过 Connection 实例的 createStatement( )方法获得。Statement 接口用于执行静态的 SQL 语句，并将 SQL 语句发送到数据库进行编译和执行，然后返回数据库的处理结果。Statement 接口提供了执行 SQL 语句的几个常用方法，具体如表 6-4 所示。

表 6-4　Statement 接口的常用方法

方法名称	功能描述
executeQuery(String sql)	用于执行 SQL 中的 select 语句，该方法返回一个表示查询结果的 ResultSet 对象
executeUpdate(String sql)	用于执行 SQL 中的 insert、update 和 delete 语句。该方法返回一个 int 类型的值，表示被影响的行数
Execute(String sql)	用于执行各种 SQL 语句，该方法返回一个 boolean 类型的值，如果为 true，则表示所执行的 SQL 语句有查询结果，可通过 Statement 的 getResultSet( )方法获得查询结果
getResultSet( )	获取查询结果集，该方法返回一个 ResultSet 对象，该对象包含查询结果。如果查询没有返回结果集，则该方法返回 null

（5）PreparedStatement 接口

Statement 接口封装了 JDBC 执行 SQL 语句的方法，可以完成 Java 程序执行 SQL 语句的操作。然而，在实际开发过程中往往需要将程序中的变量作为 SQL 语句的查询条件，而使用 Statement 接口操作这些 SQL 语句过于烦琐，并且存在安全方面的问题。针对这一问题，JDBC API 提供了扩展的 PreparedStatement 接口。

PreparedStatement 接口是 Statement 的子接口，用于执行预编译的 SQL 语句。PreparedStatement 接口扩展了有参数的 SQL 语句的执行操作，应用该接口中的 SQL 语句可以使用占位符 "?" 代替参数，然后通过 setter 方法为 SQL 语句的参数赋值。PreparedStatement 接口中定义了一系列的方法，常用方法如表 6-5 所示。

表 6-5　PreparedStatement 接口的常用方法

方法名称	功能描述
execute( )	用于在 PreparedStatement 对象中执行 SQL 语句，该语句可以是任何类型的 SQL 语句。一些预处理过的语句返回多个结果，execute( )方法处理这些复杂的语句，executeQuery( )和 executeUpdate( )处理形式更简单的语句。该方法返回一个 boolean 类型的值，指示第一个结果的形式。必须调用 getResultSet( )或 getUpdateCount( )方法获取该结果，必须调用 getMoreResults( )获取任何后续结果。如果第一个结果是 ResultSet 对象，则返回 true；如果第一个结果是更新计数或没有结果，则返回 false
executeQuery( )	用于在 PreparedStatement 对象中执行 SQL 查询，并返回该查询生成的一个 ResultSet 对象
executeUpdate( )	用于在 PreparedStatement 对象中执行 SQL 语句，该语句必须是一个 SQL 数据操作语言（DML）语句，如 INSERT、UPDATE或DELETE 语句；或者是无返回内容的 SQL 语句，如 DDL 语句
setint(int parameterindex, int x)	用于设置 int 类型的值给 PreparedStatement 对象的 IN 参数
setFloat(int parameterindex, float x)	用于设置 float 类型的值给 PreparedStatement 对象的 IN 参数
setDouble(int parameterIndex, double x)	用于设置 double 类型的值给 PreparedStatement 对象的 IN 参数
setString(int parameterindex, String x)	用于设置 String 类型的值给 PreparedStatement 对象的 IN 参数
setDate(int parameterIndex, Date x)	用于设置 Date 类型的值给 PreparedStatement 对象的 IN 参数
setObject(int parameterIndex, Object x)	用于设置 Object 类型的值给 PreparedStatement 对象的 IN 参数。使用 Object 无须在意参数的数据类型

方法名称	功能描述
addBatch( )	用于将一组参数添加到 PreparedStatement 对象的批处理命令中
setCharacterStream（int parameterindex，java. io. Reader reader，int length）	用于将指定长度的字符输入流写入数据库的文本字段中。如果流长度与 length 参数指定的长度不同，则将在更新或插入行时引发异常；如果流长度未知，则可将 length 参数设置为 -1，以指示应接受流而不考虑其长度
setBinaryStream(int parameterindex，java. io. InputStream x，int length)	用于将指定长度的二进制输入流数据写入二进制字段中

需要注意的是，表 6-5 中的 setDate( ) 方法可以设置日期内容，但参数 Date 的类型是 java. sql. Date，而不是 java. util. Date。

在通过 setter 方法为 SQL 语句中的参数赋值时，可以采用参数与 SQL 类型相匹配的方法（例如，如果参数类型为 Integer，那么应该使用 setInt( ) 方法），也可以通过 setObject( ) 方法设置多种类型的输入参数。

通过 setter 方法为 SQL 语句中的参数赋值，具体示例代码如下：

```
String sql ="INSERT INTO user(username, password) Values(?,?)";
PreparedStatement preStmt = conn.prepareStatement(sql);
preStmt.setString(1, "admin");//使用参数与 SQL 类型相匹配的方法
preStmt.setObject(2, "admin");//使用 setObject()方法设置参数
preStmt.executeUpdate();
```

（6）ResultSet 接口

ResultSet 接口用于保存 JDBC 执行查询时返回的结果集，该结果集封装在一个逻辑表格中。在 ResultSet 接口内部有一个指向表格数据行的游标（指针），ResultSet 对象初始化时游标在表格的第一行之前，调用 next( ) 方法可将游标移动到下一行。如果下一行没有数据，则返回 false。在应用程序中经常调用 next( ) 方法作为 while 循环的条件来迭代 ResultSet 结果集。

ResultSet 接口定义了一系列方法，常用方法如表 6-6 所示。

表 6-6 ResultSet 接口的常用方法

方法名称	功能描述
getString(int columnIndex)	获取指定字段的 String 类型的值，参数 columnIndex 代表字段的索引
getInt(int columnIndex)	获取指定字段的 int 类型的值，参数 columnIndex 代表字段的索引

续表

方法名称	功能描述
getDouble(int columnIndex)	获取指定字段的 Double 类型的值，参数 columnIndex 代表字段的索引
getDate(int columnIndex)	获取指定字段的 Date 类型的值，参数 columnIndex 代表字段的索引
getString(String columnLabel)	获取指定字段的 String 类型的值，参数 columnLabel 代表字段的名称
getInt(String columnLabel)	获取指定字段的 int 类型的值，参数 columnLabel 代表字段的名称
getDouble(String columnLabel)	获取指定字段的 Double 类型的值，参数 columnLabel 代表字段的名称
getDate(String columnLabel)	获取指定字段的 Date 类型的值，参数 columnLabel 代表字段的名称
next( )	将游标从当前位置向下移一行
absolute(int row)	将游标移动到 ResultSet 对象的指定行
previous( )	将游标移动到 ResultSet 对象的上一行
last( )	将游标移动到 ResultSet 对象的最后一行
beforeFirst( )	将游标移动到 ResultSet 对象的开头，即第一行之前
afterLast( )	将游标移动到 ResultSet 对象的末尾，即最后一行之后

由表 6-6 可知，ResultSet 接口中定义了大量的 getter 方法，而采用哪种 getter 方法获取数据，取决于字段的数据类型。程序既可以通过字段名称获取数据，也可以通过字段索引获取数据，字段的索引是从 1 开始编号的。例如，user 数据表的第一列字段名为 userid，字段类型为 int，那么既可以调用 getInt(1)，以字段索引的方式获取该列的值，也可以调用 getInt(" userid")，以字段名称的方式获取该列的值。

6.3.3 使用 JDBC 访问数据库

在编写 JDBC 访问 SQL Server 数据库的程序时，一般按照以下几个步骤进行。

（1）加载并注册数据库驱动

加载并注册数据库驱动有以下两种方式。

① 使用 class.forName( )加载注册数据库驱动类，执行语句如下：

```
Class.forName("com.microsoft.sqlserver.jdbc.SQLServerDriver");
```

这种方式是利用发射机制来完成的。通过执行 class.forName（" com.microsoft.sqlserver.jdbc.SQLServerDriver")找到类路径并加载、链接、初始化。

使用 JDBC 访问 MySQL 5.5 及之前版本的数据库时，执行语句如下：

```
class.forName("com.mysql.jdbc.Driver")
```

使用 JDBC 访问 MySQL 5.6 及之后版本的数据库时，执行语句如下：

```
class.forName("com.mysql.cj.jdbc.Driver")
```

使用 JDBC 访问 Oracle 数据库时，执行语句如下：

```
class.forName("oracle.jdbc.driver.OracleDriver")
```

② 使用 DriverManager. registerDriver( )加载注册数据库驱动类，执行语句如下：

```
DriverManager.registerDriver(new com.microsoft.sqlserver.jdbc.
SQLServerDriver());
```

这种方式是先创建数据库驱动，再调用 registerDriver( )方法完成注册的。

对于这两种注册方式，推荐使用第一种。因为在第二种方式中，执行 new com. microsoft. sqlserver. jdbc. SQLServerDriver( )时，在 SQLServerDriver 类的源码内部的静态代码块中也有数据库驱动的注册，这相当于实例化了两个 SQLServerDriver 对象，使数据库驱动被注册两次。

（2）通过 DriverManager 获取数据库连接

获取数据库连接的具体方式如下：

```
Connection conn = DriverManager.getConnection(
String url, String user, String pwd);
```

getConnection( )方法有 3 个参数，分别表示连接数据库的 URL 地址、登录数据库的用户名和密码。以 SQL Server 2008 数据库为例，URL 地址的书写格式如下：

```
jdbc:sqlserver://hostname:port;DatabaseName=database_name
```

在上述代码中，"jdbc:sqlserver://" 是固定的写法，sqlserver 是指 SQL Sever 数据库；hostname 是指主机的名称（如果数据库在本机中，hostname 可以为 localhost 或 127. 0. 0. 1，如果要连接的数据库在其他计算机上，hostname 为所要连接计算机的 IP）；port 是指连接数据库的端口号（SQL Server 端口号默认为 1433）；database_name 是指要连接的 SQL Server 数据库的名称。

通过 DriverManager 获取数据库连接时，MySQL 数据库的 URL 地址的书写格式如下：

```
jdbc:mysql://hostname:port/database_name
```

如果应用程序运行在不同的时区，那么可以将应用程序的时区和数据库时区进行协同，在连接字符串中明确指定 serverTimezone。MySQL 5.6 及之后版本的 MySQL 数据库的时区设定比中国时间早 8 小时，需要在 URL 地址后面指定时区，具体代码如下：

```
jdbc:mysq1://hostname:port/database_name?
serverTimezoneGMT%2B8
```

通过 DriverManager 获取数据库连接时，Oracle 数据库的 URL 地址的书写格式如下：

```
jdbc:oracle:thin:@hostname:port:SID
```

（3）通过 Connection 对象获取 Statement 对象

通过 Connection 对象获取 Statement 对象的方法有以下 3 种。

① 调用 createStatement( )方法：创建基本的 Statement 对象。

② 调用 prepareStatement( )方法：创建 PreparedStatement 对象。

③ 调用 prepareCall( )方法：创建 CallableStatement 对象。

以创建基本的 Statement 对象为例，创建方式如下：

```
Statement stmt = conn.createStatement();
```

（4）使用 Statement 对象执行 SQL 语句

使用 Statement 对象执行 SQL 语句的方法有以下 3 种。

① execute( )：可以执行任何 SQL 语句。

② executeQuery( )：通常执行查询语句，执行后返回代表结果集的 ResultSet 对象。

③ executeUpdate( )：主要用于执行 DML 和 DDL 语句。执行 DML 语句（如 INSERT、UPDATE 或 DELETE）时，返回受 SQL 语句影响的行数，执行 DDL 语句则返回 0。

以 executeQuery( )方法为例，其使用方式如下：

```
//执行 SQL 语句,获取结果集 ResultSet 对象
ResultSet rs = stmt.executeQuery(sql);
```

（5）操作 ResultSet 结果集

如果执行的 SQL 语句是查询语句，那么执行结果将返回一个 ResultSet 对象，该对象保存了 SQL 语句查询的结果。程序可以通过操作该 ResultSet 对象获取查询结果。

（6）关闭连接，释放资源

由于数据库允许的并发访问连接数量有限，所以为了节省资源，操作数据库结束后，一定要及时关闭数据库连接，释放资源，包括 ResultSet、Statement 和 Connection 等资源。一般将释放资源的操作放在 finally 代码块中，并且要注意释放

资源的顺序——后创建的对象先释放。

至此，JDBC 程序的大致实现步骤已经讲解完成。

6.3.4　阶段案例：使用 JDBC 访问 SQL Server 2008 数据库

【案例一】　编写 JDBC 程序代码，从 tb_user 表中读取数据，并在浏览器中显示查询结果，具体步骤如下。

（1）搭建数据库环境

前面已在 SQL Server 2008 中创建有 bookmanager 的数据库及 tb_user 数据表，下面在 tb_user 表中插入 3 条记录。插入记录的 SQL 语句如下：

```
INSERT INTO tb_user(username,password) VALUES('admin', 'admin');
INSERT INTO tb_user(username,password) VALUES('guest', 'guest');
INSERT INTO tb_user(username,password) VALUES('zs', 'zs');
```

向 tb_user 表添加记录完成后，可以查询 tb_user 表中的数据，查询结果如图 6-2 所示。

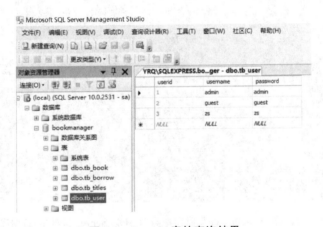

图 6-2　tb_user 表的查询结果

（2）创建项目环境，导入数据库驱动 JAR 包

① 将下载好的 SQL Server 2008 数据库驱动 JAR 包 sqljdbc4. jar 复制到 WebTest 项目的 lib 目录中，加入驱动 JAR 包后的 WebTest 项目结构如图 6-3 所示。

② 将 SQL Server 2008 的数据库驱动发布到 WebTest 项目的类路径下。在 IDEA 菜单栏中单击 "File" → "Project Structure..."，进入 "Project Structure" 窗口。在左侧栏里选择 "Libraries"，单击该窗口中部栏里的 "+" 按钮，然后单击 "Java"，进入 "Select Library Files" 窗口。

③ 选择项目中 lib 目录下的 SQL Server 2008 的数据库驱动 JAR 包，将其发布到项目的类路径下，单击 "OK" 按钮，返回 "Project Structure" 窗口，如图 6-4 所示，单击 "Apply" 按钮，再单击 "OK" 按钮，完成 SQL Server 2008 的数据库驱动的导入。

至此，SQL Server 2008 的数据库驱动就成功地发布到项目的类路径下。

图 6-3   导入数据库驱动 JAR 包后的项目结构

图 6-4   "Project Structure" 窗口中导入 SQL Server 2008 的数据库驱动

（3）编写 JDBC 程序

在 WebTest 项目的 src 目录中创建一个名称为 cn. cz. test 的包，在该包中创建一个名称为 ExamJdbc01 的 Java 类，该类用于查询数据库 bookmanager 的 tb_user 表，并将查询结果输出到控制台中。ExamJdbc01 类的具体代码如文件 6-1 所示。

文件 6-1   ExamJdbc01. java

```
1  packagecn.cz.test;
2  import java.sql.Connection;
3  import java.sql.DriverManager;
4  import java.sql.ResultSet;
5  import java.sql.Statement;
6  import java.sql.SQLException;
```

```java
7   public class ExamJdbc01 {
8       public static void main(String[] args) throws SQLException {
9           Connection conn = null;
10          Statement stmt = null;
11          ResultSet rs = null;
12          try{
13              //1.加载注册数据库的驱动
14              Class.forName(
15                  "com.microsoft.sqlserver.jdbc.SQLServerDriver");
16              //2.通过 DriverManager 获取一个数据库连接对象
17              String url =
18                  "jdbc:sqlserver://localhost:1433;DatabaseName=bookmanager";
19              String username = "sa";
20              String password = "sa";
21              conn=DriverManager.getConnection(url,username,password);
22              //3.通过 Connection 对象获取 Statement 对象
23              stmt = conn.createStatement();
24              //4.使用 Statement 对象执行 SQL 语句
25              String sql = "select * from tb_user";
26              //执行 SQL 查询语句,查询结果存放在 ResultSet 对象中
27              rs = stmt.executeQuery(sql);
28              System.out.println("id|username |password ");
29              //5.操作 ResultSet 结果集
30              while (rs.next()){ //循环遍历 ResultSet 结果集
31                  int id = rs.getInt("userid");//通过列名获取指定字段的值
32                  String name = rs.getString("username");
33                  String psw = rs.getString("password");
34                  System.out.println(id +  " |" + name + " |" + psw );
35              }
36          } catch (ClassNotFoundException e) {
37              throw new RuntimeException(e);
38          } finally { //6.关闭连接,释放资源
39              if(rs! =null){
40                  try {
41                      rs.close();
42                  }catch (SQLException e){
43                      e.printStackTrace();
```

```
44              }
45              rs = null;
46          }
47          if(stmt! =null){
48              try {
49                  stmt.close();
50              }catch (SQLException e){
51                  e.printStackTrace();
52              }
53              stmt = null;
54          }
55          if(conn! =null){
56              try {
57                  conn.close();
58              }catch (SQLException e){
59                  e.printStackTrace();
60              }
61              conn = null;
62          }
63      }
64  }
65 }
```

　　在文件 6-1 中，第 14~15 行代码加载注册 SQL Server 2008 数据库驱动；第 17~20 行代码准备好创建数据库连接用的参数；第 21 行代码通过 DriverManager 获取一个 Connection 对象；第 23 行代码使用 Connection 对象创建一个 Statement 对象；第 27 行代码通过 Statement 对象调用 executeQuery( )方法执行 SQL 语句，并返回结果集 ResultSet 对象；第 30~35 行代码遍历 ResultSet 对象并显示查询结果；第 39~62 行代码关闭连接，释放数据库资源。

　　首先启动 SQL Server 2008 数据库服务器，并且导入 bookmanager 数据库；然后在 IDEA 中将鼠标箭头指向 ExamJdbc01. java 类文件区域右击，弹出如图 6-5 所示的快捷菜单，单击 "Run 'ExamJdbc01. main( )'" 菜单项，运行结果显示在控制台中，如图 6-6 所示。

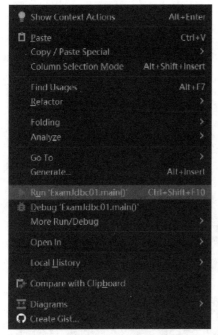

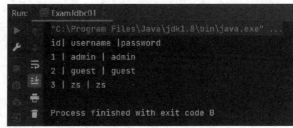

图 6-5　运行类文件时的快捷菜单　　　图 6-6　文件 6-1 的运行结果

【案例二】　JDBC 访问 SQL Server 2008 数据库时，使用 PreparedStatement 对象对数据库进行插入数据的操作。

在案例一中，SQL 语句的执行是通过 Statement 对象实现的。Statement 对象每次执行 SQL 语句时，都会对其进行编译。当相同的 SQL 语句执行多次时，Statement 对象就会使数据库频繁编译相同的 SQL 语句，从而降低数据库的访问效率。

为了解决上述问题，Statement 提供了一个子类 PreparedStatement。Prepared Statement 对象可以对 SQL 语句进行预编译，预编译的信息会存储在 Prepared Statement 对象中。当相同的 SQL 语句再次执行时，程序会使用 Prepared Statement 对象中的数据，而不需要对 SQL 语句再次编译去查询数据库，这样就大大提高了访问数据库的效率，减轻了数据库的负担。

下面通过一个案例演示 PreparedStatement 对象的使用。

在 WebTest 项目的 cn. cz. test 包中创建一个名称为 ExamJdbc02 的类，在该类中使用 PreparedStatement 对象对数据库进行插入数据的操作。ExamJdbc02 类的具体代码如文件 6-2 所示。

文件 6-2　ExamJdbc02. java

```
1  packagecn.cz.test;
2  import java.sql.Connection;
```

```
3   import java.sql.DriverManager;
4   import java.sql.PreparedStatement;
5   import java.sql.SQLException;
6   public class ExamJdbc02 {
7       public static void main(String[] args) throws SQLException {
8           Connection conn = null;
9           PreparedStatement preStmt = null;
10          try {
11              // 加载注册数据库驱动
12              Class.forName(
13              "com.microsoft.sqlserver.jdbc.SQLServerDriver");
14              String url =
15              "jdbc:sqlserver://localhost:1433;DatabaseName=bookmanager";
16              String username = "sa";
17              String password = "sa";
18              // 创建应用程序与数据库连接的 Connection 对象
19              conn = DriverManager.getConnection(url, username,
20  password);
21              // 执行的 SQL 语句
22              String sql =
23              "INSERT INTO tb_user(username,password) VALUES(?,?)";
24              // 1. 创建执行 SQL 语句的 PreparedStatement 对象
25              preStmt = conn.prepareStatement(sql);
26              // 2. 为 SQL 语句中的参数赋值
27              preStmt.setString(1, "李四");
28              preStmt.setString(2, "lisi");
29              // 3. 执行 SQL
30              preStmt.executeUpdate();
31          } catch (ClassNotFoundException e) {
32              e.printStackTrace();
33          } finally { // 关闭连接,释放资源
34              if (preStmt != null) {
35                  try {
36                      preStmt.close();
37                  } catch (SQLException e) {
38                      e.printStackTrace();
39                  }
```

```
40              preStmt = null;
41          }
42          if (conn ! = null) {
43              try {
44                  conn.close();
45              } catch (SQLException e) {
46                  e.printStackTrace();
47              }
48              conn = null;
49          }
50      }
51  }
52 }
```

在文件 6-2 中，第 12-13 行代码加载注册 SQL Server 2008 数据库驱动；第 14-17 行代码准备好创建数据库连接用的参数；第 19-20 行代码创建应用程序与数据库连接的 Connection 对象；第 22-23 行声明需要执行的 SQL 语句；第 25 行代码使用 Connection 对象创建一个 PreparedStatement 对象；第 27-28 行代码通过 PreparedStatement 对象的 setter 方法，给 SQL 语句中的参数赋值；第 30 行代码 PreparedStatement 对象调用 executeUpdate( )方法执行 SQL 语句；第 34-49 行代码关闭连接，释放数据库资源。

首先启动 SQL Server 2008 数据库服务器，并且导入 bookmanager 数据库；然后在 IDEA 中运行 ExampJdbc02. java 文件，成功运行后，会在 tb_user 表中插入一条记录数据。在 SQL Server 企业管理器窗口中查询 tb_user 表中的数据，查询结果如图 6-7 所示。

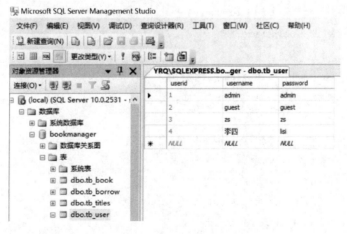

图 6-7 tb_user 表的查询结果

由图 6-7 可知, tb_user 表中插入了一条记录, 说明使用 PreparedStatement 对象对数据库插入数据的操作执行成功。

6.3.5 实践案例: 使用 JDBC 实现数据的增、删、改、查

(1) 创建 JavaBean

在 WebTest 项目的 cn. cz. domain 包中创建一个用户信息的实体类 User, 该类的具体代码如文件 6-3 所示。

文件 6-3 User. java

```
1  package cn.cz.domain;
2  public class User {
3      private int userid;
4      private String username;
5      private String password;
6      public User() {
7      }
8      public User(int userid, String username, String password) {
9          this.userid = userid;
10         this.username = username;
11         this.password = password;
12     }
13     public int getUserid() {
14         return userid;
15     }
16     public void setUserid(int userid) {
17         this.userid = userid;
18     }
19     public String getUsername() {
20         return username;
21     }
22     public void setUsername(String username) {
23         this.username = username;
24     }
25     public String getPassword() {
26         return password;
27     }
28     public void setPassword(String password) {
29         this.password = password;
```

```
30        |
31    |
```

（2）创建工具类

一般将通用的操作（打开、关闭数据库连接等）封装到工具类中。

将创建 Connection 数据库连接对象的代码抽取到 util 工具类中，并提供 getConnection（）方法用于向调用者返回 Connection 对象。

将加载注册数据库驱动的代码 Class. forName（"com. microsoft. sqlserver. jdbc. SQLServerDriver"）抽取到 util 工具类，并且放到静态代码块中，每次类加载而执行，只执行一次。

将关闭连接、释放资源的代码抽取到 util 工具类中。

将连接数据库的连接地址 url、账号 username、密码 password 以及其他属性放到项目路径下的资源文件 db. properties 中。

1）项目路径下资源文件 db. properties 的获取过程

① 获取类加载器。

```
ClassLoader classLoader =
Thread.currentThread().getContextClassLoader();
```

② 使用类加载器获取项目类路径下的资源文件。

```
InputStream inputStream =
classLoader.getResourceAsStream("db.properties");
```

③ 使用 Properties 加载资源文件对应的输入流。

```
prop.load(inputStream);
```

④ 通过 prop. getProperty（"资源文件中的参数名"）获取资源文件中对应参数的值。

2）创建工具类的操作步骤

第一步，在 WebTest 项目 src 目录中创建资源文件 db. properties，该资源文件中的配置信息如下：

```
#连接设置
driverClassName = com.microsoft.sqlserver.jdbc.SQLServerDriver
url = jdbc:sqlserver://localhost:1433;DatabaseName=bookmanager
username=sa
password=sa
```

第二步，在 WebTest 项目 src 目录下创建一个名称为 cn. cz. util 的包，在该包中创建一个封装了上述操作的工具类 JdbcUtil。该类的具体代码如文件 6-4 所示。

文件 6-4　JdbcUtil. java

```java
1  packagecn.cz.util;
2  import java.io.InputStream;
3  import java.sql.*;
4  import java.util.Properties;
5  public class JdbcUtil {
6      private static Properties prop = new Properties();
7      static {
8          try {
9              //1. 获取类加载器
10             ClassLoader classLoader =
11             Thread.currentThread().getContextClassLoader();
12             //2. 使用类加载器获取项目类路径下的文件
13             InputStream inputStream =
14             classLoader.getResourceAsStream("db.properties");
15             //3. 使用 Properties 加载配置文件对应的输入流
16             prop.load(inputStream);
17             //4. 注册数据库驱动
18             Class.forName(prop.getProperty("driverClassName"));
19         }catch (Exception e){
20             e.printStackTrace();
21         }
22     }
23     //自定义的方法,返回数据库连接对象
24     public static Connection getConnection(){
25         try{
26     return DriverManager.getConnection(prop.getProperty("url"),
27       prop.getProperty("username"),prop.getProperty("password"));
28         }catch (Exception e){
29             e.printStackTrace();
30             throw new RuntimeException("连接数据库失败!",e);
31         }
32     }
33     public static void close(Connection conn, Statement stmt,
34 ResultSet rs){
35         try{
36             if(rs! =null){
```

```
37              rs.close();
38          }
39      }catch(SQLException e){
40          e.printStackTrace();
41      }finally{
42          try{
43              if(stmt! =null){
44                  stmt.close();
45              }
46          }catch(SQLException e){
47              e.printStackTrace();
48          }finally{
49              try{
50                  if(conn! =null){
51                      conn.close();
52                  }
53              }catch(SQLException e){
54                  e.printStackTrace();
55              }
56          }
57      }
58   }
59 }
```

（3）创建 DAO

DAO(Data Access Object)是一种设计模式，用于将业务逻辑和数据访问逻辑分离。它将对数据库的访问封装在一个单独的对象中，使得业务逻辑和数据访问逻辑分离，从而提高代码的可重用性和可维护性。DAO 层是专门负责应用程序与数据交互、数据处理的代码层。Dao 是数据库工具类接口，将数据所有的增、删、改、查操作抽取到 Dao 接口中。DaoImpl 是 Dao 接口的实现类。

创建 DAO 的操作步骤如下：

第一步，在 WebTest 项目的 src 目录下创建一个名称为 cn. cz. dao 的包，在该包中创建一个名称为 UserDao 的接口，该接口中定义了对数据库表 tb_user 的查询、添加、修改、删除等操作的方法。UserDao 接口的具体代码如文件 6-5 所示。

文件 6-5　UserDao. java

```
1  packagecn.cz.dao;
2  import cn.cz.domain.User;
3  import java.util.ArrayList;
4  public interface UserDao {
5      public ArrayList<User> findAll();//查询所有的 User 对象
6      public User find(int userid);//根据 userid 查找指定的 user
7      //根据用户名和密码查找指定的 User
8      public User find(String username,String password);
9      public boolean insert(User user);//添加用户信息的操作
10     public boolean update(User user);//修改用户信息的操作
11     public boolean delete(int userid);//删除用户信息的操作
12  }
```

第二步，在 WebTest 项目的 src 目录下，创建一个名称为 cn. cz. dao. impl 的包，在该包中创建一个名称为 UserDaoImpl 的类，该类实现了 UserDao 接口中定义的方法，完成了对 tb_user 表中数据的访问操作。☞

（4）创建 JSP

创建 JSP 的步骤如下：

第一步，在 WebTest 项目的 web 目录下创建一个名称为 user 的 JSP 文件，该文件是操作 tb_user 数据表的表单页面，用于用户对 tb_user 表进行增、删、改、查操作。user. jsp 页面的具体代码如文件 6-6 所示。

文件 6-6　user. jsp

```
1  <%@ page contentType="text/html;charset=UTF-8" language="java" %>
2  <html>
3  <head>
4      <title>用户信息</title>
5  </head>
6  <body>
7  <form action="" method="post" name="form1">
8      <table align="center">
9          <tr><td colspan="4" align="center"><h3>用户信息</h3>
10         </td></tr>
11         <tr><td colspan="4" align="center">
12              用户 ID:<input type="text" name="userid"><br/><br/>
13         </td></tr>
14         <tr>
```

```
15          <td align="left"><input type="submit" value="查 询"
16              onclick="form1.action='/WebTest/UserQueryServlet'; ">
17          </td>
18          <td align="center"><input type="submit" value="添 加"
19              onclick="form1.action='/WebTest/userEdit.jsp'; ">
20          </td>
21          <td align="center"><input type="submit" value="修 改"
22              onclick="form1.action='/WebTest/userEditServlet'; ">
23          </td>
24          <td align="right"><input type="submit" value="删 除"
25      onclick="form1.action='/WebTest/UserDeleteServlet';">
26          </td>
27      </tr>
28      </table>
29  </form>
30  </body>
31  </html>
```

在文件 6-6 中，第 15—25 行代码对"查询""添加""修改"和"删除"这四个表单按钮都设置了 onclick 事件属性，给表单的 action 属性设置了属性值以后再执行表单提交。单击对应的按钮将提交给 onclick 事件指定的文档去处理。

在 IDEA 中启动项目后，在浏览器地址栏中访问 http://localhost:8080/WebTest/user.jsp，浏览器显示的结果如图 6-8 所示。

图 6-8　文件 6-6 的运行结果

第二步，在 WebTest 项目的 web 目录下创建一个名称为 userEdit 的 JSP 文件，该文件是用户信息添加与修改的表单页面，在该页面中输入用户信息，单击"添加"或"修改"按钮，将用户信息提交给对应的文件处理，完成添加或修改操作。userEdit.jsp 页面的具体代码如文件 6-7 所示。

文件 6-7　userEdit. jsp

```
1   <%@ page contentType="text/html;charset=UTF-8" language="java" %>
2   <html>
3   <head><title>用户信息添加与修改</title></head>
4   <body>
5   <%
6     User user = (User) request.getAttribute("user");
7       String edit =
8         String.valueOf(request.getAttribute("edit"));
9     if("null".equals(edit)){
10      edit = "添加";
11    }
12  %>
13  <h3 align="center"><%=edit%>用户信息</h3>
14  <form action="" method="post" name="form1">
15    <table align="center" border="1">
16      <tr>
17        <td>用户 ID:</td>
18        <td><input type="text" name="userid"
19        <% if(user!=null){%>value="<%=user.getUserid()%>"
20        <%}%></td>
21      </tr>
22      <tr>
23        <td>用户名:</td>
24        <td><input type="text" name="username"
25        <% if(user!=null){%>value="<%=user.getUsername() %>"
26        <%}%>></td>
27      </tr>
28      <tr>
29        <td>密  码:</td>
30        <td><input type="password" name="password
31        <% if(user!=null){%> value="<%=user.getPassword() %>"
32        <%}%>"></td>
33      </tr>
34      <tr>
35        <td colspan="2" align="center">
36        <% if(user==null){%>
37          <input type="submit" value="添加"
```

140

```
38          onclick =
39            "form1.action ='/WebTest/UserAddServlet';form1.submit();">
40      <% } % >
41      <% if(user!=null){ % >
42        <input type="submit" value="修 改"
43          onclick =
44            "form1.action ='/WebTest/UserAddServlet';form1.submit();">
45      <% } % >
46      </td>
47    </tr>
48    </table>
49  </form>
50  </body>
51  </html>
```

在文件 6-7 中，第 6 行代码用于获取在请求处理过程中设置的用户属性信息，如果属性不存在，则返回 null；第 7-8 行代码用于获取在请求处理过程中设置的 edit 属性；第 9-11 行代码表示如果 edit 不存在，则设置 edit 属性值为"添加"；第 13 行代码表示如果 edit 不存在，则标题显示"添加用户信息"，否则标题显示"修改用户信息"；第 19、25、31 行代码表示如果用户信息存在，则将获取到的用户信息显示在相应文本框中；第 36-45 代码表示如果用户信息不存在，则显示"添加"按钮，如果用户信息存在，则显示"修改"按钮，并且对"添加"和"修改"这两个表单按钮都设置了 onclick 事件属性，给表单的 action 属性设置了属性值以后再执行表单提交。

在 IDEA 中启动项目后，在浏览器地址栏中访问 http://localhost: 8080/WebTest/userAdd. jsp，浏览器显示的结果如图 6-9 所示。

图 6-9 文件 6-7 的运行结果

第三步，在 WebTest 项目的 web 目录下创建一个名称为 userQuery 的 JSP 文件，该文件是用于显示对 tb_user 数据表查询的结果页面。userQuery. jsp 页面的具体代码如文件 6-8 所示。

文件 6-8　　userQuery. jsp

```
1   <%@ page import="cn.cz.domain.User" %>
2   <%@ page import="java.util.ArrayList" %>
3   <%@ page contentType="text/html;charset=UTF-8" language="java" %>
4   <html>
5   <head><title>用户信息查询</title></head>
6   <body>
7   <%
8       ArrayList<User> userlist =
9       (ArrayList<User>) request.getAttribute("user");
10  %>
11  <h3 align="center">用户信息</h3>
12  <form action="" method="post">
13    <table align="center" border="1">
14      <tr>
15        <td>用户 ID</td>
16        <td>用户名</td>
17        <td>密码</td>
18      </tr>
19      <%
20          if(userlist! =null){
21              for(User user : userlist) {
22      %>
23      <tr>
24        <td><input type="text" name="userid"
25        value="<% = user.getUserid() %>"></td>
26        <td><input type="text" name="username"
27        value="<% = user.getUsername()% >"></td>
28        <td><input type="text" name="password"
29        value="<% = user.getPassword()% >"></td>
30      </tr>
31      <% }
32      } %>
33    </table>
34  </form>
35  </body>
36  </html>
```

在文件 6-8 中，第 8-9 行代码调用 getAttribute( ) 方法获取保存在 request 范围内的用户列表对象；第 19-32 行代码表示如果用户列表不为空，则遍历用户列表，将查询到的用户信息在页面中显示出来。

（5）创建 Servlet

Servlet 包主要处理请求的接收与响应，不涉及业务逻辑。业务处理逻辑应交给 Service 层，而 DAO 层负责数据的访问和操作。DAO 层与其他层独立，不关心谁调用它，它只提供对数据库的操作功能。

创建 Servlet 的操作步骤如下：

第一步，在 WebTest 项目的 cn.cz.servlet 包中创建一个名称为 UserQueryServlet 的 Servlet，该 Servlet 用于处理对 tb_user 表的查询操作。具体代码如文件 6-9 所示。

文件 6-9　UserQueryServlet. java

```
1  packagecn.cz.servlet;
2  import cn.cz.dao.impl.UserDaoImpl;
3  import cn.cz.domain.User;
4  import javax.servlet.*;
5  import javax.servlet.http.*;
6  import javax.servlet.annotation.*;
7  import java.io.IOException;
8  import java.io.PrintWriter;
9  import java.util.ArrayList;
10 @WebServlet(name = "UserQueryServlet",
11 value = "/UserQueryServlet")
12 public class UserQueryServlet extends HttpServlet {
13     @Override
14     protected void doGet(HttpServletRequest request,
15     HttpServletResponse response) throws
16     ServletException, IOException {
17         this.doPost(request, response);
18     }
19     @Override
20     protected void doPost(HttpServletRequest request,
21     HttpServletResponse response) throws
22     ServletException, IOException {
23         //处理中文乱码问题
24         request.setCharacterEncoding("UTF-8");
25         response.setContentType("text/html;charset=UTF-8");
```

```
26              //定义对象
27              UserDaoImpl userDao = new UserDaoImpl();
28              User user = new User();
29              PrintWriter out = response.getWriter();
30              //获取表单提交的用户 ID
31              if(!"".equals(request.getParameter("userid").trim())){
32                  int userid = Integer.parseInt(request.getParameter
33      ("userid"));
34                  //根据用户 ID 查询,将查询结果存放到 User 对象中
35                  user = userDao.find(userid);
36                  //将查询结果显示到页面
37                  if(user! =null){
38                      out.println("用户 ID: " + user.getUserid() + "<br/>");
39                      out.println("用户名: " + user.getUsername()+ "<br/>");
40                      out.println("密码: " + user.getPassword()+ "<br/>");
41                  }else{
42                      out.println("查询的用户不存在!");
43                  }
44          }else{
45                  ArrayList<User> userlist = new ArrayList<User>();
46                  userlist = userDao.findAll();
47                  if(userlist! =null){
48                      //设置参数从而实现共享数据
49                      request.setAttribute("user", userlist);
50                      //请求转发到 userQuery.jsp 页面
51                      request.getRequestDispatcher("/userQuery.jsp").
52      forward(request,response);
53                  }else{
54                      out.println("查询的用户不存在!");
55                  }
56          }
57      }
58  }
```

在文件 6-9 中，第 35 行代码调用 UserDaoImpl 对象的 find( )方法，根据用户 ID 对 tb_user 数据表进行查询，并将查询结果封装到 user 对象中；第 37—43 行代码表示如果有查询结果，就将查询结果显示到页面，否则就在页面中显示"查询的用户不存在!"的提示信息；第 46 行代码调用 UserDaoImpl 对象的 findAll( )方法，查

询 tb_user 数据表的所有数据，并将查询结果封装到 userList 用户列表对象中；第 47~55 行代码表示如果有查询结果，就调用 setAttribute（）方法将查询结果写入 request 对象中，然后请求转发到 userQuery. jsp 页面，在该页面中显示查询结果，否则就在页面中显示"查询的用户不存在！"的提示信息。

首先启动 SQL Server 2008 数据库服务器，并且导入 bookmanager 数据库；然后在 IDEA 中启动项目后，在浏览器地址栏中访问 http：//localhost：8080/WebTest/user. jsp，进入如图 6-8 所示页面。如果在该页面中输入用户 ID，然后单击"查询"按钮，将根据用户 ID 进行查询，并将查询结果显示到页面中。如果查询的用户 ID 存在，则运行结果如图 6-10 所示；如果查询的用户 ID 不存在，则运行结果如图 6-11 所示。

图 6-10　根据用户 ID 查询的运行结果（1）

图 6-11　根据用户 ID 查询的运行结果（2）

如果用户在图 6-8 所示页面中直接单击"查询"按钮，将查询 tb_user 数据表的所有数据，运行结果如图 6-12 所示。

图 6-12　查询 tb_user 表的运行结果

第二步，在 WebTest 项目的 cn. cz. servlet 包中，创建一个名称为 UserEditServlet 的 Servlet，该 Servlet 用于处理 user. jsp 文件中"修改"按钮的提交操作。具体代码如文件 6-10 所示。

文件 6-10　UserEditServlet. java

```java
1  package cn.cz.servlet;
2  import cn.cz.dao.impl.UserDaoImpl;
3  import cn.cz.domain.User;
4  import javax.servlet.*;
5  import javax.servlet.http.*;
6  import javax.servlet.annotation.*;
7  import java.io.IOException;
8  import java.util.ArrayList;
9  @WebServlet(name = "UserEditServlet", value = "/UserEditServlet")
10 public class UserEditServlet extends HttpServlet {
11     @Override
12 protected void doGet(HttpServletRequest request,
13     HttpServletResponse response) throws
14       ServletException, IOException {
15     this.doPost(request, response);
16     }
17     @Override
18 protected void doPost(HttpServletRequest request,
19       HttpServletResponse response) throws
20       ServletException, IOException {
21     //处理中文乱码问题
22     request.setCharacterEncoding("UTF-8");
23     response.setContentType("text/html;charset=UTF-8");
24     //定义对象
25     UserDaoImpl userDao = new UserDaoImpl();
26     User user = new User();
27     //获取表单提交的用户 ID
28     if(!"".equals(request.getParameter("userid").trim())) {
29     int userid=Integer.parseInt(request.getParameter("userid"));
30         //根据用户 ID 查询,将查询结果存放到 user 对象中
31         user = userDao.find(userid);
32         //将查询到的用户信息写入 user 属性
33         if (user!= null) {
34             //设置属性从而实现共享数据
35             request.setAttribute("user", user);
36             request.setAttribute("edit", "修改");
```

```
37          |else|
38              request.setAttribute("edit", "添加");
39          |
40      |
41      //请求转发到 userEdit.jsp 页面
42      request.getRequestDispatcher("/userEdit.jsp")
43        .forward(request, response);
44      |
45  |
```

在文件 6-10 中，第 25 行代码定义了 UserDaoImpl 类的实例对象，用于对 tb_user 表中数据的访问操作；第 28 行代码获取 user. jsp 页面提交的用户 ID，如果去除用户 ID 两端的空白字符后不为空，则执行 if 语句；第 31 行代码调用 UserDaoImpl 对象的 find（int userid）方法，通过用户 ID 在 tb_user 数据表中查找用户信息，将返回结果存放在 user 对象中；第 42 – 43 行代码，请求转发到 userEdit. jsp 页面。

首先启动 SQL Server 数据库服务器，并且导入 bookmanager 数据库；然后在 IDEA 中启动项目后，在浏览器地址栏中访问 http://localhost：8080/WebTest/user. jsp，进入图 6-8 所示页面。若在该页面中单击 "添加" 或 "修改" 按钮，则进入如图 6-9 所示页面；若在该页面的用户 ID 文本框中输入 "3"，然后单击 "修改" 按钮，则进入如图 6-13 所示页面。

图 6-13　文件 6-6 运行后输入用户 ID 单击 "修改" 按钮后的结果

第三步，在 WebTest 项目的 cn. cz. servlet 包中，创建一个名称为 UserAddServlet 的 Servlet，该 Servlet 用于处理对 tb_user 表的添加操作。具体代码如文件 6-11 所示。

文件 6-11　UserAddServlet. java

```
1   packagecn.cz.servlet;
2   import cn.cz.dao.impl.UserDaoImpl;
3   import cn.cz.domain.User;
4   import javax.servlet.*;
5   import javax.servlet.http.*;
6   import javax.servlet.annotation.*;
7   import java.io.IOException;
8   import java.util.ArrayList;
9   @WebServlet(name = "UserAddServlet", value = "/UserAddServlet")
10  public class UserAddServlet extends HttpServlet {
11      @Override
12      protected void doGet(HttpServletRequest request,
13      HttpServletResponse response) throws
14      ServletException, IOException {
15          this.doPost(request, response);
16      }
17      @Override
18      protected void doPost(HttpServletRequest request,
19      HttpServletResponse response) throws
20      ServletException, IOException {
21          request.setCharacterEncoding("UTF-8");
22          response.setContentType("text/html;charset=UTF-8");
23          //定义对象
24          UserDaoImpl userDao = new UserDaoImpl();
25          User user = new User();
26          //获取表单提交的用户信息
27          String username = request.getParameter("username");
28          String password = request.getParameter("password");
29          //将表单提交的用户信息封装到 User 对象中
30          user.setUsername(username);
31          user.setPassword(password);
32          //执行添加操作
33          boolean flag = userDao.insert(user);
34          //添加操作完成后,重新查询 tb_user 数据表,将查询结果显示到页面
35          if(flag==true){
36              ArrayList<User> userlist = new ArrayList<User>();
```

```
37              userlist = userDao.findAll();
38              if(userlist! =null){
39                  //设置参数从而实现共享数据
40                  request.setAttribute("user", userlist);
41                  //请求转发到 userQuery.jsp 页面
42                  request.getRequestDispatcher("/userQuery.jsp").
43  forward(request,response);
44              }else{
45                  System.out.println("操作失败!");
46              }
47          }
48      }
49  }
```

在文件 6-11 中，第 27-28 行代码调用 getParameter( ) 方法获取表单提交的用户
参数信息；第 30-31 行代码将获取到的用户参数信息封装到 User 用户对象中；第
33 行代码调用 UserDaoImpl 对象的 insert( ) 方法，将用户参数信息添加到 tb_user 数
据表中；第 35-47 行代码表示如果添加操作成功，就将添加操作后的 tb_user 数据
表中的所有数据查询出来，显示到 userQuery.jsp 页面中，否则在控制台窗口中显
示"操作失败!"。

首先启动 SQL Server 数据库服务器，并且导入 bookmanager 数据库；然后在
IDEA 中启动项目后，在浏览器地址栏中访问 http://localhost:8080/WebTest/
user.jsp，进入如图 6-8 所示页面，在该页面中单击"添加"按钮，进入如图 6-9
所示页面，在该页面中输入用户信息，如图 6-14 所示，然后单击"添加"按钮，
执行添加操作。用户信息添加成功后的运行结果如图 6-15 所示。

图 6-14　userEdit.jsp 文件的运行结果

图 6-15　在 tb_user 表中添加信息成功后的运行结果

第四步，在 WebTest 项目的 cn. cz. servlet 包中创建一个名称为 UserUpdateServlet 的 Servlet，该 Servlet 用于处理对 tb_user 表的修改操作。具体代码如文件 6-12 所示。

文件 6-12　UserUpdateServlet. java

```
1  packagecn.cz.servlet;
2  import cn.cz.dao.impl.UserDaoImpl;
3  import cn.cz.domain.User;
4  import javax.servlet.*;
5  import javax.servlet.http.*;
6  import javax.servlet.annotation.*;
7  import java.io.IOException;
8  import java.util.ArrayList;
9  @WebServlet(name = "UserUpdateServlet",
10 value = "/UserUpdateServlet")
11 public class UserUpdateServlet extends HttpServlet {
12     @Override
13     protected void doGet(HttpServletRequest request,
14     HttpServletResponse response) throws
15     ServletException, IOException {
16         this.doPost(request, response);
17     }
18     @Override
19     protected void doPost(HttpServletRequest request,
20     HttpServletResponse response) throws
21     ServletException, IOException {
22         request.setCharacterEncoding("UTF-8");
23         response.setContentType("text/html;charset=UTF-8");7
```

```
24          //定义对象
25          UserDaoImpl userDao = new UserDaoImpl();
26          User user = new User();
27          //获取表单提交的用户信息
28          int userid = Integer.parseInt(request.getParameter
29  ("userid"));
30          String username = request.getParameter("username");
31          String password = request.getParameter("password");
32          //将表单提交的用户信息封装到 User 对象中
33          user.setUserid(userid);
34          user.setUsername(username);
35          user.setPassword(password);
36          //执行修改操作
37          boolean flag = userDao.update(user);
38          //修改操作完成后,重新查询 user 数据表,将查询结果显示到页面
39          if(flag==true){
40              ArrayList<User> userlist = new ArrayList<User>();
41              userlist = userDao.findAll();
42              if(userlist! =null){
43                  //设置参数从而实现共享数据
44                  request.setAttribute("user", userlist);
45                  //请求转发到 userQuery.jsp 页面
46                  request.getRequestDispatcher("/userQuery.jsp").
47  forward(request,response);
48              }else{
49                  System.out.println("操作失败!");
50              }
51          }
52      }
53  }
```

在文件 6-12 中，根据输入的用户 ID 修改用户信息，第 28−31 行代码调用 get
Parameter( )方法获取表单提交的用户参数信息；第 33−35 行代码将获取到的用户
参数信息封装到 user 用户对象中；第 37 行代码调用 UserDaoImpl 对象的 update( )
方法，将用户参数信息更新到 tb_user 数据表中；第 39−51 行代码表示如果修改操
作成功，就将修改操作后的 tb_user 数据表中的所有数据查询出来，显示到
userQuery.jsp 页面中，否则在控制台窗口中显示"操作失败!"。

首先启动 SQL Server 数据库服务器，并且导入 bookmanager 数据库；然后在 IDEA 中启动项目后，在浏览器地址栏中访问 http://localhost：8080/WebTest/ user. jsp，进入如图 6-8 所示页面，在该页面的用户 ID 文本框中输入"5"后，单击"修改"按钮，进入如图 6-9 所示页面，在该页面中编辑用户信息，然后单击"修改"按钮，执行修改操作。用户信息修改成功后的运行结果如图 6-16 所示。

图 6-16　对 **tb_user** 表中信息修改成功后的运行结果

第五步，在 WebTest 项目的 cn. cz. servlet 包中创建一个名称为 UserDelete_ Servlet 的 Servlet，该 Servlet 用于处理对 tb_user 表的删除操作。具体代码如文件 6-13 所示。

文件 6-13　**UserDeleteServlet. java**

```
1  packagecn.cz.servlet;
2  import cn.cz.dao.impl.UserDaoImpl;
3  import cn.cz.domain.User;
4  import javax.servlet.*;
5  import javax.servlet.http.*;
6  import javax.servlet.annotation.*;
7  import java.io.IOException;
8  import java.util.ArrayList;
9  @WebServlet(name = "UserDeleteServlet",
10 value = "/UserDeleteServlet")
11 public class UserDeleteServlet extends HttpServlet {
12     @Override
13     protected void doGet(HttpServletRequest request,
14     HttpServletResponse response) throws
15     ServletException, IOException {
16         this.doPost(request, response);
17     }
```

```
18        @Override
19        protected void doPost(HttpServletRequest request,
20        HttpServletResponse response) throws
21        ServletException, IOException {
22            request.setCharacterEncoding("UTF-8");
23            response.setContentType("text/html;charset=UTF-8");
24            //定义对象
25            UserDaoImpl userDao = new UserDaoImpl();
26            if(request.getParameter("userid")! ="") {
27                //获取表单提交的用户 ID
28                int userid = Integer.parseInt(request.getParameter
29    ("userid"));
30                //执行删除操作
31                boolean flag = userDao.delete(userid);
32                //删除操作完成后,重新查询 user 数据表,将查询结果显示到页面
33                if(flag==true) {
34                    ArrayList<User> userlist = new ArrayList<User>();
35                    userlist = userDao.findAll();
36                    if (userlist! = null) {
37                        //设置参数从而实现共享数据
38                        request.setAttribute("user", userlist);
39                        //请求转发到 userQuery.jsp 页面
40                        request.getRequestDispatcher("/userQuery.jsp")
41                                .forward(request, response);
42                    } else {
43                        System.out.println("操作失败!");
44                    }
45                }
46            } else {
47                System.out.println("删除失败!");
48            }
49        }
50    }
```

在文件 6-13 中，第 26 行代码调用 getParameter( ) 方法获取表单提交的用户 ID；第 31 行代码调用 UserDaoImpl 对象的 delete( ) 方法，将指定用户 ID 的记录从 tb_user 数据表中删除；第 33~45 行代码表示如果删除操作成功，就将删除操作后的 tb_user 数据表中的所有数据查询出来，显示到 userQuery.jsp 页面中，否则在控

制台窗口中显示"操作失败!"。

首先启动 SQL Server 数据库服务器,并且导入 bookmanager 数据库;然后在 IDEA 中启动项目后,在浏览器地址栏中访问 http://localhost：8080/WebTest/ user. jsp,进入图 6-8 所示页面,在该页面输入用户 ID,然后单击"删除"按钮,执行删除操作。用户信息删除成功后的运行结果如图 6-17 所示。

用户ID	用户名	密码
1	admin	admin
2	guest	guest
3	zs	zs
5	王五	123456

图 6-17　在 tb_user 表中删除信息成功后的运行结果

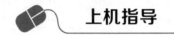

6-1　在 MyTest 项目中,使用 JDBC 技术,实现对 bookmanager 数据库中的图书信息表 tb_book 的新增、修改、删除、查询操作,创建用于展示图书信息表增、删、改、查功能的 JSP 页面,利用实现业务逻辑的 Servlet 控制器来处理用户的请求。

第 7 章　数据库连接池与 DBUtils 工具

学习目标

- 了解数据库连接池的基本概念及其在数据库访问中的作用，包括减少连接创建和销毁的开销，提高连接的复用性和性能等。

- 掌握一些常见的数据库连接池技术，如 Apache Commons DBCP、C3P0 等，了解它们的特点、配置和使用方法。

- 理解如何进行连接池的配置，包括最大连接数、最小空闲连接数、超时时间等参数的设置，以及如何管理连接池的生命周期。

- 掌握使用 DBUtils 工具类库简化数据库操作，包括执行 SQL 查询和更新操作、处理结果集、事务管理等。

- 了解 DBUtils 的核心组件（如 QueryRunner、ResultSetHandler 等）的作用和使用方法。

使用 JDBC 访问数据库时，每访问一次数据库，都会执行一次创建和关闭数据库连接的操作，频繁的操作不仅耗时，降低了数据库的访问效率，同时增加了数据库的安全隐患，而且增加了代码量。为了解决这些问题，通常会使用连接池（Connection Pooling）来管理数据库连接。连接池是一个缓存数据库连接对象的池化技术，可以提高应用程序的性能和可伸缩性，减少数据库连接的开销，优化数据库资源的使用。Apache 组织提供了一个 DBUtils 工具类库，该类库是一个对 JDBC 进行简单封装的开源工具类库，使用它不仅能够简化 JDBC 应用程序的开发流程，减少开发者的工作量，同时也不会影响程序的性能。

7.1　数据库连接池

数据库连接池（DataBase Connection Pool，DBCP）是管理连接的机制，负责分配、管理和释放数据库连接，通常会实现 DataSource 接口。数据库连接池允许应用程序重复使用一个现有的数据库连接，而不是再重新建立一个；释放空闲时间超过最大空闲时间的数据库连接，避免因为没有释放数据库连接而引起的数据库连接遗漏。使用数据库连接池技术能明显提高对数据库操作的性能。

数据库连接池的基本思想如下：在系统初始化时，将数据库连接作为对象存储到内存中，当用户需要访问数据库时，并非建立一个新的连接，而是从连接池中取出一个已经建立的空闲连接对象。使用完后，用户也并非将连接关闭，而是将连接放回连接池中，以供下一个请求访问使用。连接池中连接的建立和断开都是由连接池自身来管理的。同时，可以通过设置连接池的参数来控制连接池中的初始连接数、连接的上下限数量、每个连接的最大使用次数、最大空闲时间等；也可以通过自身的管理机制来监控数据库连接的数量和使用情况等。下面通过图 7-1 简单描述应用程序通过数据库连接池连接数据库的原理。

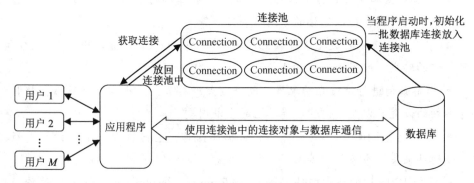

图 7-1　应用程序通过连接池连接数据库的原理

数据库连接池在初始化时将创建一定数量的数据库连接放到连接池中，这些数据库连接的数量是由最小数据库连接数制约的。无论这些数据库连接是否被使用，连接池都将一直保证至少拥有这么多的连接数量。连接池的最大数据库连接数量限定了这个连接池能占有的最大连接数，当应用程序向连接池请求的连接数超过最大连接数量时，这些请求将被加入等待队列中。

7.2　DataSource 接口

数据源，顾名思义即数据的来源，是提供某种所需要数据的器件或原始媒体。数据源中存储了所有建立数据库连接的信息，通过提供正确的数据源名称，就可以找到相应的数据库连接。

如果数据是水，那么数据库就是水库，数据源就是连接水库的管道，终端用户看到的数据集就是管道里流出来的水。

不管通过何种持久化技术，都必须通过数据连接访问数据库。JDBC 1.0 使用 DriverManager 来创建对数据源的连接；JDBC 2.0 引入了数据库连接池技术，即 javax.sql.DataSource，DataSource 作为 DriverManager 的替代方案，代码变得更简洁，也更容易控制。

javax.sql.DataSource 接口负责与数据库建立连接，DataSource 接口中定义了两个重载的 getConnection( )方法，具体如下：

```
Connection getConnection()
Connection getConnection(String username, String password)
```

JDBC 的数据库连接池使用 javax. sql. DataSource 来表示，DataSource 只是一个接口，在 DataSource 接口的实现类的构造方法中动态创建数据库的连接，并把创建的连接加入存储 java. sql. Connection 对象的集合中，实现 getConnection( )方法，使 getConnection( )方法在每次调用时，从存储 java. sql. Connection 对象的集合中取一个 Connection 连接对象返回给用户。当用户使用完 Connection，调用 Connection. close( )方法时，Connection 对象应确保将自己返回至存储 java. sql. Connection 对象的集合中，而不要把 Connection 还给数据库。

DataSource 接口通常由商用服务器如 WebLogic、WebSphere 等实现，也有一些开源组织开发了实现 DataSource 接口的数据库连接池类库，如 Apache commons DBCP 和 C3P0 等。下面详细介绍 Apache commons DBCP 和 C3P0 这两种数据库连接池。

7. 2. 1　Apache commons DBCP 数据库连接池

Apache commons DBCP 是 Apache 组织开发的开源数据库连接池，也是 Tomcat 服务器使用的连接池组件。使用该数据库连接池时，需要在应用程序中导入以下 3 个 JAR 包。

➢ commons-dbcp2-版本号.jar：是 DBCP 数据库连接池的实现包，包含所有操作数据库连接信息和数据库连接池初始化信息的方法，并实现了 DataSource 接口的 getConnection( )方法。

➢ commons-pool2-版本号. jar：是 commons-dbcp2-版本号. jar 的依赖包，为 commons-dbcp2-版本号.jar 中的方法提供了支持。一旦缺少该依赖包，commons-dbcp2-版本号.jar 中的很多方法就没有办法实现。

➢ commons-logging-版本号.jar：是一个与实现无关的日志记录，它使用抽象的 API，这些 API 都是与实现无关的，可以在不同的日志记录实现之间切换，而不需要修改代码。

这 3 个 JAR 包可以在 Apache 官网（http://www.apache.org）下载。其中，commons-dbcp2-版本号. jar 包含两个核心类，分别是 BasicDataSourceFactory 和 BasicDataSource，它们都包含获取 DBCP 数据库连接池对象的方法。

BasicDataSource 是 DataSource 接口的实现类，提供了数据源对象的相关方法，该类的常用方法如表 7-1 所示。

表 7-1 BasicDataSource 类的常用方法

方法名称	功能描述
void setDriverClassName(String driverClassName)	设置连接数据库的驱动名称
void setUrl(String url)	设置连接数据库的路径
void setUsername(String username)	设置数据库的登录账号
void setPassword(String password)	设置数据库的登录密码
void setInitialSize(int initialSize)	设置数据库连接池初始化的连接数
void setMaxIdle(int maxIdle)	设置数据库连接池最大闲置的连接数
void setMinIdle(int minIdle)	设置数据库连接池最小闲置的连接数
Connection getConnection( )	从连接池中获取一个数据库连接

BasicDataSourceFactory 是一个用于创建 BasicDataSource 类实例的工厂类，它包含一个返回值为 BasicDataSource 对象的方法 createDataSource( )，该方法通过读取配置文件的信息生成数据源对象并返回给调用者。这种把数据库的连接信息和数据源的初始化信息提取出来写进配置文件的方式，使代码更加简洁，用户思路更加清晰。

在使用 Apache commons DBCP 数据库连接池时，首先要创建数据源对象。数据源对象的创建方式有两种，具体如下。

（1）通过 BasicDataSource 类直接创建数据源对象

使用 BasicDataSource 类创建一个数据源对象，手动给数据源对象设置属性值。

下面通过一个案例演示 BasicDataSource 类的使用。

在 WebTest 项目中导入 commons-dbcp2-2. 7. 0. jar、commons-logging-1. 2. jar 和 commons-pool2-2. 8. 0. jar，并发布到类路径下；然后在项目的 cn. cz. util 包中创建一个名称为 Dbcp01Util 的类，该类通过 BasicDataSource 类创建数据源对象，这种方式需要手动给数据源对象设置属性值。Dbcp01Util 类的具体代码如文件 7-1 所示。

文件 7-1 Dbcp01Util. java

```
1  packagecn.cz.util;
2  import org.apache.commons.dbcp2.BasicDataSource;
3  import javax.sql.DataSource;
4  import java.sql.Connection;
5  import java.sql.SQLException;
6  public class Dbcp01Util {
7      public static DataSource ds = null;
8      static {
9          //获取DBCP数据库连接池实现类对象
```

```
10          BasicDataSource bds = new BasicDataSource();
11          //设置连接数据库需要的配置信息
12          bds.setDriverClassName(
13          "com.microsoft.sqlserver.jdbc.SQLServerDriver");
14          bds.setUrl(
15          "jdbc:sqlserver://localhost:1433;DatabaseName=bookmanager");
16          bds.setUsername("sa");
17          bds.setPassword("sa");
18          //设置连接池的初始化连接数
19          bds.setInitialSize(5);
20          ds = bds;
21      }
22      //自定义的方法,返回数据库连接池对象
23      public static DataSource getDataSource(){
24          return ds;
25      }
26      //自定义的方法,返回数据库连接对象
27      public static Connection getConnection(){
28          try {
29              return ds.getConnection();
30          }catch (SQLException e){
31              throw new RuntimeException(e);
32          }
33      }
34  }
```

（2）通过读取配置文件创建数据源对象

使用 BasicDataSourceFactory 工厂类读取配置文件，创建数据源对象。

下面通过一个案例演示通过读取配置文件创建数据源对象的步骤。

第一步，在 WebTest 项目 src 目录中修改资源文件 db. properties，该文件用于设置数据库的连接信息和数据源的初始化信息。修改后的资源文件的配置信息如下：

```
#连接设置
driverClassName = com.microsoft.sqlserver.jdbc.SQLServerDriver
url = jdbc:sqlserver://localhost:1433;DatabaseName=bookmanager
username = sa
password = sa
```

```
#初始化连接数
initialSize = 5
#最大连接数
maxActive =15
#最大空闲连接数
maxIdle = 15
```

第二步，在 WebTest 项目的 cn. cz. util 包中创建一个名称为 Dbcp02Util 的类，该类通过 BasicDataSourceFactory 工厂类读取配置文件，创建数据源对象。Dbcp02Util 类的具体代码如文件 7-2 所示。

文件 7-2　Dbcp02Util. java

```
1   packagecn.cz.util;
2   import org.apache.commons.dbcp2.BasicDataSourceFactory;
3   import javax.sql.DataSource;
4   import java.io.InputStream;
5   import java.sql.Connection;
6   import java.sql.SQLException;
7   import java.util.Properties;
8   public class Dbcp02Util {
9       public static DataSource ds = null;
10      static {
11          //新建一个配置文件对象
12          Properties prop = new Properties();
13          try {
14              //通过类加载器找到文件路径,读取配置文件
15              InputStream in = Thread.currentThread()
16              .getContextClassLoader()
17                  .getResourceAsStream("db.properties");
18          //把文件以输入流的形式加载到配置对象中
19          prop.load(in);
20          //创建数据源对象
21          ds = BasicDataSourceFactory.createDataSource(prop);
22      }catch (Exception e){
23          throw new RuntimeException(e);
24      }
25  }
26  //自定义的方法,返回数据库连接池对象
```

```
27    public static DataSource getDataSource(){
28        return ds;
29    }
30    //自定义的方法,返回数据库连接对象
31    public static Connection getConnection(){
32        try {
33            return ds.getConnection();
34        }catch (SQLException e){
35            throw new RuntimeException(e);
36        }
37    }
38 }
```

下面编写一个 Servlet，对创建数据源对象的两种方式进行测试。

在 WebTest 项目的 cn. cz. servlet 包中创建一个名称为 DbcpServlet 的 Servlet，该类使用 DBCP 数据库连接池获取数据库连接。DbcpServlet 类的具体代码如文件 7-3 所示。

文件 7-3　DbcpServlet. java

```
1  packagecn.cz.servlet;
2  import cn.cz.util.Dbcp01Util;
3  import cn.cz.util.Dbcp02Util;
4  import javax.servlet. * ;
5  import javax.servlet.http. * ;
6  import javax.servlet.annotation. * ;
7  import java.io.IOException;
8  import java.io.PrintWriter;
9  import java.sql.Connection;
10 import java.sql.DatabaseMetaData;
11 import java.sql.SQLException;
12 @WebServlet(name = "DbcpServlet", value = "/DbcpServlet")
13 public class DbcpServlet extends HttpServlet {
14     @Override
15     protected void doGet(HttpServletRequest request,
16     HttpServletResponse response) throws
17     ServletException, IOException {
18         this.doPost(request, response);
19     }
```

```
20      @Override
21      protected void doPost(HttpServletRequest request,
22      HttpServletResponse response) throws
23      ServletException, IOException {
24          //处理中文乱码
25          response.setContentType("text/html;charset=UTF-8");
26          //定义对象
27          PrintWriter out = response.getWriter();
28          try {
29              //获取数据库连接对象
30              Connection conn = Dbcp01Util.getConnection();
31              //获取数据库连接信息
32              DatabaseMetaData metaData = conn.getMetaData();
33              //输出数据库连接信息
34              out.println("JDBC 驱动程序的名称: " + metaData
35              .getDriverName() + "<br/>");
36              out.println("JDBC 驱动程序的版本: " + metaData
37              .getDriverVersion() + "<br/>");
38              out.println("数据库的 URL:" + metaData.getURL() + "<br/>");
39              out.println("数据库的用户名: " + metaData.getUserName() +
40      "<br/>");
41          }catch (SQLException e){
42              throw new RuntimeException(e);
43          }
44      }
45  }
```

在文件 7-3 中，第 30 行代码调用的是 Dbcp01Util 类中通过 BasicDataSource 类直接创建的数据源对象获取数据库连接对象。

首先启动 SQL Server 数据库服务器，并且导入 bookmanager 数据库；然后在 IDEA 中启动项目后，在浏览器地址栏中输入 http://localhost:8080/WebTest/DbcpServlet，访问 DbcpServlet，浏览器显示的结果如图 7-2 所示。

图 7-2　文件 7-3 的运行结果

由图 7-2 可知，BasicDataSource 成功创建了一个数据源对象，然后获取到了数据库连接对象。

将文件 7-3 中第 30 行代码修改为 "Connection conn = Dbcp02Util. getConnection()；"，调用 Dbcp02Util 类中通过读取配置文件创建的数据源对象获取数据库连接对象。在 IDEA 中启动项目后，在浏览器地址栏中输入 http：//localhost：8080/Web-Test/DbcpServlet，访问 DbcpServlet，浏览器显示的结果与图 7-2 所示一样。由此可知，BasicDataSourceFactory 工厂类成功地读取了配置文件并创建数据源对象，然后获取到了数据库连接对象。

7. 2. 2　C3P0 数据库连接池

C3P0 是一个开源的数据库连接池，它实现了数据源和 JNDI（Java Naming and Directory Interface，Java 命名和目录接口）绑定，支持 JDBC3 规范和 JDBC2 的标准扩展。使用它的开源项目有 Hibernate、Spring 等。

C3P0 有自动回收空闲连接功能。C3P0 拥有比 Apache Commons DBCP 更丰富的配置属性，通过这些属性，可以对数据源进行各种有效的控制。

在 C3P0 数据库连接池中，ComboPooledDataSource 是核心类之一，该类实现了 javax.sql.DataSource 接口，提供了管理数据库连接池的相关方法，如表 7-2 所示。通过 ComboPooledDataSource 类，开发者可以创建和管理数据库连接池的配置，获取数据库连接等。

表 7-2　ComboPooledDataSource 类的常用方法

方法名称	功能描述
void setDriverClass（String driverClass）	设置连接数据库的驱动名称
void setJdbcUrl（String jdbcUrl）	设置连接数据库的路径
void setUser（String user）	设置数据库的登录账号
void setPassword（String password）	设置数据库的登录密码
void setInitialPoolSize（int initialPoolSize）	设置数据库连接池初始化的连接数

续表

方法名称	功能描述
void setMaxPoolSize(int maxPoolSize)	设置数据库连接池最大的连接数
void setMinPoolSize(int minPoolSize)	设置数据库连接池最小的连接数
Connection getConnection( )	从连接池中获取一个数据库连接

使用 C3P0 数据库连接池时，可以通过无参构造方法 ComboPooledDataSource( ) 或有参构造方法 ComboPooledDataSource(String configName) 创建数据源对象，具体如下。

（1）通过 ComboPooledDataSource( ) 创建数据源对象

ComboPooledDataSource( ) 无参构造方法是最常用的方式，它首先创建一个默认配置的 ComboPooledDataSource 实例，之后可以通过调用 setter 方法来设置连接池的相关参数。

下面通过一个案例演示 ComboPooledDataSource( ) 的使用。

在 WebTest 项目中导入 c3p0-0.9.2.1.jar 和 mchange-commons-java-0.2.3.4.jar，并发布到类路径下；然后在项目的 cn.cz.util 包中创建一个名称为 C3p001Util 的类，该类通过 ComboPooledDataSource( ) 无参构造方法创建数据源对象，这种方式需要手动给数据源对象设置属性值。C3p001Util 类的具体代码如文件 7-4 所示。

文件 7-4   C3p001Util. java

```
1  packagecn.cz.util;
2  import com.mchange.v2.c3p0.ComboPooledDataSource;
3  import javax.sql.DataSource;
4  import java.sql.Connection;
5  import java.sql.SQLException;
6  public class C3p001Util {
7      public static DataSource ds = null;
8      //初始化 C3P0 数据库连接池
9      static {
10         //创建 C3P0 数据源对象
11         ComboPooledDataSource cpds = new ComboPooledDataSource();
12         //设置连接数据库需要的配置信息
13         try {
14             //设置数据库连接信息
15             cpds.setDriverClass(
16             "com.microsoft.sqlserver.jdbc.SQLServerDriver ");
```

```
17          cpds.setJdbcUrl(
18          "jdbc:sqlserver://localhost:1433;DatabaseName=bookmanager ");
19          cpds.setUser("sa");
20          cpds.setPassword("sa");
21          //设置数据库连接池初始化值
22          cpds.setInitialPoolSize(6);
23          cpds.setMaxPoolSize(15);
24          ds = cpds;
25      }catch (Exception e){
26          throw new ExceptionInInitializerError(e);
27      }
28  }
29  //自定义的方法,返回数据库连接池对象
30  public static DataSource getDataSource(){
31      return ds;
32  }
33  //自定义的方法,返回数据库连接对象
34  public static Connection getConnection(){
35      try {
36          return ds.getConnection();
37      }catch (SQLException e){
38          throw new RuntimeException(e);
39      }
40  }
41 }
```

（2）通过 ComboPooledDataSource(String configName)创建数据源对象

ComboPooledDataSource(String configName)有参构造方法是通过指定的配置名称来加载相应的配置文件，从而创建数据源对象。

首先创建配置文件，配置文件名必须为 c3p0.properties 或者 c3p0-config.xml。然后在实例化 C3P0 连接池对象时，自动调用 ComboPooledDataSource(String configName)有参构造方法，根据配置文件中的配置信息创建数据源对象。

下面通过一个案例演示根据读取的配置文件创建数据源对象的步骤。

第一步，在 WebTest 项目 src 目录中创建 c3p0-config.xml 文件，该文件用于设置数据库的连接信息和数据源的初始化信息。该文件的具体配置信息如文件 7-5 所示。

文件 7-5 c3p0-config. xml

```xml
1   <?xml version = "1.0" encoding = "UTF-8"? >
2   <c3p0-config>
3       <!-- 默认配置 -->
4       <default-config>
5           <property name = "driverClass">
6               com.microsoft.sqlserver.jdbc.SQLServerDriver
7           </property>
8           <property name = "jdbcUrl">
9               jdbc:sqlserver://localhost:1433;
10              DatabaseName=bookmanager
11          </property>
12          <property name = "user">sa</property>
13          <property name = "password">sa</property>
14          <property name = "checkoutTimeout">10000</property>
15          <property name = "initialPoolSize">3</property>
16          <property name = "maxIdleTime">60</property>
17          <property name = "maxPoolSize">100</property>
18          <property name = "minPoolSize">15</property>
19          <property name = "maxStatements">100</property>
20      </default-config>
21      <!-- 自定义配置 -->
22      <named-config name = "cz">
23          <property name = "driverClass">
24              com.microsoft.sqlserver.jdbc.SQLServerDriver
25          </property>
26          <property name = "jdbcUrl">
27              jdbc:sqlserver://localhost:1433;
28              DatabaseName=bookmanager
29          </property>
30          <property name = "user">sa</property>
31          <property name = "password">sa</property>
32          <property name = "initialPoolSize">6</property>
33          <property name = "maxPoolSize">15</property>
34      </named-config>
35  </c3p0-config>
```

在文件 7-5 中，c3p0-config. xml 配置了两套数据源，<default-config>节点中的

信息是默认配置，在没有指定配置信息时默认使用该配置信息创建 C3P0 连接池对象；<named-config>节点中的信息是指定名称的自定义配置。一个配置文件中可以有 0 个或多个自定义配置，当用户需要使用自定义配置时，调用 ComboPooledData Source（String configName）方法，参数为<named-config>节点中 name 属性的值，这样就可以创建对应的 C3P0 连接池对象。这种设置的好处是，当程序在后期更换数据源配置时，只需要修改构造方法中的参数即可。

第二步，在 WebTest 项目的 cn. cz. util 包中创建一个名称为 C3p002Util 的类，该类通过调用 ComboPooledDataSource（String configName）方法，根据读取的配置文件创建数据源对象。C3p002Util 类的具体代码如文件 7-6 所示。

文件 7-6　C3p002Util. java

```java
1  packagecn.cz.util;
2  import com.mchange.v2.c3p0.ComboPooledDataSource;
3  import javax.sql.DataSource;
4  import java.sql.Connection;
5  import java.sql.SQLException;
6  public class C3p002Util {
7      public static DataSource ds = null;
8      //初始化 C3P0 数据库连接池
9      static {
10         //创建 C3P0 连接池对象
11         ComboPooledDataSource cpds = new ComboPooledDataSource("cz");
12         ds = cpds;
13     }
14     //自定义的方法,返回数据库连接池对象
15     public static DataSource getDataSource(){
16         return ds;
17     }
18     //自定义的方法,返回数据库连接对象
19     public static Connection getConnection(){
20         try {
21             return ds.getConnection();
22         }catch (SQLException e){
23             throw new RuntimeException(e);
24         }
25     }
26 }
```

下面编写一个 Servlet，对创建数据源对象的两种方式进行测试。

在 WebTest 项目的 cn. cz. servlet 包中创建一个名称为 C3p0Servlet 的 Servlet，该类使用 C3P0 数据库连接池获取数据库连接。C3p0Servlet 类的具体代码如文件 7-7 所示。

文件 7-7　C3p0Servlet. java

```java
1  packagecn.cz.servlet;
2  import cn.cz.util.C3p001Util;
3  import cn.cz.util.C3p002Util;
4  import javax.servlet.*;
5  import javax.servlet.http.*;
6  import javax.servlet.annotation.*;
7  import java.io.IOException;
8  import java.io.PrintWriter;
9  import java.sql.Connection;
10 import java.sql.DatabaseMetaData;
11 import java.sql.SQLException;
12 @WebServlet(name = "C3p0Servlet", value = "/C3p0Servlet")
13 public class C3p0Servlet extends HttpServlet {
14     @Override
15     protected void doGet(HttpServletRequest request,
16     HttpServletResponse response) throws
17     ServletException, IOException {
18         this.doPost(request, response);
19     }
20     @Override
21     protected void doPost(HttpServletRequest request,
22     HttpServletResponse response) throws
23     ServletException, IOException {
24         //处理中文乱码
25       response.setContentType("text/html;charset=UTF-8");
26         //定义对象
27         PrintWriter out = response.getWriter();
28         try {
29             //获取数据库连接对象
30             Connection conn = C3p001Util.getConnection();
31             //获取数据库连接信息
32             DatabaseMetaData metaData = conn.getMetaData();
```

```
33              //输出数据库连接信息
34              out.println("JDBC 驱动程序的名称: " + metaData
35              .getDriverName() + "<br/>");
36              out.println("JDBC 驱动程序的版本: " + metaData
37              .getDriverVersion() + "<br/>");
38              out.println("数据库的 URL: " + metaData
39              .getURL() +"<br/>");
40              out.println("数据库的用户名: " + metaData
41              .getUserName() + "<br/>");
42          }catch (SQLException e){
43              throw new RuntimeException(e);
44          }
45      }
46  }
```

在文件 7-7 中，第 30 行代码调用的是 C3p001Util 类中通过创建的数据源对象获取数据库连接对象。

首先启动 SQL Server 数据库服务器，并且导入 bookmanager 数据库；然后在 IDEA 中启动项目后，在浏览器地址栏中输入 http://localhost: 8080/WebTest/C3p0Servlet，访问 C3p0Servlet，浏览器显示的结果如图 7-3 所示。

图 7-3　文件 7-7 的运行结果

由图 7-3 可知，ComboPooledDataSource( )方法成功创建了一个数据源对象，然后获取到了数据库连接对象。

将文件 7-7 中的第 30 行代码修改为 "Connection conn = C3p002Util.getConnection ( );"，调用 C3p002Util 类中根据读取的配置文件创建的数据源对象获取数据库连接对象。在 IDEA 中启动项目后，在浏览器地址栏中输入 http://localhost: 8080/WebTest/C3p0Servlet，访问 C3p0Servlet，浏览器显示的结果与图 7-3 所示一样。由此可知，ComboPooledDataSource(String configName)方法根据读取的配置文件成功地创建了数据源对象，然后获取到了数据库连接对象。

7.3 DBUtils 工具

7.3.1 DBUtils 工具介绍

DBUtils 是 Java 编程中的数据库操作实用工具，小巧、简单、实用，其特点如下：

➢ 对于数据表的读操作，可以把结果转换成 List、Array、Set 等集合，方便对结果集进行处理。

➢ 对于数据表的写操作，可以通过编写 SQL 语句对数据表进行增删改查操作。

➢ 可以使用数据源、JNDI、数据库连接池等技术来优化性能，重用已经构建好的数据库连接对象。

7.3.2 DBUtils 核心类库介绍

DBUtils 工具的 JAR 包可以在 Apache 官网下载，这里针对 commons-dbutils-1.7.jar 进行介绍。DBUtils 的核心类库主要包含以下 3 个：

➢ org. apache. commons. dbutils. Dbutils：提供数据库资源管理工具（如关闭连接）。

➢ org. apache. commons. dbutils. QueryRunner：查询器，简化了数据库操作，特别是执行查询和更新操作。

➢ org. apache. commons. dbutils. ResultSetHandler：结果处理器接口，用于将数据库查询结果（ResultSet）转换为 Java 对象。常见的实现包括 BeanListHandler、BeanHandler、ArrayListHandler等，用于处理不同形式的查询结果。

DBUtils 工具主要通过这 3 个核心的类和接口来简化 JDBC 操作。

（1）DBUtils 类

DBUtils 类是一个工具类，定义了关闭资源与事务处理的方法，用于提供关闭连接、装载 JDBC 驱动程序等常规工作方法，它里面所有的方法都是静态的。该类的常用方法如表 7-3 所示。

表 7-3 DBUtils 类的常用方法

方法名称	功能描述
void close(Connection conn)	当连接不为 NULL 时，关闭连接
void close(Statement stmt)	当声明不为 NULL 时，关闭声明
void close(ResultSet rs)	当结果集不为 NULL 时，关闭结果集
void closeQuietly(Connection conn)	当连接不为 NULL 时，关闭连接，并隐藏一些在程序中抛出的 SQL 异常
void closeQuietly(Statement stmt)	当声明不为 NULL 时，关闭声明，并隐藏一些在程序中抛出的 SQL 异常
void closeQuietly(ResultSet rs)	当结果集不为 NULL 时，关闭结果集，并隐藏一些在程序中抛出的 SQL 异常

续表

方法名称	功能描述
void commitAndCloseQuietly(Connection conn)	提交连接后关闭连接,并隐藏一些在程序中抛出的 SQL 异常
boolean loadDriver(String driverClassName)	加载并注册 JDBC 驱动程序,如果成功就返回 true

(2) QueryRunner 类

QueryRunner 类用于执行 SQL 语句,与 JDBC 中的 PreparedStatement 类功能相似。它封装了执行 SQL 语句的代码,在获取结果集时和 ResultSetHandler 接口配合使用。该类的常用方法如表 7-4 所示。

表 7-4　QueryRunner 类的常用方法

方法名称	功能描述
QueryRunner(DataSource ds)	创建一个与数据库关联的 QueryRunner 对象,后期在操作数据库的时候,不需要 Connection 对象,自动管理事务。该构造方法的参数是连接池对象
T query(Connection conn, String sql, ResultSetHandler<T> rsh, Object[] params)	执行查询操作,需传入 Connection 对象
T query(String sql, Object[] params, ResultSetHandler<T> rsh)	执行查询操作
T query(Connection conn, String sql, ResultSetHandler<T> rsh)	执行查询操作,并返回某个封装的对象,参数 conn 是数据库的连接对象,参数 sql 是 SQL 查询语句,参数 rsh 是用来约束返回的对象
T insert(Connection conn, String sql, ResultSetHandler<T> rsh)	执行添加操作,返回添加的数据
int update(Connection conn, String sql, Object[] params)	用来执行一个更新 (添加、修改或删除) 操作
int update(Connection conn, String sql)	用来执行一个不需要置换参数的更新操作
int[] batch(Connection conn, String sql, Object[][] params)	批量执行 SQL 操作,如添加、修改或删除
int[] batch(String sql, Object[][] params)	批量执行 SQL 操作,如添加、修改或删除
boolean loadDriver(String driverClassName)	加载并注册 JDBC 驱动程序,如果成功就返回 true

(3) ResultSetHandler 接口

ResultSetHandler 接口用于处理 ResultSet 结果集,它可以将结果集中的数据转为不同的形式。根据结果集中数据类型的不同,ResultSetHandler 提供了不同的实现类，具体如下。

➤ AbstractKeyedHandler：该类为抽象类，能够把结果集里面的数据转换为用 Map 存储。

➤ AbstractListHandler：该类为抽象类，能够把结果集里面的数据转换为用 List 存储。

➤ ArrayHandler：把结果集中的第一行数据转成对象数组。

➤ ArrayListHandler：把结果集中的每一行数据都转成一个对象数组，再将数组存放到 List 中。

➤ BeanHandler：将结果集中的第一行数据封装到一个对应的 JavaBean 实例中。

➤ BeanListHandler：将结果集中的每一行数据都封装到一个对应的 JavaBean 实例中，存放到 List 中。

➤ BeanMapHandler：将结果集中的每一行数据都封装到一个对应的 JavaBean 实例中，然后根据指定的 key 把每个 JavaBean 存放到一个 Map 里。

➤ ColumnListHandler：将结果集中某一列的数据存放到 List 中。

➤ KeyedHandler：将结果集中的每一行数据都封装到一个 Map 里，然后根据指定的 key 把每个 Map 存放到一个 Map 里。

➤ MapHandler：将结果集中的第一行数据封装到一个 Map 里，key 是列名，value 就是对应的值。

➤ MapLisHandler：将结果集中的每一行数据都封装到一个 Map 里，然后再存放到 List 中。

➤ ScalarHandler：将结果集中某一条记录的其中某一列的数据存储成 Object 对象。

另外，ResultSetHandler 接口中还提供了 handle(java.sql.ResultSet rs)方法，如果上述实现类没有提供用户想要的功能，可以通过自定义一个实现 ResultSetHandler 接口的类，然后通过重写 handle()方法，实现结果集的处理。

[实践案例] 使用 DBUtils 工具实现增、删、改、查操作

使用 DBUtils 工具对数据库中的用户信息进行增、删、改、查操作。在现有 WebTest 项目中，已创建有用户实体类 User 类，已有创建数据源对象的工具类 C3p002Util 类，下面创建用于对 tb_user 数据表进行增、删、改、查操作的自定义接口 DbUtilsUserDao，然后在接口 DbUtilsUserDao 的实现类 DbUtilsUserDaoImpl 中编写进行增、删、改、查操作的逻辑代码。☞

上机指导

7-1　在 MyTest 项目中，使用 DBUtils 工具，实现对 bookmanager 数据库中的图书借阅信息表 tb_borrow 的新增、删除、修改、查询操作，创建用于展示图书借阅信息表增、删、改、查功能的 JSP 页面，利用实现业务逻辑的 Servlet 控制器来处理用户的请求。

第8章　会话跟踪技术

- 掌握会话的概念，了解会话跟踪技术在 Web 应用中的作用，包括追踪用户的状态、跨页面传递数据等。
- 掌握使用 Cookie 技术进行会话跟踪的方法，理解如何创建、发送和接收 Cookie，并使用 Cookie 存储会话信息。
- 掌握使用 Servlet API 提供的 HttpSession 对象进行会话跟踪，理解如何在服务器端存储和管理会话数据。
- 掌握会话管理的方法，包括会话的创建、销毁、超时处理等，理解如何设置会话的超时时间和处理方式。

Web 是通过 HTTP 协议来实现的，由于 HTTP 协议是无状态的协议，每次请求都是独立的，不同请求之间不能共享数据，服务器端在处理相应请求后也不会保留任何客户端的请求状态与数据，所以不能在不同的请求页面之间保存用户的跟踪状态。但在实际 Web 应用中，经常需要在多次 HTTP 请求响应之间保存状态信息，在这种情况下，会话跟踪技术应运而生。

8.1　会话跟踪技术概述

用户打开一个浏览器，访问一个 Web 网站，点击其中多个超链接，访问多个 Web 资源，直到关闭浏览器，整个过程称为一次会话。由此可见，在一次会话中可以包含多次请求和响应。会话跟踪技术就是记录一次会话中客户端的状态与数据，实现不同请求之间的数据共享。

每个用户在使用浏览器与服务器进行会话的过程中，不可避免地会产生一些数据，程序要想办法为每个用户保存这些数据。例如：用户点击超链接通过一个 Servlet 购买了一个商品，程序应该想办法保存用户购买的商品信息，以便用户点结账 Servlet 时，结账 Servlet 可以得到用户购买的商品信息为用户结账。保存会话数据的技术有两种：Cookie 技术和 Session 技术。

会话跟踪技术的实现原理如图 8-1 所示。

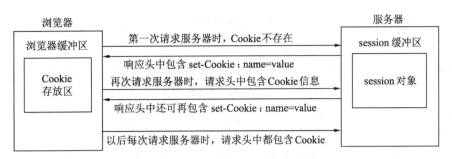

图 8-1　会话跟踪技术的实现原理

Cookie 的工作原理：由服务器设置 Cookie，浏览器接收到响应后将 Cookie 保存在本地；当浏览器再次访问服务器时，浏览器会自动带上 Cookie，这样服务器就能通过 Cookie 的内容来判断是哪个用户。

session 的工作原理：服务器在为每个用户浏览器创建 session 对象时，会给每个用户浏览器一个唯一的 session ID，并在响应消息里添加一个 Cookie：JSESSIONID = xxx，浏览器再次访问服务器时请求头中若带有 session ID，那服务器就不会再给该用户浏览器创建 session 了。

如何实现一个用户的多个浏览器共享同一个 session？request. getSession( )方法首先检查请求中是否存在 JSESSIONID Cookie。如果这个 Cookie 存在并且包含了有效的 session ID，服务器就会根据该 session ID 查找对应的 session 数据，并为请求提供相应的会话服务。如果请求中没有携带 JSESSIONID Cookie 或者 session ID 无效，request. getSession( )会创建一个新的 session，生成一个新的 session ID，并将其作为 JSESSIONID Cookie 返回给客户端。

默认情况下，session ID 的 path 为当前 Web 应用的名称，并且没有设置过 Max Age，是一个会话级别的 Cookie。这意味着一旦关闭浏览器，再重新打开浏览器时，由于 session ID 丢失，就会找不到之前的 session，可以手动地发送 session ID，名字和 path 的设置与自动发送时一样，但需设置 MaxAge，使浏览器除了在内存中保存 session ID 信息，还在文件夹中以文件的形式保存，这样即使重新打开浏览器也可以使用之前的 session。

8.2　Cookie 技术

Cookie 是一种客户端技术，程序将每个用户的数据以 Cookie 的形式保存到用户的浏览器中。当用户使用浏览器再次访问服务器中的 Web 资源时，浏览器会自动将相应的 Cookie 数据传送到服务器。

浏览器发起 HTTP 请求，Web 服务器会进行 Cookie 设置，也就是 set-Cookie，服务器会把 Cookie 中的名和值属性里的内容填充完整，然后发送给浏览器，浏览器会将其保存起来，这样浏览器以后发送的每一个请求都会携带这个 Cookie。

Servlet API 提供了 javax. servlet. http. Cookie 类，该类包含创建 Cookie、生成 Cookie 信息和提取 Cookie 信息的方法。HttpServletResponse 接口中定义了一个 addCookie(Cookie cookie)方法，用于在其响应头中增加一个相应的 set-Cookie 头字段。同样，HttpServletRequest 接口中定义了一个 getCookies( )方法，用于获取客户端提交的 Cookie，最终实现数据共享。

Cookie 类有且仅有一个构造方法，具体语法格式如下：

```
public Cookie(String name, String value)
```

在 Cookie 的构造方法中，有两个 String 数据类型的参数，分别为键和值（name 和 value），参数 name 用于指定 Cookie 的名称，参数 value 为 Cookie 名称对应的值。需要注意的是，Cookie 一旦创建，它的名称就不能更改，但 Cookie 名称对应的值可以为任意值，创建后允许被修改。

通过 Cookie 构造方法创建 Cookie 对象后，便可以调用该类的方法实现相应的功能。Cookie 类的常用方法如表 8-1 所示。

表 8-1　Cookie 类的常用方法

方法声明	功能描述
String getName( )	返回 Cookie 的名称
void setValue （String newValue）	Cookie 创建后设置一个新的值
String getValue( )	返回 Cookie 的值
void setPath （String uri）	设置 Cookie 的有效路径
String getPath( )	返回 Cookie 的有效路径
void setMaxAge （int expiry）	设置 Cookie 的存活时间，以秒为单位
int getMaxAge( )	返回 Cookie 的存活时间，以秒为单位
void setDomain （String pattern）	设置 Cookie 的域名
String getDomain( )	返回 Cookie 的域名
void setVersion （int v）	设置 Cookie 所遵从的协议版本
int getVersion( )	返回 Cookie 所遵从的协议版本
void setSecure （boolean flag）	设置浏览器是否仅仅使用安全协议来发送 Cookie，例如使用 https 或 ssl
boolean getSecure( )	如果浏览器通过安全协议发送 Cookie，则返回 true；如果浏览器使用标准协议，则返回 false
void setComment(String purpose)	设置 Cookie 的注释
String getComment( )	获取 Cookie 的注释

下面对表 8-1 中的部分方法进行详细介绍，具体如下。

（1）setMaxAge(int expiry) 与 getMaxAge( ) 方法

setMaxAge(int expiry) 与 getMaxAge( ) 方法分别用于设置和返回 Cookie 在浏览器上保持有效的时间（秒数）。如果一个 Cookie 没有设置过 MaxAge，则其默认值为 -1，这表示该 Cookie 是一个会话级别的 Cookie。当该 Cookie 信息写入浏览器后，浏览器会将其保存在缓存中。这意味着，只要浏览器关闭，随着浏览器缓存的销毁，Cookie 信息也会消失。

一个 Cookie 也可以设置 MaxAge，浏览器一旦发现收到的 Cookie 被设置了 MaxAge，就会按照设定的时间来管理 Cookie 的生命周期。如果设置的值为正整数，则浏览器会将这个 Cookie 信息以文件的形式保存在浏览器的临时文件夹中，直至指定的时间，这样即使多次开关浏览器，在规定的时效之前 Cookie 信息都存在；如果设置的值为负整数，则浏览器会将这个 Cookie 信息保存在浏览器的缓存中，当浏览器关闭时，Cookie 信息就会被删除；如果设置的值为 0，则浏览器立即删除这个 Cookie 信息。

（2）setPath(String uri) 与 getPath( ) 方法

setPath(String uri) 与 getPath( ) 方法是针对 Cookie 的 Path 属性的，用于设置与获取 Cookie 的使用路径。如果不明确设置，则默认路径是发送 Cookie 的 servlet 所在的路径。如果设置为 "/xxx/"，则只有 URL 为 "/xxx/" 的程序可以访问该 Cookie。如果设置为 "/"，则本域名下的 URL 都可以访问该 Cookie。需要注意的是，最后一个字符必须为 "/"。

（3）setDomain(String pattern) 与 getDomain( ) 方法

setDomain(String pattern) 与 getDomain( ) 方法分别用于设置和返回 Cookie 的域名，用来通知浏览器在访问指定域名的时候带着当前的 Cookie 信息。在设置 Cookie 的参数 pattern（域名正则）时，需要确保它的值是正确的域名格式，如 ".xxx.xxx"。如果参数 pattern 的格式设置不正确，浏览器是不会接受该 Cookie 的。如果设置为 ".xxx.xxx"，则所有以 "xxx.xxx" 结尾的域名都可以访问该 Cookie。需要注意的是，第一个字符必须为 "."；另外，浏览器一旦发现 Cookie 设置过 domain 信息，就会拒绝接受这个 Cookie。平常不要设置这个方法。

使用 Cookie 技术将数据保存在客户端，这个信息可以保存很长时间。但由于数据随时有可能被清空，所以 Cookie 保存的数据是不太靠谱的。另外，数据被保存在客户端，随时可能被他人看到，如果将一些敏感信息如用户名、密码等保存在 Cookie 中，可能有安全问题。

8.3　Cookie 的应用

Cookie 是 Web 应用中非常重要的技术，可以帮助服务器实现用户认证、会话管理、个性化设置、跟踪和分析用户行为、保存购物车信息等功能。不过，开发者需要注意其容量限制、安全性和隐私问题，并合理使用。

下面通过一个案例演示如何使用 Cookie 保存登录用户名和密码。

使用 Cookie 保存登录用户名和密码，再次登录时将 Cookie 中保存的用户名和密码取出来并放置到用户名和密码文本框中。

例如，在登录页面 login.jsp 的用户名和密码文本框中，输入用户名和密码，单击"登录"按钮，提交给 LoginServlet 处理，在该 Servlet 中到后台 SQL Server 的数据库表 tb_user 中查询，看是否有对应的用户名，以及密码是否正确。如果用户名存在且对应的密码也正确，则将用户名和密码进行先加密后编码，再保存到 Cookie 中，然后页面跳转到主页 index.jsp。

用户再次访问登录页面 login.jsp 时，先取出 Cookie，判断是否存在用户名和密码的 Cookie，如果存在，则将值取出，进行先解码后解密，再保存在 request 中。接着将 request 中的对应值取出，赋值给用户名和密码文本框。

该案例的具体实现步骤如下。

（1）创建用户实体类

在 WebTest 项目的 cn.cz.domain 包中已经创建用户实体类 User。具体代码如文件 6-3 所示。

（2）创建 DAO

在 WebTest 项目的 cn.cz.dao.impl 包中已经创建 DbUtilsUserDaoImpl 类，该类中的 find(String username, String password) 方法的功能是在 tb_user 数据表中根据用户名和密码进行查询，如果查询结果为 null，则说明用户名或密码错误；否则，说明用户名和密码是合法的。

（3）创建加密与解密的 Util 工具类

在 WebTest 项目的 cn.cz.util 包中创建名称为 MD5Util 的类，该类用于对登录成功后将要写入 Cookie 中的用户名和密码进行加密与解密。具体代码如文件 8-1 所示。

文件 8-1　MD5Util.java

```
1  packagecn.cz.util;
2  import java.math.BigInteger;
3  import java.security.MessageDigest;
```

```
4   import java.security.NoSuchAlgorithmException;
5   public class MD5Util {
6       /* *
7        * 可逆的加密解密算法,执行一次加密,两次解密
8        * @param str
9        * @return
10       * /
11      public static String convertMD5(String str){
12          char[] a = str.toCharArray();
13          for (int i = 0; i < a.length; i++){
14              a[i] = (char) (a[i] ^'t');
15          }
16          String s = new String(a);
17          return s;
18          }
19  }
```

（4）创建 Servlet

在 WebTest 项目的 cn. cz. servlet 包中已经创建名为 LoginServlet 的 Servlet，该 Servlet 用于处理登录用户提交的信息。下面对 LoginServlet 进行修改，在该 Servlet 中，调用 DbUtilsUserDaoImpl 类中的 find（String username，String password）方法，检查用户登录信息的合法性。修改后的具体代码如文件 8-2 所示。

文件 8-2　LoginServlet. java

```
1   packagecn.cz.servlet;
2   import cn.cz.dao.impl.DbUtilsUserDaoImpl;
3   import cn.cz.domain.User;
4   import cn.cz.util.MD5Util;
5   import javax.servlet. *;
6   import javax.servlet.http. *;
7   import javax.servlet.annotation. *;
8   import java.io.IOException;
9   import java.io.PrintWriter;
10  import java.net.URLEncoder;
11  @WebServlet(name = "LoginServlet", value = "/LoginServlet")
12  public class LoginServlet extends HttpServlet {
13      @Override
14      protected void doGet(HttpServletRequest request,
```

```
15    HttpServletResponse response) throws
16    ServletException, IOException {
17        this.doPost(request, response);
18    }
19    @Override
20    protected void doPost(HttpServletRequest request,
21    HttpServletResponse response) throws
22    ServletException, IOException {
23        //请求参数中的中文乱码处理
24        request.setCharacterEncoding("UTF-8");
25        //用于解决中文输出乱码
26        response.setContentType("text/html;charset=utf-8");
27        //通过 getParameter()方法获取登录用户名和密码
28        String username = request.getParameter("username");
29        String password = request.getParameter("password");
30        //定义对象
31        DbUtilsUserDaoImpl userDao = new DbUtilsUserDaoImpl();
32        PrintWriter out = response.getWriter();
33        User user = new User();
34        //在 tb_user 数据表中查找是否存在该用户
35        user = userDao.find(username,password);
36    if(user==null){ //如果 user 表中不存在该用户信息
37        out.println("登录用户不存在!");
38    }else {//如果 user 表中存在该用户信息
39        //对登录用户名先加密后编码
40        String user_name =
41        MD5Util.convertMD5(user.getUsername());
42        user_name = URLEncoder.encode(user_name, "UTF-8");
43        //对登录用户密码先加密后编码
44        String user_pwd =
45        MD5Util.convertMD5(user.getPassword());
46        user_pwd = URLEncoder.encode(user_pwd, "UTF-8");
47        //创建 cookie
48        Cookie cookie_name = new Cookie("username", user_name);
49        Cookie cookie_pwd = new Cookie("password", user_pwd);
50        //设置 cookie 存活时间为 30 天
51        cookie_name.setMaxAge(60 * 60 * 24 * 30);
```

```
52          cookie_pwd.setMaxAge(60 * 60 * 24 * 30);
53          response.addCookie(cookie_name);
54          response.addCookie(cookie_pwd);
55          //请求重定向到 index.jsp 主页
56          response.sendRedirect(request.getContextPath()
57          +"/index.jsp");
58        }
59      }
60 }
```

在文件 8-2 中，第 40-41、44-45 行代码分别对登录正确的用户名和密码进行
加密，增加 Cookie 的安全性；第 42、46 行代码分别对加密后的用户名和密码进行
编码，这是因为中文采用的是 Unicode 编码，而英文采用的是 ASCII 编码，所以当
Cookie 保存中文的时候需要对中文进行编码，而且从 Cookie 中取出内容时也要进
行解码；第 48-49 行代码创建了两个 Cookie 对象，分别为 username 和 password；
第 53-54 行代码在其响应头中增加了两个相应的 set-Cookie 头字段；第 56-57 行代
码表示若登录成功则重定向到主页 index.jsp。

（5）创建登录页 login.jsp

在 WebTest 项目的 web 目录中已经创建登录页面 login.jsp，下面对 login.jsp 文
件进行修改，修改后的具体代码如文件 8-3 所示。

文件 8-3 login.jsp

```
1  <%@ page contentType="text/html;charset=UTF-8" language="java" %>
2  <%@ page import="java.net.URLDecoder" %>
3  <%@ page import="cn.cz.util.MD5Util" %>
4  <html>
5  <head>
6      <title>用户登录</title>
7  </head>
8  <body>
9  <%
10     request.setCharacterEncoding("UTF-8");
11     response.setContentType("text/html;charset=utf-8");
12     //获取所有 cookie
13     Cookie[] cookies = request.getCookies();
14     if(cookies.length>0 && cookies! =null){
15         //遍历 cookies 数组
16         for(Cookie cookie : cookies) {
```

```
17              //获取 cookie 的名称
18              String name = cookie.getName();
19              //判断名称是否为 username
20              if("username".equals(name)){
21                  //若该 cookie 不是首次访问
22                  String u_value = cookie.getValue();
23                  //对获取到的登录用户名先解码后解密
24                  u_value = URLDecoder.decode(u_value, "utf-8");
25                  u_value = MD5Util.convertMD5(u_value);
26                  request.setAttribute("username",u_value);
27              }
28              if("password".equals(name)){
29                  //若该 cookie 不是首次访问
30                  String p_value = cookie.getValue();
31                  //对获取到的登录用户名先解码后解密
32                  p_value = URLDecoder.decode(p_value, "utf-8");
33                  p_value = MD5Util.convertMD5(p_value);
34                  request.setAttribute("password",p_value);
35              }
36          }
37      }
38 %>
39 <form action="/WebTest/LoginServlet" method="post">
40     用户名： <input name="username" type="text" id="name"
41                 value="${username}" style="width:200px"><br><br>
42     密   码：
43     <input name="password" type="password" id="pwd"
44                 value="${password}" style="width:200px"><br><br>
45     <input type="submit" name="submit" value="登 录">
46 </form>
47 </body>
48 </html>
```

在文件 8-3 中，第 13 行代码是获取所有的 Cookie 并存入一个数组中；第 18 行代码是获取 Cookie 的名称；第 22、30 行代码分别获取 Cookie 中保存的用户名和密码；第 24、32 行代码分别对获取到的用户名和密码进行解码；第 25、33 行代码分别对解码后的用户名和密码进行解密；第 26、34 行代码将解密后的用户名和密码写入 request 对象中；第 41、44 行代码中的 ${username} 和 ${password} 是显示存入 request 对象中的对应参数的值，如果值是 null 则不显示，如果值是非 null 则显示相应的值。

（6）创建主页 index.jsp

在 WebTest 项目的 web 目录中已存在默认创建的主页面 index.jsp，暂时不做任何改动。

（7）启动项目，测试结果

在 IDEA 中启动项目后，在浏览器地址栏中输入地址 http://localhost:8080/WebTest/login.jsp，首次访问登录页 login.jsp，浏览器显示的结果如图 8-2 所示。

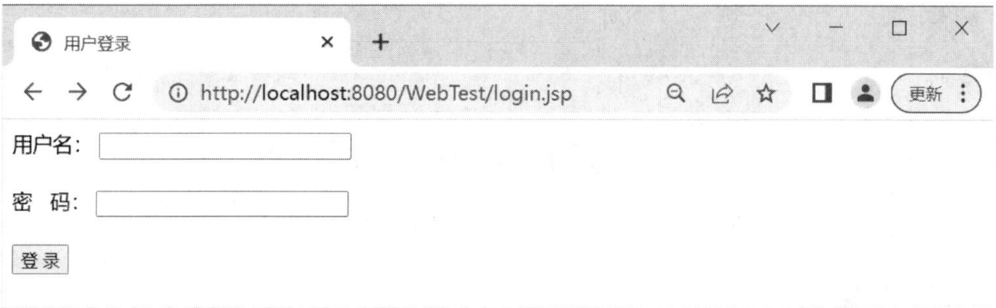

图 8-2　文件 8-3 的运行结果

在图 8-2 中的用户名和密码文本框中分别输入用户名"赵六"和密码"zhaoliu"，单击"登录"按钮，运行结果如图 8-3 所示。

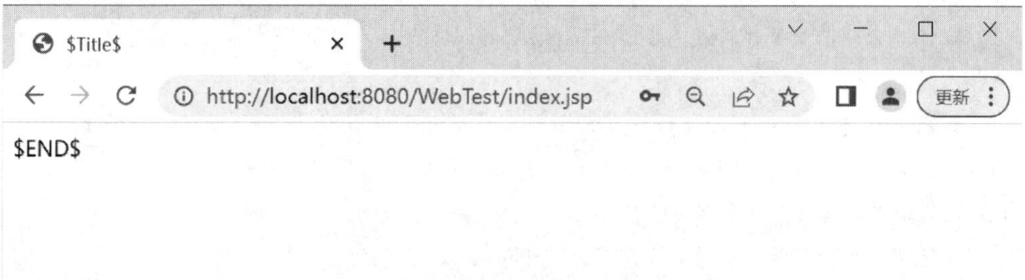

图 8-3　登录成功的运行结果

由图 8-3 可知，用户登录成功后，将进入主页。

如果输入的用户名或密码错误，则单击"登录"按钮时登录失败，浏览器显示的结果如图 8-4 所示。

图 8-4　登录失败的运行结果

在浏览器地址栏输入地址 http://localhost:8080/WebTest/login.jsp，再次访问登录页面，浏览器显示的结果如图 8-5 所示。从图中可知，首次访问登录页时将已登录成功时的用户名和密码存入 Cookie，再次访问登录页时，将从 Cookie 中取出用户名和密码填入对应文本框中，用户无须输入用户名和密码即可直接登录。

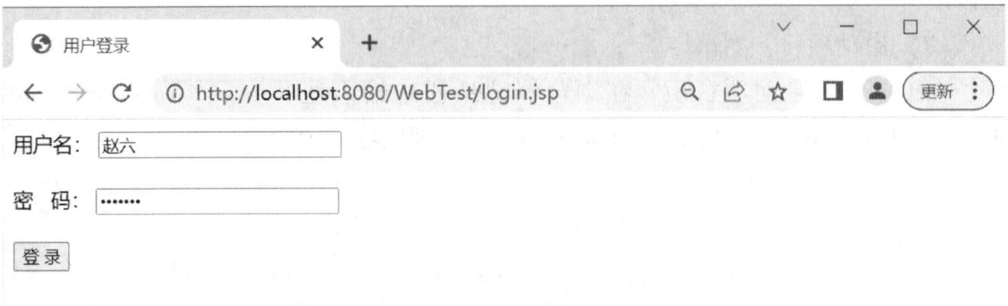

图 8-5　再次登录的运行结果

至此，使用 Cookie 保存登录用户名和密码的功能已经实现。

小贴士

➤一个 Cookie 只能标识一种信息，它至少含有一个标识该信息的名称（name）和设置值（value）。

➤一个 Web 站点可以给一个 Web 浏览器发送多个 Cookie，一个 Web 浏览器也可以存储多个 Web 站点提供的 Cookie。

➤浏览器一般只允许存放 300 个 Cookie，每个站点最多存放 20 个 Cookie，每个 Cookie 的大小限制为 4 KB。

➤如果创建了一个 Cookie，并将它发送到浏览器，默认情况下它是一个会话级别的 Cookie（即存储在浏览器的内存中），用户退出浏览器之后即被删除。若希望浏览器将该 Cookie 存储在磁盘上，则需要使用 MaxAge，并给出一个以秒为单位的时间。

➤将最大时效设为 0 则是命令浏览器删除该 Cookie。

➤注意：删除 Cookie 时，path 必须一致，否则不会删除（浏览器通过 Cookie 的 name+path 来标识一个 Cookie）。也即发送一个同名同 path 的 Cookie，MaxAge 设置为 0，浏览器以名字+path 识别 Cookie，发现同名同 path，Cookie 覆盖后立即超时被删除。

8.4　Session 技术

8.4.1　什么是 Session

Session 是服务器端技术，服务器在运行时为每一个用户的浏览器创建一个为其独享的 Session 对象；用户访问服务器时，可以把各自的数据放到各自的 Session 对象中，当用户再次访问服务器中的 Web 资源时，Web 资源再从用户的 Session 对象中取出数据为用户服务。

使用 Session 技术将数据保存在服务器端，相对来说比较稳定和安全。由于 Session 数据占用服务器内存，所以一般存活的时间不会太长，超过超时时间就会被销毁。通常要根据服务器的实际情况，合理设置 Session 的超时时间，这样既能保证 Session 的存活时间够用，不用的 Session 也可以及时销毁以减少对服务器内存的占用。

Session 对象是 javax. servlet. http. HttpSession 类的实例。Session 对象是由 Web 服务器自动创建的、与用户请求相关的对象。Web 服务器为每个用户都生成一个 Session 对象，用于保存该用户的信息，跟踪用户的操作状态。Session 对象内部使用 Map 类对象来保存数据，保存数据的格式为"key/value"。Session 对象的 value 可以是复杂的对象类型，而不仅仅局限于字符串类型。Session 是一个域对象，Session 的作用范围是当前整个会话范围，在会话范围内共享数据。

8.4.2　HttpSession API

Session 是与每个请求消息紧密相关的，为此，HttpServletRequest 定义了用于获取或创建 Session 对象的 getSession( )方法。该方法有以下两种重载形式：

```
HttpSession getSession(boolean var1);
HttpSession getSession();
```

上面重载的两个方法都用于返回与当前请求相关的 HttpSession 对象。不同的是，getSession(boolean varl)方法根据传递的参数来判断是否创建新的 HttpSession 对象，如果参数为 true，则在相关的 HttpSession 对象不存在时创建并返回新的 HttpSession 对象；否则，不创建新的 HttpSession 对象，而是返回 null。getSession( )方法则相当于 getSession (boolean varl) 方法参数为 true 时的情况，在相关的 HttpSession 对象不存在时总是创建新的 HttpSession 对象。

需要注意的是，由于 getSession( )方法可能会产生发送会话标识号的 Cookie 头字段，因此必须在发送任何响应内容之前调用 getSession( )方法。

获取或创建 HttpSession 对象后，就可以使用 HttpSession 对象管理会话数据。HttpSession 接口中定义的操作会话数据的常用方法如表 8-2 所示。

表 8-2　HttpSession 接口中的常用方法

方法声明	功能描述
String getId( )	用于返回与当前 HttpSession 对象关联的会话标识号
long getCreationTime( )	返回 Session 创建的时间，这个时间是创建 Session 的时间与 1970 年 1 月 1 日 00：00：00 之间时间差的毫秒表示形式

续表

方法声明	功能描述
long getLastAccessedTime( )	返回客户端最后一次发送与 Session 相关请求的时间，这个时间是发送请求的时间与 1970 年 1 月 1 日 00：00：00 之间时间差的毫秒表示形式
ServletContext getServletContext( )	用于返回当前 HttpSession 对象所属于的 Web 应用程序对象，即代表当前 Web 应用程序的 ServletContext 对象
void setMaxInactiveInterval(int var1)	用于设置当前 HttpSession 对象可空闲的以秒为单位的最长时间，也就是修改当前会话的默认超时间隔
Object getAttribute(String name)	用于从当前 HttpSession 对象中返回指定名称的属性值
void setAttribute(String name，Object value)	用于将一个对象与一个名称关联后存储到当前的 HttpSession 对象中
void removeAttribute(String name)	用于从当前 HttpSession 对象中删除指定名称的属性
void invalidate( )	用于强制使 Session 对象无效
boolean isNew( )	判断当前 HttpSession 对象是否是新创建的

8.4.3 Session 的生命周期

首次访问 JSP、Servlet 等程序时，服务器会自动创建 Session；或者当程序第一次调用 request. getSession( )方法时，说明客户端明确需要用到 Session，此时服务器创建出对应客户端的 Session 对象。需要注意的是，只访问 HTML、IMAGE 等静态资源时并不会创建 Session。若 Session 超过 30 分钟（这个时间是可以在 web. xml 文件中进行修改的）没有使用，则认为 Session 超时，将销毁这个 Session。

在程序中明确地调用 session. invalidate( )方法可以立即"杀死" Session。当服务器被非正常关闭时，session 随着虚拟机的死亡而死亡。如果服务器是正常关闭的，还未超时的 Session 会以文件的形式被保存在服务器的 work 目录下，这个过程叫作 Session 的钝化；下次再正常启动服务器时，钝化的 Session 会被恢复到内存中，这个过程叫作 Session 的活化。

在 Web 应用的 web. xml 文件中配置 Session 的有效时间，以分钟为单位，具体代码如下：

```
<session-config>
    <session-timeout>30</session-timeout>
</session-config>
```

在 Servlet 程序中设置 Session 的有效时间，以秒为单位，具体代码如下：

```
session.setMaxInactiveInterval(60 * 30);
```

上述代码设置了 Session 的有效时间为 30 分钟。

注意：如果将 Session 的有效时间设置为 0，则表示该 Session 会立即无效，不可再用；如果将其设置为负数（如-1），则表示该 Session 永不超时，直至浏览器关闭或 Session 被服务器销毁。

8.5　Session 的应用

Session 是 Web 开发中常用的一种机制，主要用于存储和管理与用户会话相关的状态信息。它通过在服务器端存储数据，并通过 SessionID 来维持跨请求的用户状态，广泛应用于身份验证、购物车、表单处理等场景。为了确保 Session 的安全性和有效性，开发者需要注意 Session 的过期管理、Session 的劫持防护以及分布式系统中的 Session 管理问题。

下面通过一个具体的案例演示如何使用 Session 实现强制用户登录。

在 Web 应用中，为防止用户在未登录时访问受保护的资源页面，可以使用 Session 强制用户登录，用户每次访问受保护的页面时，都会被验证是否已登录，未登录的用户会被强制重定向到登录页面，从而保证系统的安全性。

使用 Session 实现强制用户登录的基本思路是通过在用户登录时创建一个会话，并通过该会话存储用户的身份信息，从而在后续的请求中验证用户是否已经登录。如果没有登录，则重定向到登录页面或其他处理逻辑。

例如，当用户访问网站主页 index. jsp 时，首先检查用户是否已经登录，如果用户已登录，则在主页中显示用户登录的信息；如果用户未登录，则重定向到登录页 login. jsp，在登录页输入登录信息后，单击"登录"按钮，将用户登录信息提交给登录的 Servlet 处理。在该 Servlet 中访问数据库，检查用户是否合法，如果用户信息合法，则将用户登录信息写入 Session 中，然后重定向到主页；如果用户名或密码错误，则提示登录用户不存在。强制用户登录的流程如图 8-6 所示。

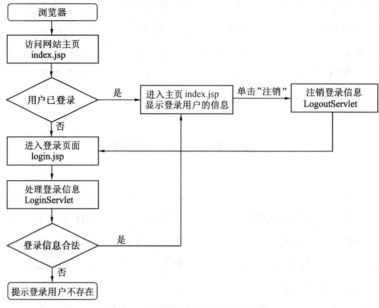

图 8-6　强制用户登录的流程图

该案例的具体实现步骤如下。

（1）创建用户实体类

在 WebTest 项目的 cn. cz. domain 包中已经创建用户实体类 User。具体代码如文件 6-3 所示。

（2）创建 DAO

在 WebTest 项目的 cn. cz. dao. impl 包中已经创建 DbUtilsUserDaoImpl 类，该类中的 find（String username，String password）方法的功能是在 user 数据表中根据用户名和密码进行查询，如果查询结果为 null，则说明用户名或密码错误；否则，说明用户名和密码是合法的。

（3）创建登录页 login. jsp

在 WebTest 项目的 web 目录中已经创建登录页面 login. jsp。具体代码如文件 8-3 所示。

（4）创建 Servlet

在 WebTest 项目的 cn. cz. servlet 包中已经创建名为 LoginServlet 的 Servlet，该 Servlet 用于处理登录用户提交的信息。下面对 LoginServlet 进行修改，在该 Servlet 中获取 session 对象。修改后的具体代码如文件 8-4 所示。

文件 8-4　**LoginServlet. java**

```
1   packagecn.cz.servlet;
2   import cn.cz.dao.impl.DbUtilsUserDaoImpl;
3   import cn.cz.domain.User;
4   import cn.cz.util.MD5Util;
5   import javax.servlet.*;
6   import javax.servlet.http.*;
7   import javax.servlet.annotation.*;
8   import java.io.IOException;
9   import java.io.PrintWriter;
10  import java.net.URLEncoder;
11  @WebServlet(name = "LoginServlet", value = "/LoginServlet")
12  public class LoginServlet extends HttpServlet {
13      @Override
14      protected void doGet(HttpServletRequest request,
15      HttpServletResponse response) throws
16      ServletException, IOException {
17          this.doPost(request, response);
18      }
19      @Override
20      protected void doPost(HttpServletRequest request,
21      HttpServletResponse response) throws
22      ServletException, IOException {
23          //请求参数中的中文乱码处理
24          request.setCharacterEncoding("UTF-8");
25          //用于解决中文输出乱码
26          response.setContentType("text/html;charset=utf-8");
27          //通过getParameter()方法获取登录用户名和密码
28          String username = request.getParameter("username");
29          String password = request.getParameter("password");
30          //定义对象
31          DbUtilsUserDaoImpl userDao = new DbUtilsUserDaoImpl();
32          PrintWriter out = response.getWriter();
33          User user = new User();
34          //在user数据表中查找是否存在该用户
35          user = userDao.find(username,password);
36          if(user==null){//如果user表中不存在该用户信息
```

```
37        out.println("登录用户不存在!");
38    }else {//如果 user 表中存在该用户信息
39        //对登录用户名先加密后编码
40        String user_name =
41        MD5Util.convertMD5(user.getUsername());
42        user_name = URLEncoder.encode(user_name, "UTF-8");
43        //对登录用户密码先加密后编码
44        String user_pwd =
45        MD5Util.convertMD5(user.getPassword());
46        user_pwd = URLEncoder.encode(user_pwd, "UTF-8");
47        //创建 cookie
48        Cookie cookie_name = new Cookie("username", user_name);
49        Cookie cookie_pwd = new Cookie("password", user_pwd);
50        //设置 cookie 存活时间为30天
51        cookie_name.setMaxAge(60 * 60 * 24 * 30);
52        cookie_pwd.setMaxAge(60 * 60 * 24 * 30);
53        //cookie_name.setPath("/WebTest/login.jsp/");
54        //cookie_pwd.setPath("/WebTest/login.jsp/");
55        response.addCookie(cookie_name);
56        response.addCookie(cookie_pwd);
57        //获取或创建 Session 对象
58        HttpSession session = request.getSession();
59        session.setAttribute("login_user", user);//写 session
60        //设置 Session 有效时间为1天
61        session.setMaxInactiveInterval(60 * 60 * 24 );
62        //创建 Cookie,存放 Session 的标识号
63        Cookie cookie=new Cookie("JSESSIONID",session.getId());
64        cookie.setMaxAge(60 * 60 * 24);
65        response.addCookie(cookie);
66        //请求重定向到 index.jsp 主页
67        response.sendRedirect(request.getContextPath()
68        +"/index.jsp");
69    }
70  }
71 }
```

在文件8-4中,第58行代码获取或创建 Session 对象;第59行代码将登录成功
的用户信息存入 session 中;第61行代码设置 Session 的有效时间;第63-65行代

码获取 SessionID，将其存入 Cookie，并设置 Cookie 的有效期为 1 天。

在 WebTest 项目的 cn. cz. servlet 包中创建名称为 LogoutServlet 的 Servlet，该 Servlet 用于处理注销用户的信息。修改后的具体代码如文件 8-5 所示。

文件 8-5　LogoutServlet. java

```
1  packagecn.cz.servlet;
2  import javax.servlet.*;
3  import javax.servlet.http.*;
4  import javax.servlet.annotation.*;
5  import java.io.IOException;
6  @WebServlet(name = "LogoutServlet", value = "/LogoutServlet")
7  public class LogoutServlet extends HttpServlet {
8      @Override
9      protected void doGet(HttpServletRequest request,
10     HttpServletResponse response) throws
11     ServletException, IOException {
12         this.doPost(request, response);
13     }
14     @Override
15     protected void doPost(HttpServletRequest request,
16     HttpServletResponse response) throws
17     ServletException, IOException {
18         //中文乱码处理
19         request.setCharacterEncoding("UTF-8");
20         response.setContentType("text/html;charset=utf-8");
21         HttpSession session = request.getSession();
22         if(session.getAttribute("login_user")! =null)
23         {//如果用户名不为空
24             session.removeAttribute("login_user");//注销用户登录信息
25             response.sendRedirect(request.getContextPath()
26             + "/login.jsp");
27         }
28     }
29 }
```

（5）创建主页 index. jsp

在 WebTest 项目的 web 目录中已经创建登录页面 index. jsp，下面对该文件进行修改，实现强制用户登录功能。修改后的具体代码如文件 8-6 所示。

文件 8-6　index. jsp

```
1   <%@ page contentType="text/html;charset=UTF-8" language="java" %>
2   <%@ page import="cn.cz.domain.User" %>
3   <html>
4   <head>
5     <title>WebTest 站点</title>
6   </head>
7   <body>
8   <table><tr><td>
9     <%
10      //获取 Session
11      User user = (User) session.getAttribute("login_user");
12      if(user! =null) {
13        String name = user.getUsername();
14        out.println(name + " ,欢迎您访问本站!");
15      }else{
16        response.sendRedirect(request.getContextPath()
17        + "/login.jsp");
18      }
19    %>
20  </td><td>
21    <form action="/WebTest/LogoutServlet" method="post">
22      <input type="submit" value="注销">
23    </form>
24  </td></tr></table>
25  </body>
26  </html>
```

(6) 启动项目，测试结果

启动 SQL Server 数据库服务器，并且导入 bookmanager 数据库；然后在 IDEA 中启动项目后，在浏览器地址栏中输入地址 http://localhost:8080/WebTest/或者 http://localhost:8080/WebTest/index. jsp 访问主页 index. jsp，发现浏览器重定向到登录页 login. jsp，浏览器显示的结果如图 8-7 所示。

在图 8-7 中的用户名和密码文本框中已填入用户名和密码，这是因为之前访问过 login. jsp 登录页，使用 Cookie 保存了登录的用户名和密码。单击"登录"按钮，运行结果如图 8-8 所示。

图 8-7　文件 8-6 的运行结果

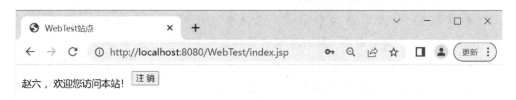

图 8-8　登录成功的运行结果

由图 8-8 可知，用户登录成功后，使用 Session 保存了登录的用户信息，所以重定向到主页后，可以从 Session 中取出登录用户名，然后将登录的用户名显示出来。如果用户想要退出登录，可以单击"注销"按钮，此时运行结果如图 8-7 所示。

至此，强制用户登录的功能已经实现。

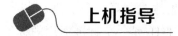 上机指导

8-1　在实际应用中，Cookie 和 Session 经常用于管理用户的登录状态、保存用户的偏好设置等。在 MyTest 项目中，请利用 Servlet 处理用户的登录请求，并使用 Cookie 和 Session 来保持用户登录状态；提供用户登录表单页面 login.jsp，并处理用户的输入，当用户成功登录后，跳转到 welcome.jsp 页面，显示欢迎信息。

8-2　在 MyTest 项目中，使用 Session 和 Cookie 实现用户自动登录。

第9章　EL 和 JSTL

📠｜｜学习目标

- 了解 EL 和 JSTL 的基本概念。
- 掌握 EL 的基本语法和用法，包括在 JSP 页面中使用 EL 表达式访问 JavaBean 的属性、调用方法、执行算术运算等操作。
- 掌握 JSTL 的核心标签库，包括<c:out>、<c:if>、<c:forEach>等标签的用法，用于输出数据、控制页面流程、迭代集合等操作。
- 了解 JSTL 提供的标准函数库，包括字符串处理、日期格式化、数学运算等常用函数，了解这些函数在 JSP 页面中的使用方法。
- 掌握 EL 表达语言和 JSTL 标签库的使用，实现动态数据展示、条件判断、循环遍历等复杂逻辑在 JSP 页面中的处理。

在 Web 开发中，用 JSP 页面动态展示数据时，需要在 JSP 文件中书写很多 Java 代码，这样会使 JSP 文件中的代码混乱，降低代码的可读性和可维护性。为此，JSP 2.0 中提供了 EL(表达式语言) 和 JSTL(JSP 标准标签库)。EL 用于获取作用域对象中存储的数据；JSTL 是一个标准通用的标签库，可利用标签实现逻辑控制，如迭代集合、条件控制和循环控制等。JSTL 可对 EL 获取到的数据进行逻辑操作，再与 EL 合作完成数据的展示，这大大降低了开发的难度。

9.1　EL 表达式

EL 是 Servlet 规范中的一部分，首次出现在 JSP 2.0 中。EL 用于替代 Java 代码块和 JSP 表达式，在 JSP 页面中获取数据，EL 简化了代码的书写量，增强了程序的可读性和可维护性。

EL 的语法非常简单，以"＄{"开始，以"}"结束，具体格式如下：

```
＄{表达式}
```

其中，表达式必须符合 EL 的语法要求。

9.1.1　EL 的特点

EL 主要用于代替 JSP 页面中的表达式脚本，在 JSP 页面中进行数据的输出。

EL 在输出数据时，要比 JSP 表达式脚本更简洁。

EL 具有以下主要特点：

① 语法简单，使用方便；

② 既可以与 JSTL 混合使用，也可以与 JavsScript 一起使用；

③ 可以自动转换类型；

④ 既可以访问一般变量，也可以访问 JavaBean 对象中的属性、嵌套属性和集合对象；

⑤ 可以执行算术运算、关系运算、逻辑运算和条件运算等；

⑥ 在进行除法运算时，如果被除数是 0，则返回的是 infinity，而不是直接报错；

⑦ EL 中可以访问 JSP 的作用域（page、application、request、session）；

⑧ 扩展函数可以与 Java 类的静态方法进行映射。

9.1.2　EL 利用 "." 与 "[ ]" 运算符获取数据

EL 提供了 "." 和 "[ ]" 两种运算符获取数据，这两种运算符的功能相同，均可以访问 JavaBean 对象的属性、域空间中集合或数组的属性。

注意：

① JavaBean 对象的属性要有 setter 和 getter 方法。

② 当属性名中包含 "–" "." 或 "?" 等非字母或数字的符号时，只能使用 "[ ]" 运算符获取数据。例如，${stu[native-place]}。

③ "." 和 "[ ]" 可以结合使用。例如，${userList[0].username} 可以获取集合或数组中的第一个元素的 username 属性值。

9.1.3　EL 中的运算符

EL 中提供了多种运算符，包括算术运算符、关系运算符、逻辑运算符、条件运算符、判空运算符等。

（1）算术运算符

EL 中的算术运算符用于对整型和浮点类型的值进行算术运算。EL 中的算术运算符包括加（+）、减（–）、乘（＊）、除（/或 div）以及取模（%或 mod）。

注意：

① 使用 "/" 或 "div" 运算符进行除法运算时，商为浮点数。

② "+" 运算符只有加法运算的功能，没有字符串连接符的功能。使用 "+" 运算符进行运算时，EL 会自动将运算符两边的字符串类型转换为数值型，再进行加法运算，如果不能转换为数值型数据，将会抛出异常。

（2）关系运算符

EL 中的关系运算符用于比较两个操作数的大小，操作数可以是各种常量、EL 变量或 EL 表达式，所有的关系表达式运算的结果均为布尔类型。EL 中的关系运算符包括等于（==或 eq）、不等于（!=或 ne）、大于（>或 gt）、大于等于（>=或 ge）、小于（<或 lt）以及小于等于（<=或 le）。

注意：

①"=="运算符是两个等号，千万不可写成一个等号。

② 为了避免与 JSP 页面中的标签产生冲突，后 4 种关系运算符通常使用字符代替符号，例如使用"gt"代替">"运算符。如果关系运算符后面是数字，则关系运算符与数字之间至少要有一个空格，例如 ${3gt 5}。

（3）逻辑运算符

EL 中的逻辑运算符用于对结果为布尔类型的表达式进行运算，运算的结果仍为布尔类型。EL 中的逻辑运算符包括逻辑与（&& 或 and）、逻辑或（|| 或 or）以及逻辑非（! 或 not）。

注意：

① 在使用"&&"运算符时，如果有一个操作数的值为 false，则整个表达式的结果必为 false。

② 在使用"||"运算符时，如果有一个操作数的值为 true，则整个表达式的结果必为 true。

（4）条件运算符

EL 中的条件运算符（?:）用于执行某种条件判断，类似于 Java 中的 if-else 分支结构，其语法格式如下：

```
${条件表达式 ? 表达式 1 : 表达式 2}
```

在上述语法格式中，条件表达式的运算结果为布尔类型，如果条件表达式的值为 true，就执行表达式 1，运算结果为表达式 1 的值；如果条件表达式的值为 false，就执行表达式 2，运算结果为表达式 2 的值。例如，${5<3 ? "真" : "假"} 的结果为"假"。

（5）判空运算符

使用 EL 判断某个对象是否为空，可以通过 empty 运算符实现，该运算符是一个前缀运算符，即 empty 运算符位于操作数的前面，用于判断一个对象或变量是否为 null 或空。

empty 运算符的语法格式如下：

```
${empty expression}
```

在上述语法格式，expression 用于指定要判断的对象或变量。例如，定义两个 request 域的变量 num 和 price，分别设置它们的值为 null 和 ""，示例代码如下：

```
<% request.setAttribute("num",""); %>
<% request.setAttribute("price",null); %>
```

通过 empty 运算符判断 num 和 price 是否为空，代码如下：

```
$ {empty num}        //返回值为 true
$ {empty price}      //返回值为 true
```

9.1.3 EL 中的隐式对象

EL 中提供了 11 个隐式对象，使用这些隐式对象可以很方便地读取到 Cookie、HTTP 请求消息头字段、请求参数、Web 应用程序中的初始化参数的信息。EL 表达式中的隐式对象具体如表 9-1 所示。

表 9-1　EL 中的隐式对象

隐式对象名称	描述
pageContext	对应于 JSP 页面中的 pageContext 对象
pageScope	代表 page 域中用于保存属性的 Map 对象
requestScope	代表 request 域中用于保存属性的 Map 对象
sessionScope	代表 session 域中用于保存属性的 Map 对象
applicationScope	代表 application 域中用于保存属性的 Map 对象
param	表示一个保存了所有请求参数的 Map 对象
paramValues	表示一个保存了所有请求参数的 Map 对象，它对于某个请求参数，返回的是一个 string 类型数组
header	表示一个保存了所有 HTTP 请求头字段的 Map 对象
headerValues	表示一个保存了所有 HTTP 请求头字段的 Map 对象，返回 string 类型数组
cookie	表示一个保存了访问者的 Cookie 信息的 Map 对象
initParam	表示一个保存了所有 Web 应用初始化参数的 Map 对象

在表 9-1 中，pageContext 可以获取其他 10 个隐式对象；pageScope、requestScope、sessionScope、applicationScope 是用于获取指定域的隐式对象；param 和 paramValues 是用于获取请求参数的隐式对象；header 和 headerValues 是用于获取 HTTP 请求消息头的隐式对象；cookie 是用于获取 Cookie 信息的隐式对象；initParam 是用于获取 Web 应用初始化信息的隐式对象。需要注意的是，不要将 EL 中的隐式对象与 JSP 中的隐式对象混淆，只有 pageContext 对象是它们所共有的，其他 10 个隐式对象则毫不相关。

（1）pageContext 对象

为了获取 JSP 页面的隐式对象，可以使用 EL 表达式中的 pageContext 对象。pageContext 对象的用法示例如下。

① 使用 EL 获取响应消息中的 Content-Type 响应头字段，具体代码如下：

```
$ {pageContext.response.contentType}
```

② 使用 EL 获取请求的 URI，具体代码如下：

```
${pageContext.request.requestURI}
```

③ 使用 EL 获取服务器的信息，具体代码如下：

```
${pageContext.servletContext.serverInfo}
```

（2）Web 域相关对象

在 Web 开发中，PageContext、HttpServletRequest、HttpSession 和 ServletContext 这 4 个对象之所以可以存储数据，是因为它们内部都定义了一个 Map 集合，这些 Map 集合是有一定作用范围的。例如，HttpRequest 对象存储的数据只在当前请求中可以获取到。习惯性地，把这些 Map 集合称为域，这些 Map 集合所在的对象称为域对象。在 EL 中，为了获取指定域中的数据，提供了 pageScope、requestScope、sessionScope 和 applicationScope 这 4 个作用域对象。需要注意的是，EL 表达式只能在这 4 个作用域中获取数据。

EL 获取 Web 域中相关对象的属性值的语法格式为：

```
${作用域对象.属性名称}
```

在上述语法格式中，作用域对象可以省略。如果省略，则依次从 page、request、session、application 这 4 个作用域中获取数据，直到找到；如果查找完 4 个作用域仍然没有找到，则返回空字符串。

EL 可以轻松获取 4 个作用域中的 JavaBean 的属性，或者数组、Collection、Map 类型集合的数据。EL 语句在执行时，会调用 findAttribute（String key）方法，根据作用域范围依次获取，域范围越小越先获取，若找不到则返回空字符串（""）。而使用 Java 方式获取数据时，如果返回值是 null，则会报空指针异常 NullPointer Exception，所以在实际开发中推荐使用 EL 的方式获取域对象中存储的数据。

下面通过一个案例演示如何使用 EL 获取作用域中的参数的值。

第一步，在 WebTest 项目的 cn. cz. servlet 包中创建名称为 DataServlet 的 Servlet，具体代码如文件 9-1 所示。

文件 9-1　DataServlet. java

```
1  packagecn.cz.servlet;
2  import javax.servlet.*;
3  import javax.servlet.http.*;
4  import javax.servlet.annotation.*;
5  import java.io.IOException;
6  @WebServlet(name = "DataServlet", value = "/DataServlet")
7  public class DataServlet extends HttpServlet {
8      @Override
```

```
9     protected void doGet(HttpServletRequest request,
10    HttpServletResponse response) throws
11    ServletException, IOException {
12        this.doPost(request, response);
13    }
14    @Override
15    protected void doPost(HttpServletRequest request,
16    HttpServletResponse response) throws
17    ServletException, IOException {
18        request.setCharacterEncoding("UTF-8");
19        response.setContentType("text/html;charset=utf-8");
20        //在 request 域中存入一个参数 name,其值为 requestData
21        request.setAttribute("name", "requestData");
22        //在 session 域中存入一个参数 name,其值为 sessionData
23        request.getSession().setAttribute("name", "sessionData");
24        //在 application 域中存入一个参数 name,其值为 applicationData
25        request.getServletContext()
26        .setAttribute("name", "applicationData");
27        //转发到 showData.jsp 页面
28        request.getRequestDispatcher("/showData.jsp")
29        .forward(request,response);
30    }
31 }
```

第二步，在 WebTest 项目的 web 目录下创建名称为 showData 的 JSP 文件，具体代码如文件 9-2 所示。

文件 9-2 showData. jsp

```
1  <%@ page contentType="text/html;charset=UTF-8" language="java"%>
2  <html>
3  <head>
4     <title>使用 EL 获取作用域中的数据</title>
5  </head>
6  <body>
7     <%
8     //在 page 域中存入一个参数 name,其值为 pageData
9     pageContext.setAttribute("name", "pageData");
10    %>
```

```
11    <p>显示 page 域中指定参数的值：${pageScope.name}</p>
12    <p>显示 request 域中指定参数的值：${requestScope.name}</p>
13    <p>显示 session 域中指定参数的值：${sessionScope.name}</p>
14    <p>显示 application 域中指定参数的值：${applicationScope.name}</p>
15    <p>不指定作用域对象,显示直接指定参数的值：${name}</p>
16  </body>
17  </html>
```

在文件 9-2 中，第 15 行代码中的 EL 表达式 ${name} 没有指定作用域对象，则依次从 Web 的 4 个作用域中查找，先查找 page 域，若在 page 域中找到了指定参数 name，则将其值返回。

在 IDEA 中启动项目后，在浏览器地址栏中访问 http://localhost:8080/WebTest/DataServlet，浏览器显示的结果如图 9-1 所示。

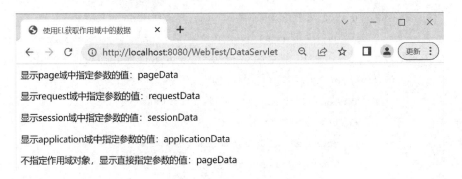

图 9-1 文件 9-1 的运行结果

由图 9-1 可知，执行 EL 表达式 ${name}，输出的结果是 page 域中的参数 name 的值。从文件 9-2 可知，使用 EL 明显简化了 JSP 页面的代码，使程序简洁且易维护。

（3）param 和 paramValues 对象

在 JSP 中，经常需要获取客户端通过 HTTP 请求传递的参数。为了方便访问这些请求参数，EL 表达式提供了 param 和 paramValues 两个隐式对象，用于获取客户端传递的请求参数。这两个对象用来处理 HTTP 协议中一个请求参数可能有多个值的情况。

param 隐式对象用于返回一个请求参数的某个值，如果同一个请求参数有多个值，则返回第一个参数的值。paramValues 隐式对象用于返回一个请求参数的所有值，返回结果为该参数的所有值组成的字符串数组。例如，表达式 ${paramValues.username[0]} 用于返回数组中第一个元素的值。注意，在使用 EL 获取参数时，如果参数不存在，则返回的是空字符串，而不是 null。

param 和 paramValues 对象的语法格式示例如下：

```
${param.paramName}
${paramValues.paramName}
```

（4）header 和 headerValues 对象

EL 表达式提供了 header 和 headerValues 两个隐式对象，用于获取客户端访问 JSP 页面时传递的请求头字段的值。这两个对象用于处理 HTTP 请求中可能出现多个相同字段的情况。

header 隐式对象返回一个请求头字段的某个值，如果同一个请求头字段有多个值，则返回第一个值。headerValues 隐式对象用于返回一个请求头字段所有值组成的字符串数组。

header 和 headerValues 对象的语法格式示例如下：

```
${header.accept}    //获取 Accept 请求头字段的值
//获取 Accept-Encoding 请求头字段的值
${headerValues["acceptEncoding"][0]}
```

（5）cookie 对象

EL 表达式中的隐式对象 cookie 是一个代表访问者所有 Cookie 信息的 Map 集合，Map 集合中元素的键为各个 Cookie 的名称，值则为对应的 Cookie 对象。使用 cookie 隐式对象可以访问某个 Cookie 对象，对应 EL 表达式语句在执行时，通过调用 HTTPServletRequest.getCookies()方法得到 Cookie 的 Map 集合对象，如果多个 Cookie 共用一个名称，则返回 Cookie 对象数组中的第一个 Cookie 对象。

cookie 对象的语法格式示例如下：

```
${cookie}    //获取 Cookie 中的所有信息
${cookie.username.name}    //获取名称为 username 的 Cookie 的名称
${cookie.username.value}    //获取名称为 username 的 Cookie 的值
```

下面通过一个案例演示 EL 中 cookie 对象的使用。

在 WebTest 项目的 web 目录下创建一个名称为 el_cookie 的 JSP 文件，用于演示如何获取 Cookie 中的信息，具体代码如文件 9-3 所示。

文件 9-3　el_cookie.jsp

```
1  <%@ page contentType="text/html;charset=UTF-8" language="java" %>
2  <html>
3  <head>
4      <title>EL 中 cookie 隐式对象的使用</title>
5  </head>
6  <body>
```

```
7      <%
8          response.addCookie(new Cookie("username", "anonymous"));
9          response.addCookie(new Cookie("password", "123456"));
10     %>
11     <p>Cookie 中的所有信息：${cookie}</p>
12     <p>Cookie 对象的名称和值：
13     ${cookie.username.name} = ${cookie.username.value}</p>
14     <p>Cookie 对象的名称和值：
15     ${cookie.password.name} = ${cookie.password.value}</p>
16     </body>
17     </html>
```

在文件 9-3 中，第 8-9 行代码是 Web 服务器在响应消息中设置 Cookie 响应头字段 set-Cookie，set-Cookie 是以键值对的形式发送 Cookie 信息，创建的 Cookie 会保存在浏览器中；第 11 行代码是通过 EL 表达式 ${cookie} 获取使用者的所有 Cookie 信息；第 12-13 行代码是通过 EL 表达式获取 Cookie 名称为 username 的键和值；第 14-15 行代码是通过 EL 表达式获取 Cookie 名称为 password 的键和值。

在 IDEA 中启动项目后，在浏览器地址栏中首次访问 http://localhost:8080/WebTest/el_cookie.jsp，浏览器显示的结果如图 9-2 所示。

图 9-2　首次访问文件 9-3 的运行结果

由图 9-2 可知，首次访问 el_cookie.jsp 页面时，请求消息中并没有 Cookie 信息，这是因为 Cookie 信息是由服务器设置的。在浏览器中单击刷新按钮，再次访问 el_cookie.jsp 页面，此时浏览器窗口中显示的结果如图 9-3 所示。

图 9-3　再次访问文件 9-3 的运行结果

由图 9-3 可知，首次访问 el_cookie.jsp 页面时，Web 服务器设置了 Cookie，并将 Cookie 保存在客户端，再次访问 el_cookie.jsp 页面时，请求消息中就携带有 Cookie 信息，这时使用 EL 表达式便可以获取 Cookie 的名称和值。

（6）initParam 对象

EL 表达式中的 initParam 是一个代表 Web 应用程序中的所有初始化参数的 Map 对象。Web 应用程序的初始化参数可以通过两种方式来配置，即在 server.xml 文件中配置和在 web.xml 文件中配置。在 4.4.2 节中已经配置有初始化参数。

下面通过一个案例演示 EL 中 initParam 对象的使用。

在 WebTest 项目的 web 目录下创建一个名称为 el_initParam 的 JSP 文件，具体代码如文件 9-4 所示。

文件 9-4　el_initParam.jsp

```
1  <%@ page contentType="text/html;charset=UTF-8" language="java" %>
2  <html>
3  <head>
4     <title>EL 中 initParam 隐式对象的使用</title>
5  </head>
6  <body>
7   web.xml 文件中初始化参数 companyName 的值为：
8  ${initParam.companyName} <br/>
9   web.xml 文件中初始化参数 address 的值为：${initParam.address} <br/>
10 </body>
11 </html>
```

在 IDEA 中启动项目后，在浏览器地址栏中访问 http://localhost:8080/WebTest/el_initParam.jsp，浏览器显示的结果如图 9-4 所示。

图 9-4　文件 9-4 的运行结果

由图 9-4 可知，浏览器窗口中显示出了 web.xml 文件中配置的初始化参数的值。

9.2　JSTL 标准标签库

JSTL 技术标准由 JCP（Java Community Process）组织的 JSR052 专家组发布，Apache 组织将其列入 Jakarta 项目，原 SUN 公司将 JSTL 的程序包加入互联网服务开发工具包内（Web Services Developer Pack，WSDP），作为 JSP 技术应用的一个标准。JSTL 是一个不断完善的开放源代码的 JSP 标签库，在 JSP 2.0 中已将 JSTL 作为标准支持。JSTL 主要给 Java Web 开发人员提供一个标准通用的标签库，开发人员可以利用这些标签取代 JSP 页面上的 Java 代码，使 Java 代码与 HTML 代码分离，从而提高程序的可读性，降低程序的维护难度。

9.2.1　JSTL 概述

JSTL 包含与以下操作相关的标签。

① 核心标签库：核心标签库是整个 JSTL 中最常用的部分，主要由基本输入输出、流程控制、迭代操作和 URL 操作组成，负责 Web 应用的常见工作，如循环、表达式赋值、基本输入输出等。

② I18N 格式标签库：用来格式化显示数据的工作，比如：对不同区域的日期格式化等。

③ XML 标签库：用来访问 XML 文件的工作，支持 JSP 对 XML 文档的处理。

④ 数据库标签库：SQL 标签库包括大部分访问数据库的逻辑操作，包括查询、更新、事务处理、设置数据源等，可用于访问数据库。

⑤ 函数标签库：用来读取已经定义的某个函数。

在 JSP 中使用 JSTL 标签，需要具备如下两个条件：

① 下载并导入 JSTL 实现（Implementation）JAR 包。

② 使用 taglib 指令引用标签库。

JSTL 1.2 实现的下载地址为 https://Tomcat. apache. org/download-taglibs. cgi，下载文件为 taglibs-standard-impl-1. 2. 5. jar 和 taglibs-standard-spec-1. 2. 5. jar，将这两个文件复制到 Web 应用程序的、WEB-INF、lib 文件夹中即可使用 JSTL。

JSTL 1.0 或 JSTL 1.1 实现的下载地址为 https://archive. apache. org/dist/jakarta/taglibs/standard/binaries/，下载文件为 jakarta-taglibs-standard-1. 1. 2. zip。下载后解压，在 lib 文件夹中有 jstl. jar 和 standard. jar 两个文件，将这两个文件复制到 Web 应用程序的\WEB-INF\lib 文件夹中即可使用 JSTL。

下面通过一个具体案例演示 JSTL 中的核心标签库的<c：out>标签的使用。

9.2.2　JSTL 中的核心标签库

核心标签库又称 Core 标签库，主要提供 Web 应用中最常使用的标签，是 JSTL

中比较重要的标签库。随着 JSTL 版本的升级，其 Core 标签库中的标签逐渐增多。下面对 Core 标签库中常用的标签进行详细介绍。

（1）<c:out>标签

<c:out>标签用于输出数据，功能上等同于"<%=…%>"形式的 JSP 表达式。<c:out>标签的语法格式如下：

```
<c:out value="value" [default="defaultValue"]
    [escapeXml="|true|false|"]>
</c:out>
```

在上述语法格式中，各个属性的具体含义如下。

① value 属性：指定要输出的数据，可以是 JSP 表达式、EL 表达式或常量。

② default 属性：指定当 value 属性为 null 时要输出的默认值，该属性是可选的，若未设置 default 属性，则当 value 属性为 null 时输出空字符串。

③ escapeXml 属性：指定是否将<、>、& 等特殊字符进行 HTML 解析后再输出。若 escapeXml 属性值被设为 false，则将其中的 HTML 解析后再输出；若 escapeXml 属性值被设为 true，则不进行 HTML 解析，而是直接输出，默认值为 true。

下面通过一个案例演示<c:out>标签的使用。

第一步，将 taglibs-standard-impl-1.2.5.jar 复制到 WebTest 项目的\WEB-INF\lib 文件夹中。

第二步，在 WebTest 项目的 web 目录中创建一个名称为 c_out 的 JSP 文件，具体代码如文件 9-5 所示。

文件 9-5　c_out.jsp

```
1  <%@ page contentType="text/html;charset=UTF-8" language="java" %>
2  <%@ taglib prefix="c" uri="http://java.sun.com/jsp/jstl/core" %>
3  <html>
4  <head>
5      <title>c:out 标签的示例</title>
6  </head>
7  <body>
8      <p><c:out value="未使用字符转义 &lt;&gt;"></c:out></p>
9      <p><c:out value="使用了字符转义 &lt;&gt;" escapeXml="false">
10 </c:out></p>
11     <p><c:out value="<a href='http://www.baidu.com'>百度</a>">
12 </c:out></p>
13     <p><c:out value="<a href='http://www.baidu.com'>百度</a>"
14 escapeXml="false"></c:out></p>
```

```
15  </body>
16  </html>
```

在文件 9-5 中，第 2 行代码使用 taglib 指令导入 Core 标签库，prefix 属性用于指定引入标签库描述符文件的前缀，在 JSP 文件中使用这个标签库中的任意标签时都需要使用这个前缀，taglib 指令的 uri 属性用于指定引入标签库描述符文件的URI；第 8 行代码使用核心标签库中的<c:out>标签，指定了 value 属性值，未明确设置 escapeXml 属性，则对 value 属性值不进行 HTML 解析，而是直接将 value 属性值输出；第 9 行代码指定了 value 属性值，也明确设置了 escapeXml 属性值为 false，则将对 value 属性值进行 HTML 解析后再输出；第 11－12 行代码未明确设置escapeXml 属性，则对 value 属性值不进行 HTML 解析，而是直接将 value 属性值输出；第 13－14 行代码明确指定了escapeXml属性值为 false，则将对 value 属性值进行HTML 解析后再输出。

在 IDEA 中启动项目后，在浏览器地址栏中访问 http://localhost：8080/WebTest/c_out.jsp，浏览器显示的结果如图 9-5 所示。

图 9-5　文件 9-5 的运行结果

（2）<c:remove>标签

<c:remove>标签用于移除指定的 JSP 域内的变量，其语法格式如下：

```
<c:remove var = "varName"
    [scope = "｛page |request |session |application｝"]>
</c:remove>
```

在上述语法格式中，各个属性的具体含义如下。

① var 属性：指定要移除的变量名称。

② scope 属性用来明确指定要从哪个作用域中移除属性，当不指定 scope 时，默认是移除页面作用域（pageScope）中的属性，不会移除其他作用域（如 request-Scope、sessionScope、applicationScope）中的同名属性。

（3）<c:if>标签

<c:if>标签用于条件判断，功能等同于 Java 中的 if 语句，其语法格式如下：

```
<c:if  test="condition"  var="result"
    [scope="{page|request|session|application}"]>
</c:if>
```

在上述语法格式中，各个属性的具体含义如下。

① test 属性：指定条件表达式，该表达式返回一个 Boolean 类型的值。如果返回 true，则执行标签体中的代码；否则，不执行标签体中的代码。

② var 属性：指定存放条件表达式运算结果的变量的名称。

③ scope 属性：指定 var 变量的作用范围，默认值为 page。

下面通过一个案例演示<c:if>标签的使用。

在 WebTest 项目的 web 目录中创建一个名称为 c_if 的 JSP 文件，具体代码如文件 9-6 所示。

文件 9-6　c_if.jsp

```
1  <%@ page contentType="text/html;charset=UTF-8" language="java" %>
2  <%@ taglib prefix="c" uri="http://java.sun.com/jsp/jstl/core" %>
3  <html>
4  <head>
5      <title>核心标签库中 c:if 标签的示例</title>
6  </head>
7  <body>
8      <c:if  test="${param.username=='admin'}"  var="userCheck">
9          <c:out value="${param.username} ,欢迎您!"></c:out>
10     </c:if>
11  </body>
12  </html>
```

在文件 9-6 中，第 2 行代码使用 taglib 指令导入 Core 标签库。第 8 行代码在<c:if>标签中 test 属性值是一个 EL 关系表达式，EL 表达式中的 "param" 是 EL 隐式对象 param；EL 表达式中的 "username" 是一个参数名称，在测试时，在 URL 地址栏中通过 get 方式提交；EL 表达式的运算结果是布尔类型，运算结果存放在 var 属性指定的变量 userCheck 中；未明确设置 scope 属性，则变量 userCheck 的作用域默认为 page 域。第 9 行代码使用<c:out>标签输出内容，<c:out>标签中用 value 属性指定输出内容，value 属性值中使用了 EL 表达式，输出的是 EL 表达式的运算结果。

在 IDEA 中启动项目后，在浏览器地址栏中访问 http://localhost:8080/

WebTest/c_if. jsp?username=admin，浏览器显示的结果如图9-6所示。

图9-6 文件 9-6 的运行结果

（4）<c:choose>标签、<c:when>标签和<c:otherwise>标签

<c:choose>标签用于多个条件的判断，功能类似于 if…else 语句或 if…elseif…else 语句。<c:choose>标签没有属性，它可以通过嵌套<c:when>标签和<c:otherwise>标签实现功能。

当实现类似于 if…else 语句的功能时，其语法格式如下：

```
<c:choose>
    <c:when test = "condition">
        condition 为 true 时执行的代码块
    </c:when>
    <c:otherwise>
        执行的代码块
    </c:otherwise>
</c:choose>
```

当实现类似于 if…elseif…else 语句的功能时，其语法格式如下：

```
<c:choose>
    <c:when test = "condition1">
        condition1 为 true 时执行的代码块
    </c:when>
    <c:when test = "condition2">
        condition2 为 true 时执行的代码块
    </c:when>
    <c:otherwise>
        执行的代码块
    </c:otherwise>
</c:choose>
```

在上述语法格式中，各个标签的具体含义如下。

① <c:choose>标签没有属性，在它的标签体中只能嵌套 1 个或多个<c:when>标签、0 个或 1 个<c:otherwise>标签，并且同一个<c:choose>标签中所有的<c:when>子标签必须出现在<c:otherwise>子标签（如果存在）之前。

②<c:when>标签的 test 属性指定条件表达式，该表达式返回一个 Boolean 类型的值。如果返回 true，则执行标签体中的代码；否则，不执行标签体中的代码。

③<c:otherwise>标签没有属性，它作为<c:choose>标签的最后分支出现，只有当所有的<c:when>标签的 test 属性都返回 false 时，才执行<c:otherwise>标签体中的代码。

下面通过一个案例演示<c:choose>标签、<c:when>标签和<c:otherwise>标签的使用。

在 WebTest 项目的 web 目录中创建一个名称为 c_choose 的 JSP 文件，具体代码如文件 9-7 所示。

文件 9-7　c_choose. jsp

```
1   <%@ page contentType="text/html;charset=UTF-8" language="java" %>
2   <%@ taglib prefix="c" uri="http://java.sun.com/jsp/jstl/core" %>
3   <html>
4   <head>
5       <title>核心标签库中 c:choose 标签的示例</title>
6   </head>
7   <body>
8     <c:choose>
9       <c:when test="${empty param.username.trim()}">
10        <c:out value="游客,欢迎您!"></c:out>
11      </c:when>
12      <c:when test="${param.username=='admin'}">
13        <c:out value="管理员,欢迎您!"></c:out>
14      </c:when>
15      <c:otherwise>
16        <c:out value="${param.username},欢迎您!"></c:out>
17      </c:otherwise>
18        </c:choose>
19  </body>
20  </html>
```

在 IDEA 中启动项目后，在浏览器地址栏中访问 http://localhost:8080/WebTest/c_choose.jsp，浏览器显示的结果如图 9-7 所示。

图 9-7 文件 9-7 的运行结果（1）

由图 9-7 可知，当使用 http://localhost:8080/WebTest/c_choose.jsp 访问 c_choose.jsp 页面时，并没有在 URL 地址中传递参数，此时<c:when test="${empty param.username.trim()}">标签中 test 属性的值为 true，便会输出<c:when>标签体中的内容。

如果在访问 c_choose.jsp 页面时，通过 get 方式传递一个参数 username=admin，此时<c:when test="${empty param.username.trim()}">标签中 test 属性的值为 false，不会输出<c:when>标签体中的内容。然后执行<c:when test="${param.username=='admin'}">标签，该标签中的 test 属性为 true，便会输出该标签体中的内容，此时浏览器窗口中显示的结果如图 9-8 所示。

图 9-8 文件 9-7 的运行结果（2）

同理，如果在访问 c_choose.jsp 页面时，通过 get 方式传递一个参数 username=zs，此时浏览器窗口中显示的结果如图 9-9 所示。

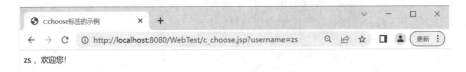

图 9-9 文件 9-7 的运行结果（3）

（5）<c:forEach>标签

<c:forEach>标签用于迭代数组、集合对象中的元素，功能上等同于在 JSP 代码片段中使用 for 循环语句，其语法格式如下：

```
<c:forEach var="varName" items=$"{collection}"
      [varStatus="varStatusName"]
      [begin="begin"] [end="end"] [step="step"]>
   标签体内容
</c:forEach>
```

在上述语法格式中，各个属性的具体含义如下。

① var 属性：指定将当前迭代到的元素保存到 page 域中的属性名称。

② items 属性：指定将要迭代的集合对象。

③ varStatus 属性：指定将当前迭代状态信息的对象保存到 page 域中的名称。varStatus 的 4 个状态属性如下。

- index：表示当前元素在集合中的索引。
- count：表示当前迭代的次数，从 1 开始计数。
- first：表示当前元素是否为迭代中的第一个位置。
- last：表示当前元素是否为迭代中的最后一个位置。

④ begin 属性：指定迭代的起始索引，begin 的默认索引值从 0 开始。

⑤ end 属性：指定迭代的结束索引。

⑥ step 属性：指定迭代的步长。

下面通过一个案例演示<c:forEach>标签的使用。

在 WebTest 项目的 web 目录中创建一个名称为 c_forEach 的 JSP 文件，具体代码如文件 9-8 所示。

文件 9-8　c_forEach.jsp

```
1   <%@ page contentType="text/html;charset=UTF-8" language="java" %>
2   <%@ taglib prefix="c" uri="http://java.sun.com/jsp/jstl/core" %>
3   <%@ page import="java.util.Map" %>
4   <%@ page import="java.util.HashMap" %>
5   <%@ page import="java.util.List" %>
6   <%@ page import="java.util.ArrayList" %>
7   <html>
8   <head>
9       <title>c:forEach 标签的示例</title>
10  </head>
11  <body>
12      <%
13          List<String> animalsList = new ArrayList<String>();
14          animalsList.add("cat");
15          animalsList.add("dog");
16          animalsList.add("squirrel");
17          animalsList.add("koala");
18          animalsList.add("giraffe");
19          request.setAttribute("animalsList", animalsList);
20      %>
21      <%--不指定 begin 和 end 的迭代，从集合的第一个元素开始，遍历到最后一
```

```
22          个元素。--%>
23      <c:out value="不指定begin和end的迭代:"/><br/>
24      <c:forEach var="animal" items="${animalsList}">
25            <c:out value="${animal}"/><br/>
26      </c:forEach>
27      <hr/>
28      <%--指定begin的值为1、end的值为3、step的值为2,
29          从第二个开始首先得到dog,每两个遍历一次,
30          则下一个显示的结果为koala,end为3则遍历结束。--%>
31      <c:out value="指定begin和end的迭代:"/><br/>
32      <c:forEach var="animal" items="${animalsList}" begin="1"
33  end="3" step="2">
34            <c:out value="${animal}"/><br/>
35      </c:forEach>
36      <hr/>
37      <%--指定begin的值为3、end的值为4、step的值为1,
38      指定varStatus的属性名为s,并取出存储的状态信息 --%>
39      <c:out value="输出整个迭代的信息:"/><br/>
40      <c:forEach var="animal"  items="${animalsList}"  begin="3"
41              end="4"  varStatus="s"  step="1">
42          <c:out value="${animal}"/>的四种属性:<br>
43            所在位置,即索引:<c:out value="${s.index}" /><br>
44            总共已迭代的次数:<c:out value="${s.count}" /><br>
45            是否为第一个位置:<c:out value="${s.first}" /><br>
46            是否为最后一个位置:<c:out value="${s.last}" /><br>
47      </c:forEach>
48      <hr/>
49  </body>
50  </html>
```

在文件9-8中,第13-18行代码定义了一个List集合对象,并在该List集合中存入5个元素;第19行代码将List集合对象写入request中;第24-26行代码使用<c:forEach>标签迭代List集合对象中的所有元素,并将其输出到页面;第32-35行代码使用<c:forEach>标签从第2个元素开始迭代List集合对象,每两个迭代一次,到第4个元素就结束迭代,并将迭代到的元素输出到页面;第40-47行代码使用<c:forEach>标签从第4个元素开始迭代List集合对象,每一个迭代一次,到第5个元素就结束迭代,varStatus属性的值s中保存当前迭代的状态信息,每迭代一次就将迭代到的元素及状态信息(index属性、count属性、first属性、last属性)

输出到页面。

在 IDEA 中启动项目后，在浏览器地址栏中访问 http://localhost：8080/ WebTest/c_forEach. jsp，浏览器显示的结果如图 9-10 所示。

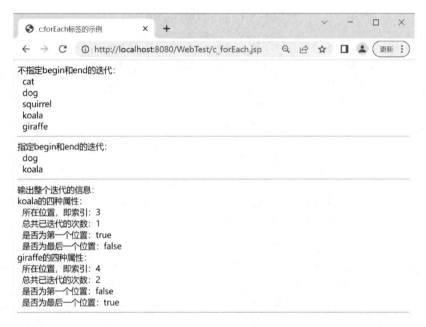

图 9-10　文件 9-8 的运行结果

（6）<c:forTokens>标签

<c:forTokens>标签用于按指定的分隔符对字符串进行迭代，其语法格式如下：

```
<c:forTokens  items="sourceStr"  delims="delimiters"
     [var="varName"]
     [varStatus="varStatusName"]
     [begin="begin"][end="end"][step="step"]>
    标签体内容
</c:forTokens>
```

在上述语法格式中，各个属性的具体含义如下。

① items 属性：指定将要迭代的字符串。

② delims 属性：指定一个或多个分隔符。

③ var 属性：指定将当前迭代到的子字符串保存到域对象中的属性名称。

④ varStatus 属性：指定将当前迭代状态信息的对象保存到域对象中的名称。

⑤ begin 属性：指定迭代的起始索引。

⑥ end 属性：指定迭代的结束索引。

⑦ step 属性：指定迭代的步长。

下面通过一个案例演示<c:forTokens>标签的使用。

在 WebTest 项目的 web 目录中创建一个名称为 c_forTokens 的 JSP 文件，具体代码如文件 9-9 所示。

文件 9-9　c_forTokens.jsp

```
1   <%@ page contentType="text/html;charset=UTF-8" language="java" %>
2   <%@ taglib prefix="c" uri="http://java.sun.com/jsp/jstl/core" %>
3   <html>
4   <head>
5       <title>c:forTokens 标签的示例</title>
6   </head>
7   <body>
8       <%--提示:分隔符用于根据指定标识分割字符串。
9           如果没有设定分隔符或没有找到分隔符,字符串通常会作为一个整体返回。
10          在实际应用中,分隔符有助于去除符号、提取信息或将字符串拆分显示。--%>
11      <%
12      String courses = "C++;C#|Python|Java;HTML;JavaScript";
13      request.setAttribute("courses",courses);14     %>
14  <c:out value="原始字符串为:${courses}"/><br/>
15      <hr/>
16  <c:out value="以";"作为分隔符,将字符串分解为数组,结果为:"/><br/>
17  <c:forTokens var="str" items="${courses}" delims=";">
18        <c:out value="${str}"></c:out><br/>
19  </c:forTokens>
20      <hr/>
21  <c:out value="以";|"作为分隔符,将字符串分解为数组,结果为:"/><br/>
22  <c:forTokens var="str" items="${courses}" delims=";|">
23        <c:out value="${str}"></c:out><br/>
24  </c:forTokens>
25      <hr/>
26  <c:out value="以";"作为分隔符,并指定 begin 的值为 2、end 的值为 3、
27  step 的值为 1、varStatus 的属性名为 s,并取出存储的状态信息,结果为:"/><br/>
28  <c:forTokens var="str" items="${courses}" delims=";"
29                  begin="2"  end="3"  varStatus="s">
30      <c:out value="${str}" />的四种属性:<br>
31        所在位置,即索引:<c:out value="${s.index}" /><br/>
32        总共已迭代的次数:<c:out value="${s.count}" /><br/>
33        是否为第一个位置:<c:out value="${s.first}" /><br/>
34        是否为最后一个位置:<c:out value="${s.last}" /><br/>
```

```
35    </c:forTokens>
36    <hr/>
37    </body>
38    </html>
```

在文件 9-9 中，第 12-13 行代码定义了一个 String 类型的变量 courses，并将变量 courses 存入 request 中。第 17-19 行代码是对变量 courses 中存放的字符串，以"；"为分隔符，迭代提取子字符串，并将提取到的子字符串输出到页面。第 22-24 行代码是对变量 courses 中存放的字符串，以"；"或"|"为分隔符，迭代提取子字符串，并将提取到的子字符串输出到页面。第 28-35 行代码是对变量 courses 中存放的字符串以"；"为分隔符，并指定从第 3 个子字符串开始迭代，每一个迭代一次，到第 4 个子字符串迭代结束，varStatus 属性的值 s 中保存当前迭代的状态信息，每迭代一次就将迭代到的子字符串及其状态信息（index 属性、count 属性、first 属性、last 属性）输出到页面。

在 IDEA 中启动项目后，在浏览器地址栏中访问 http://localhost：8080/WebTest/c_forTokens.jsp，浏览器显示的结果如图 9-11 所示。

图 9-11 文件 9-10 的运行结果

（7）<c:url>标签和<c:param>标签

<c:url>标签用于在 JSP 页面中构造一个新的 URL 地址，并实现 URL 重写。<c:param>标签一般嵌套在 <c:url>标签内，用于设置提交的参数。<c:url> 和 <c:param>标签的语法格式如下：

```
<c:url value="value" [context="context"] [var="varName"]
    [scope="{page|request|session|application}"]>
  <c:param name="name" value="value"></c:param>
</c:url>
```

在上述语法格式中，<c:url>标签中属性的具体含义如下：

① value 属性：指定要构造的 URL。

② context 属性：指定导入同一服务器下其他 Web 应用的名称。

③ var 属性：指定构造出的 URL 地址保存到域对象的属性名称。

④ scope 属性：指定构造出的 URL 地址保存的域对象。

<c:param>标签中属性的具体含义如下。

① name 属性：指定将要提交的参数名称。

② value 属性：指定将要提交的参数的值。

需要注意的是，除使用<c:param>标签提交参数以外，还可以通过<c:url>标签的 value 属性，将参数附加到要构造的 URL 中。

（8）<c:redirect>标签

<c:redirect>标签用于将请求重定向到其他 Web 资源，功能上等同于 response 对象的 sendRedirect()方法，其语法格式如下：

```
<c:redirect url="value" [context="context"]>
  <c:param name="name" value="value"></c:param>
</c:redirect>
```

在上述语法格式中，<c:redirect>标签中属性的具体含义如下。

① url 属性：指定重定向的目标资源的 URL 地址。

② context 属性：指定重定向到同一个服务器中其他 Web 应用的名称。

（9）<c:import>标签

<c:import>标签用于在 JSP 页面中导入一个 URL 地址指向的 Web 资源，功能上类似于<jsp:include>动作指令，其语法格式如下：

```
<c:import url="value" [var="varName"] [context="context"]
    [scope="{page|request|session|application}"]
    [charEncoding="charEncoding"]
</c:import>
```

在上述语法格式中，各个属性的具体含义如下。

① url 属性：指定要导入资源的 URL 地址。

② var 属性：指定导入资源保存在域对象中的属性名称。

③ context 属性：指定导入资源所属的同一个服务器中的 Web 应用的名称。

④ scope 属性：指定导入资源保存的域对象。

⑤ charEncoding 属性：指定导入的资源内容转化成字符串时所使用的字符集编码。

 上机指导

9-1　在 MyTest 项目中，使用 EL 和 JSTL 技术来显示用户列表，并在页面中进行分页和条件过滤，实现用户的年龄过滤功能。

第 10 章　Ajax 技术

- 掌握 Ajax 技术的定义和作用。
- 掌握使用 jQuery 提供的 Ajax 方法来简化 Ajax 的代码编写，包括 $.ajax( )、
$.get( )、$.post( )等方法的使用。
- 掌握 XMLHttpRequest 对象的使用方法，包括进行 Ajax 数据请求和响应的方法，以及发送 GET 或 POST 请求、处理响应数据等操作的方法。
- 了解 Ajax 常用的数据格式，如 HTML、JSON、XML 等；了解如何使用这些格式来处理数据。

　　Ajax（Asynchronous JavaScript and XML，异步 JavaScript 和 XML）是一种独立于 Web 服务器软件的浏览器技术，能被所有的主流浏览器支持。Ajax 应用程序独立于浏览器和平台。Ajax 在浏览器与 Web 服务器之间使用异步数据传输（HTTP请求），这样就可使网页从服务器请求少量的信息，而不是整个页面，即不需要重新加载页面就能与 Web 服务器交换数据，更新部分页面内容，产生局部刷新的效果，减轻服务器和网络的负担，减少用户的等待时间，提供更好的用户体验。使用 JavaScript 实现 Ajax 异步请求，不仅需要编写大量的 JavaScript 代码，还需要考虑浏览器的兼容性问题。而 jQuery 封装了这些复杂的细节，使得开发者能够更加简便地实现 Ajax 请求，因此大大简化了开发过程。本章将对 jQuery 实现 Ajax 请求进行详细介绍。

10.1　Ajax 概述

　　Ajax 不是一种新的编程语言，而是一种用于创建更好、更快以及交互性更强的 Web 应用程序的技术。Ajax 是 HTML CSS、JavaScript、DOM、XML、XSLT 以及 XMLHttpRequest 等多种技术的组合，主要包含：基于 Web 标准(standards-based presentation)HTML/XHTML+CSS 的表示；使用 DOM(Document Object Model)进行动态显示及交互；使用 XML 和 XSLT 进行数据交换及相关操作；使用 XMLHttpRequest 进行异步数据查询、检索；使用 JavaScript 将所有这些技术结合在一起。

　　在 Web 开发中，传统的请求方式是在页面跳转或者刷新时发出请求，每次发

出请求都会请求一个新的页面，即使刷新页面也要重新请求加载本页面。而 Ajax 异步请求方式不同于传统的请求方式，它是通过 Ajax 异步请求方式向服务器发出请求，得到数据后再通过 DOM 操作更新部分页面内容，整个过程不会发生页面跳转或刷新操作。Ajax 的工作原理如图 10-1 所示。

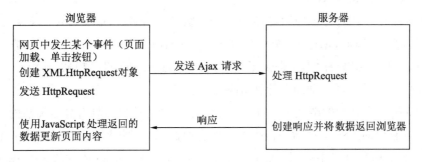

图 10-1　Ajax 的工作原理

Ajax 中最核心的是 XMLHttpRequest，它是一个具有应用程序接口的 JavaScript 对象，能够使用 HTTP 连接一个服务器，实现浏览器只同服务器进行数据层面的交换，而不用每次都刷新页面，也不用每次都将数据处理的工作交给服务器来完成。

Ajax 异步请求方式的优势主要有以下几点。

① 提升用户体验：Ajax 可以异步加载数据，不需要刷新整个页面，从而提升了用户体验。

② 减轻网络带宽的负担：只需要传输需要更新的数据，而不是整个页面，所以可以减轻网络带宽的负担。

③ 提升页面性能：Ajax 可以在后台异步地与服务器通信，因而不会阻塞页面的交互和渲染，故可以提高页面性能。

④ 动态更新数据：Ajax 可以动态地更新数据，实现与服务器之间的双向通信。这意味着，当服务器端的数据发生变化时，可以立即在客户端上进行更新。

⑤ 提升代码重用性：可以通过封装 Ajax 请求的代码，提高代码的重用性。

Ajax 的不足之处主要有以下几点。

① Ajax 破坏了浏览器的 Back 与 History 功能：在动态更新页面的情况下，用户无法回到前一页的页面状态，因为浏览器仅能记忆历史记录中的静态页面。

② 安全性问题：使用 Ajax 技术时，需要注意防止跨站脚本攻击（XSS）和跨站请求伪造（CSRF）等安全问题。

③ 对搜索引擎不友好：由于 Ajax 可以异步加载数据，而不是刷新整个页面，所以搜索引擎很难抓取 Ajax 请求返回的数据，这会影响搜索引擎的索引和页面的搜索引擎优化（SEO）。

由此可见，Ajax 可以提升用户体验、页面性能和代码重用性，但也存在一些不足，使用时需要注意其安全性和对搜索引擎的影响。

10.2 使用 jQuery 实现 Ajax

10.2.1 jQuery 简介

jQuery 是一款兼容多种浏览器的、轻量级的、开源的 JavaScript 代码库，其设计的宗旨是"Write Less，Do More"（写更少的代码，做更多的事情）。它封装了 JavaScript 常用的功能代码，提供了一种简便的 JavaScript 设计模式，优化了 HTML 文档操作、事件处理、动画设计和 Ajax 交互。

jQuery 具有独特的链式语法和短小清晰的多功能接口；具有高效灵活的 CSS 选择器，并且可对 CSS 选择器进行扩展；拥有便捷的插件扩展机制和丰富的插件。

在 Web 应用开发中使用 jQuery，需要下载和引入 jQuery 库文件，具体操作步骤如下。

（1）下载 jQuery 库文件

登录 jQuery 官网（https://jquery.com），在首页单击"Download jQuery"按钮，进入 jQuery 下载页面，单击"Download jQuery 3.7.1"超链接下载 jQuery 3.7.1 版本。需要注意的是，jQuery 文件的类型主要包括未压缩的开发版本和压缩后的生产版本。它们的区别在于，压缩版本删除了 jQuery 文件中的空白字符、注释、空行等与逻辑无关的内容，并进行了一系列优化，使得文件体积更小、加载速度更快。而未压缩版本的代码可读性更好。

（2）引入 jQuery 库文件

在项目中引入 jQuery 时，只需要把下载好的 jQuery 文件（如 jquery-3.7.1.min.js）拷贝到项目的 web\js 目录中，然后在项目的 HTML 或 JSP 文件中使用<script>标签引入即可，示例代码如下：

```html
<!--引入本地下载的 jQuery -->
<script src="js/jquery-3.7.1.min.js"></script>
```

除了引入下载好的 jQuery 文件，许多网站还提供了静态资源公共库，通过导入静态资源地址也可以引入 jQuery 文件，示例代码如下：

```html
<!--引入 CDN 加速的 jQuery -->
<script src="https://code.jquery.com/jquery-3.7.1.min.js">
</script>
```

10.2.2 jQuery 的常用操作

jQuery 的常用操作包括选择器的使用、DOM 操作、事件的绑定、链式编程、发送 Ajax 请求等。

（1）选择器的使用

jQuery 可以使用 CSS 选择器来获取 HTML 元素，$ 是 jQuery 的声明，示例代码如下：

```
<script>
    $("p") //获取所有 p 元素
    $("#myId") //获取 id 为 myId 的元素
    $(".myClass") //获取 class 为 myClass 的元素
</script>
```

（2）DOM 操作

jQuery 提供了一系列用于操作 DOM 的方法，示例代码如下：

```
<script>
    $("p").hide() //隐藏所有 p 元素
    $("p").show() //显示所有 p 元素
    //给所有 p 元素添加名为 myClass 的类(class)
    $("p").addClass("myClass")
    //在所有 p 元素中移除名为 myClass 的类(class)
    $("p").removeClass("myClass") </script>
```

（3）事件的绑定

jQuery 可以为 HTML 元素添加事件处理函数，示例代码如下：

```
<script>
    //为 button 元素绑定单击事件,参数是事件处理程序
    $("button").click(function(){
        $("p").hide();
    });
</script>
```

在上面的代码中，当 button 元素被单击时，会执行参数列表中的匿名函数，该函数会将所有 p 元素隐藏。

（4）链式编程

jQuery 中支持多个方法链式调用的形式，让开发者在实现相同功能的情况下，编写最少的代码。示例代码如下：

```
<script>
    //将 ul 中索引为 2 的 li 元素的内容设置为 jQuery
    $("ul").find("li").eq(2).html("jQuery");
</script>
```

（5）发送 Ajax 请求

jQuery 可以用于发送 Ajax 请求，示例代码如下：

```
<script>
    $.ajax({
        url: "example.com",
        method: "POST",
        data: {name: "Catalina", age: 25},
        success: function(response){
          console.log(response);
        },
        error: function(error){
          console.log(error);
        }
    });
</script>
```

在上面的代码中，使用 jQuery 发送了一个 POST 请求到 example.com，发送了一些数据，当请求成功时，会执行 success 函数，并将 API 的响应作为参数传递给它；当请求失败时，会执行 error 函数，并将错误信息作为参数传递给它。

以上是 jQuery 的常用操作，jQuery 提供了非常丰富的 API，用于 DOM 操作、事件处理、Ajax 交互等，根据具体的需求可以使用不同的 API 进行开发。

10.2.3　jQuery 中的 load( ) 方法

jQuery 是封装了 JavaScript 代码的框架库，使用它可以简化 JavaScript 代码的编写，减少代码量，提高开发效率。jQuery 提供了一系列向服务器请求数据的方法，常用的 Ajax 请求方法有 load( )、$.get( )、$.post( )、$.ajax( )、$.getJSON( ) 和 $.getScript( ) 等。

jQuery 中的 load( ) 方法可以加载 HTML 内容到指定的元素中，包括 css 文件、js 文件、html 文件及 images 等其他文件。一般情况下，load( ) 方法的参数可以是文件名、URL 以及选择器等，该方法的基本语法格式如下：

```
load(url[,data][,callback]);
```

在上述语法格式中，各个参数的具体含义如下：

① url 是必选参数，指定请求资源的 URL 路径。

② data 是可选参数，指定跟随请求一同发送至服务器的数据。

③ callback 也是可选参数，表示在内容加载完成后执行的操作。

需要注意的是，使用 load( ) 方法发送请求时，有两种请求模式，一种是 GET 请求，另一种是 POST 请求，由 data 参数的值决定是哪一种请求。若 load( ) 方法没有向服务器传递参数，就是 GET 请求，否则就是 POST 请求。

下面通过一个案例演示 load( )方法的使用。

第一步，在 WebTest 项目的 web 目录中创建一个名称为 js 的 Directory，然后将压缩版的 jQuery 库文件（jquery-3.7.1.min.js）拷贝到\web\js\目录中。

第二步，在 WebTest 项目的 web 目录中创建一个名称为 load 的 JSP 文件，该文件用于演示使用 Ajax 实现异步数据请求。具体代码如文件 10-1 所示。

文件 10-1 load.jsp

```
1  <%@ page contentType="text/html;charset=UTF-8" language="java" %>
2  <html>
3  <head>
4   <title>jQuery 中的 load()方法</title>
5   <script src="js/jquery-3.7.1.min.js"></script>
6   <script>
7     $(document).ready(function () {
8       window.setInterval("$('.getDate').load('date.jsp');", 1000);
9     });
10  </script>
11 </head>
12 <body>
13  <h3>jQuery 中的 load()方法</h3>
14  <div class="getDate"></div>
15  <div id="box"></div>
16  <button id="btn">加载数据</button>
17  <script>
18    $("#btn").click(function () {
19      $("#box").load("http://localhost:8080/WebTest/LoadServlet"
20           ,{username:"admin", password:"123456"}
21           ,function (responseData, status, xhr){
22             console.log(responseData);//输出响应的数据
23             console.log(status);//输出请求的状态
24             console.log(xhr);//输出 XMLHttpRequest 对象
25           });
26    });
27  </script>
28 </body>
29 </html>
```

223

在文件 10-1 中，第 5 行代码通过 <script> 标签引入 jquery-3.7.1.min.js 库文件。第 7 行代码中的 $ (document).ready() 保证所要执行的代码是在 DOM 元素被加载完成的情况下执行。第 8 行代码是当 DOM 加载完成后，每隔 1 秒使用 Ajax 异步请求更新页面上 class 属性名称为"getDate"的元素的内容，请求的服务器资源是 date.jsp（文件 3-5），请求时未发送请求参数。第 18 行代码是按钮绑定单击事件，单击 id 属性名称为"btn"的元素时执行 18-26 行的事件代码。第 19-25 行代码是使用 Ajax 异步请求的 load() 方法，更新页面上 id 属性名称为"box"的元素的内容，请求的服务器资源是 LoadServlet。第 20 行代码是与 Ajax 请求一同发送给服务器的数据，请求参数为 username 和 password；第 21-25 行代码是 load() 方法的回调函数，该函数在请求数据加载完成后执行，用于获取本次请求的相关信息，在浏览器的控制台输出回调函数的 3 个参数，即响应的数据、请求状态和 XML HttpRequest 对象，其中 status 请求状态共有 5 种，分别为 success（成功）、not-modified（未修改）、error（错误）、timeout（超时）和 parsererror（解析错误）。

第三步，在 WebTest 项目的 cn.cz.servlet 包中创建一个名称为 LoadServlet 的 Servlet 文件，该文件用于处理 load.jsp 页面的 Ajax 请求，并做出响应。具体代码如文件 10-2 所示。

文件 10-2　LoadServlet.java

```
1   packagecn.cz.servlet;
2   import javax.servlet.*;
3   import javax.servlet.http.*;
4   import javax.servlet.annotation.*;
5   import java.io.IOException;
6   @WebServlet(name = "LoadServlet", value = "/LoadServlet")
7   public class LoadServlet extends HttpServlet {
8       @Override
9       protected void doGet(HttpServletRequest request,
10      HttpServletResponse response) throws
11      ServletException, IOException {
12              this.doPost(request, response);
13          }
14          @Override
15          protected void doPost(HttpServletRequest request,
16          HttpServletResponse response) throws
17          ServletException, IOException {
18              response.setContentType("text/html;charset=UTF-8");
19              // 获取 load.jsp 页面 Ajax 异步请求发送的数据
```

```
20          String username = request.getParameter("username");
21          String password = request.getParameter("password");
22          response.getWriter().println("用户名:" + username
23          + ",密码:" + password + "<br/><br/>");
24      }
25  }
```

在文件 10-2 中，第 20~21 行代码用于获取 load.jsp 页面的 Ajax 请求发送的数据。第 22~23 行代码调用 response 的 getWriter( ) 方法在页面输出数据，从而检测服务器是否接收到 load( ) 方法发送的数据。

在 IDEA 中启动项目后，在浏览器地址栏中访问 http://localhost：8080/WebTest/load.jsp，浏览器显示的结果如图 10-2 所示。

图 10-2　文件 10-1 的运行结果（1）

由图 10-2 可知，load.jsp 页面发送了 Ajax 异步请求，请求的资源 date.jsp 显示在 load.jsp 页面里，每隔 1 秒发送一次 Ajax 请求，页面的局部内容不断更新。从页面显示效果可以看出，load.jsp 页面并没有刷新，只是更新了时间，从而验证了使用 Ajax 请求方式的优势，提升了用户体验。

在图 10-2 所示页面中，打开"开发者工具"并打开控制台，然后单击页面中的"加载数据"按钮，将执行按钮绑定的单击事件代码，更新 id 名称为"box"元素的内容，并在浏览器控制台中输出本次请求的相关信息，浏览器显示的结果如图 10-3 所示。

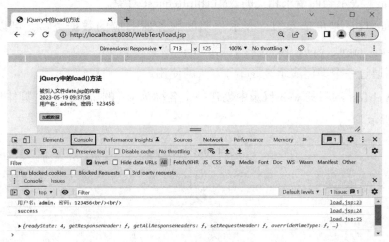

图 10-3　文件 10-1 的运行结果（2）

由图 10-3 可知，浏览器控制台的输出结果依次是响应的数据、请求状态和本次请求对应的 XMLHttpRequest 对象。

10.2.4 发送 GET 请求和 POST 请求

在 jQuery 中，虽然使用 load() 方法可以根据提供的参数发送 GET 请求或 POST 请求，但是该方法有一定的局限性，它是一个局部方法，需要一个包含元素的 jQuery 对象作为调用对象，并且会将返回的内容加载到对象中，即使设置了回调函数仍然会加载。为此，jQuery 提供了用于发送 GET 请求和 POST 请求的方法，分别为 $.get() 和 $.post() 方法，它们是全局方法，无须指定某个元素作为调用对象。

从用途上来讲，load() 方法适用于静态文件的异步获取，而对于需要传递参数到服务器页面的 Ajax 请求，使用 $.get() 和 $.post() 方法更加合适。

（1）$.get() 方法

jQuery 中的 $.get() 方法用于通过 GET 方式进行异步请求，其语法格式如下：

```
$.get(url [,data] [,function(data,status,xhr)] [,dataType])
```

在上述语法格式中，各个参数的具体含义如下：

① url 是必选参数，指定请求资源的 URL 路径。

② data 是可选参数，指定跟随请求一同发送至服务器的 key/value 数据。Data 参数会自动添加到 URL 地址中，同名参数不会自动合并。

③ function(data,status,xhr) 是可选参数，表示请求成功时执行的回调函数，该函数中的参数的含义如下。

● data：保存从服务器返回的数据。

● status：是请求状态码，共有 5 种，分别为 success（成功）、notmodified（未修改）、error（错误）、timeout（超时）和 parsererror（解析错误）。

● xhr：表示当前请求相关的 XMLHttpRequest 对象。

④ dataType 是可选参数，表示预期的服务器响应的数据类型，可以是 xml、html、text、script、json、jsonp，默认为 html。

下面通过一个案例演示 $.get() 方法的使用。

在 WebTest 项目的 web 目录中创建一个名称为 get 的 JSP 文件，具体代码如文件 10-3 所示。

文件 10-3　get.jsp

```
1  <%@ page contentType="text/html;charset=UTF-8" language="java" %>
2  <html>
3  <head>
4      <title>jQuery 中的 $.get() 方法</title>
```

```
5        <script src="js/jquery-3.7.1.min.js"></script>
6    </head>
7    <body>
8      <div id="box"></div>
9      <button id="btn">加载数据</button>
10     <script>
11       $("#btn").click(function () {
12         $.get("http://localhost:8080/WebTest/LoadServlet"
13                 ,{username:"admin", password:"123456"}
14                 ,function (data){
15                     $("#box").html(data)} //输出响应的数据
16                 ,"html");
17       });
18     </script>
19   </body>
20   </html>
```

在文件 10-3 中，第 11~17 行代码是按钮绑定单击事件，当单击 id 属性名称为 "btn" 的元素时执行第 12~16 行的事件代码。第 12~16 行代码是使用 Ajax 异步请求的 $.get( )方法，更新页面上 id 属性名称为 "box" 的元素的内容，请求的服务器资源是 LoadServlet（文件 10-2）。第 13 行代码是与 Ajax 请求一同发送给服务器的数据，请求参数为 username 和 password。第 14~15 行代码是 $.get( )方法的回调函数，该函数在请求数据加载完成后执行，用于获取本次请求的相关信息。第 16 行代码是预期的服务器响应的数据类型为 HTML。

在 IDEA 中启动项目后，在浏览器地址栏中访问 http://localhost:8080/WebTest/get.jsp，单击页面中的 "加载数据" 按钮后，浏览器显示的结果如图 10-4 所示。

图 10-4　文件 10-3 的运行结果

（2）$.post( )方法

jQuery 中发送 POST 请求方式调用 $.post( )方法。该方法与 $.get( )方法的使用方式完全相同，只是请求方式不同、方法名不同。

将文件 10-3 中第 12 行的 $.get()方法替换为 $.post()方法,然后在 IDEA 中重启项目,在浏览器地址栏中访问 http://localhost:8080/WebTest/get.jsp,单击页面中的"加载数据"按钮后,浏览器显示的结果与图 10-4 相同。

10.2.5 服务器返回的数据格式

jQuery 中服务器处理完客户端的 Ajax 请求后,服务器返回的数据都会遵循一定的格式,如 XML、JSON 和 TEXT 等。按照一定格式保存数据,可以确保 JavaScript 程序能够正确解析、识别返回的数据。在 Ajax 请求中,常用的数据格式有 HTML 和 JSON。

(1) HTML

如果返回的数据格式为 HTML,在回调函数中数据不需要进行任何处理就可以直接使用,而且在服务器端也不需要做过多的处理。例如,在文件 10-3 中,使用 $.get()方法与服务器进行交互,第 15 行输出服务器返回的数据时,由于在回调函数处理后返回数据类型为 HTML 的数据,因此不需要进行任何处理,直接应用在 html()方法中即可。在 Servlet 中也不必对处理后的数据进行任何加工,只需要设置响应的内容类型为 text/html 即可。

需要注意的是,使用 HTML 作为返回的数据类型,实现起来比较简单,但是这种数据类型不一定能在其他的 Web 程序中得到重用。

(2) JSON

JSON(JavaScript 对象表示法)是一种轻量级的数据交换格式,不仅易于阅读和编写,而且易于机器的解析和生成,读取的速度也非常快。JSON 是比 XML 更简单的一种数据交换格式,它采用完全独立于编程语言的文本格式来存储和表示数据。JSON 适用于进行数据交互的场景,如网站前端与后端之间的数据交互。

JSON 有两种数据格式,一种是对象,为 key/value(键值对)形式的映射;另一种是数组,为值的有序列表。JSON 没有变量或其他控制,只用于数据传输。

JSON 对象的语法格式如下:

```
{"属性名 1":属性值 1,"属性名 2":属性值 2,……,"属性名 n":属性值 n}
```

需要注意的是,JSON 对象的属性名称和字符串值必须用双引号引起来,用单引号或者不用引号会导致读取数据错误。属性值可以是字符串、数字、布尔值、null、对象和数组。

JSON 对象的具体示例代码如下:

```
{"companyname":"cz","address":"jiangsu"}
```

JSON 数组的语法格式如下:

```
{"数组名":[JSON 对象 1,JSON 对象 2,……,JSON 对象 n]}
```

JSON 数组的具体示例代码如下：

```
{"member":[{"name":"admin", "address":"jiangsu"},
           {"name":"guest", "address":"jiangsu"}]
}
```

下面通过一个案例演示 JSON 数据的传输与获取。

第一步，下载并导入 JAR 包。要使用 JOSN 数据格式必须导入对应的 JAR 包，这里需要使用到 6 个 JAR 包，分别是 commons-beanutils-1.9.4.jar、commons-collections-3.2.1.jar、commons-lang-2.6.jar、commons-logging-1.2.jar、ezmorph-1.0.6.jar 和 json-lib-2.4-jdk15.jar。这些 JAR 包可以在 Maven 官网下载，本书的配套资源中已提供。下载完成后，将这 6 个 JAR 包复制到 WebTest 项目的\WEB-INF\lib 目录下，并将这 6 个 JAR 包加载到项目中。

第二步，在 WebTest 项目的 cn.cz.domain 包中已创建有 User 类（文件 6-3），在该类中定义了 userid、username 和 password 共 3 个属性，并实现了 getter 和 setter 方法。

第三步，在 WebTest 项目的 cn.cz.servlet 包中创建一个名称为 JsonServlet 的 Servlet，用于向前端页面传输 JSON 数据。具体代码如文件 10-4 所示。

文件 10-4　JsonServlet.java

```
1   packagecn.cz.servlet;
2   import cn.cz.dao.impl.DbUtilsUserDaoImpl;
3   import cn.cz.domain.User;
4   import net.sf.json.JSONArray;
5   import javax.servlet.*;
6   import javax.servlet.http.*;
7   import javax.servlet.annotation.*;
8   import java.io.IOException;
9   import java.util.ArrayList;
10  @WebServlet(name = "JsonServlet", value = "/JsonServlet")
11  public class JsonServlet extends HttpServlet {
12      @Override
13      protected void doGet(HttpServletRequest request,
14      HttpServletResponse response) throws
15      ServletException, IOException {
16          this.doPost(request, response);
17      }
18      @Override
```

```
19    protected void doPost(HttpServletRequest request,
20    HttpServletResponse response) throws
21    ServletException, IOException {
22        response.setContentType("text/html;charset=UTF-8");
23        //创建对象
24        DbUtilsUserDaoImpl userDao = new DbUtilsUserDaoImpl();
25        ArrayList<User> userlist = new ArrayList<User>();
26        //在 tb_user 数据表中查找所有用户信息,保存到 userlist 集合中
27        userlist = userDao.findAll();
28        //创建 JSONArray 对象
29        JSONArray jsonArray = JSONArray.fromObject(userlist);
30        response.getWriter().println(jsonArray);
31    }
32 }
```

在文件 10-4 中,第 27 行代码使用 DBUtils 查询工具类在 bookmanager 数据库的 tb_user 表中查询所有用户信息,查询结果保存在 userlist 集合中;第 29 行代码创建了 JSONArray 对象,并调用 fromObject() 方法将 userlist 集合转换为 JSON 格式的数据;第 30 行代码中 jsonArray 就是返回给浏览器的响应数据。

第四步,在 WebTest 项目的 web 目录中创建一个名称为 json 的 JSP 文件,用于获取 JSON 格式的数据。具体代码如文件 10-5 所示。

文件 10-5　json. jsp

```
1  <%@ page contentType="text/html;charset=UTF-8" language="java" %>
2  <html>
3  <head>
4    <title>JSON 数据</title>
5    <script src="js/jquery-3.7.1.min.js"></script>
6  </head>
7  <body>
8  <button id="btn">查询 user 表</button><br/><br/>
9  <table id="dataTable" border="1" cellpadding="0" cellspacing="0">
10   <tr>
11     <th>密码</th>
12     <th>用户 ID</th>
13     <th>用户名</th>
14   </tr>
15 </table>
```

```
16  <script type="text/javascript">
17    $('#btn').click(function() {
18      $.getJSON('http://localhost:8080/WebTest/JsonServlet',
19         function(data) {
20            var html = '';
21            for (var user in data) {
22              html += '<tr>';
23              for (var key in data[user]) {
24                html += '<td>' + data[user][key] + '</td>';
25              }
26              html += '</tr>';
27            }
28            $('#dataTable').append(html);
29         });
30    });
31  </script>
32  </body>
33  </html>
```

在文件 10-5 中，第 18~29 行代码使用 $.getJSON( )方法发送 Ajax 请求，请求的服务器资源是 JSONServlet，返回 JSON 格式的数据；第 21~27 行代码通过循环遍历来获取服务器返回的 JSON 数据，将获取的信息拼接成 HTML 字符串，以便指定页面输出格式；第 28 行代码调用 append( )方法将拼接的 JSP 内容插入页面中。

在 IDEA 中启动项目后，在浏览器地址栏中访问 http://localhost:8080/WebTest/json.jsp，单击页面中的"查询 tb_user 表"按钮后，浏览器显示的结果如图 10-5 所示。

图 10-5　文件 10-5 的运行结果

上机指导

10-1　在 MyTest 项目中，通过 AJAX 技术的动态加载数据功能，实现无刷新动态更新显示用户列表页面。

第 11 章　Servlet 的高级特性

学习目标

● 掌握编写 Servlet 过滤器和监听器的方法，了解过滤器的作用和使用场景，掌握监听器对 Servlet 生命周期和 Web 应用事件的监控和响应操作。

● 掌握在 Servlet 中实现文件上传和下载的技巧，掌握处理文件上传表单、读取上传文件内容、发送下载文件等操作。

Servlet 规范有三个高级特性，分别是过滤器（Filter）、监听器（Listener）以及文件的上传和下载。Filter 用于拦截用户请求，并在服务器做出响应前对 request 和 response 进行修改，实现开发者需要的多种功能。Listener 用于监听客户端的请求、服务器端的操作等。使用 Servlet 中的这三个特性能够轻松地解决一些特殊问题。

11.1　Filter

11.1.1　Filter 简介

Filter 在 Servlet 技术中非常实用，它可以在用户请求资源时进行拦截，执行一系列操作，如统计、过滤敏感词、处理中文乱码、权限校验等，然后再将请求放行，继续交给目标 Servlet 或 JSP 进行处理。过滤器提供了一种灵活的方式来实现跨多个请求的功能。使用 Filter 技术能够对 Web 服务器管理的所有 Web 资源进行拦截，从而实现一些特殊的功能。

当用户请求某个 Servlet 时，会先执行部署在这个请求上的 Filter，如果 Filter "放行"，就会继续执行用户请求的 Servlet；如果 Filter "不放行"，就不会执行用户请求的 Servlet。当执行完成 Servlet 的代码后，还会执行 Filter 后面的代码。

Servlet API 中提供了一个 Filter 接口，开发 Web 应用时，如果编写的 Java 类实现了这个接口，则把这个 Java 类称为过滤器（Filter）。通过 Filter 技术，开发人员可以实现用户在访问某个目标资源之前，对访问的请求和响应进行拦截。若 Web 应用中使用一个过滤器不能满足实际业务的需求，则可以部署多个过滤器对业务请求进行多次拦截处理，这样就组成一个过滤器链。Filter 链的拦截过程如图 11-1 所示。

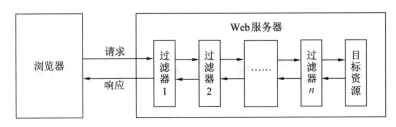

图 11-1　Filter 链在 Web 应用中的拦截过程

图 11-1 展示了 Filter 链在 Web 应用中的拦截过程。当客户端对服务器资源发送请求时，服务器会根据过滤器规则进行检查，如果客户的请求满足过滤规则，则对客户请求进行拦截，对请求头和请求数据进行检查或修改，并依次通过 Filter 链，最后把过滤后的请求交给目标资源进行处理。目标资源在处理完请求后，将响应消息再从最后一个过滤器依次传递到第一个过滤器，最后传递到浏览器。请求信息在过滤器链中可以被修改，也可以根据客户端的请求条件不将请求发往目标资源。

Filter 除了可以实现拦截功能，还可以提升程序的性能。在 Web 开发时，不同的 Web 资源中的过滤操作可以放在同一个 Filter 中完成，提升了代码重用性，从而提升了程序的性能。

11.1.2　Filter 相关的 API

Filter 相关的接口有 3 个，分别是 Filter、FilterConfig 和 FilterChain 接口，它们都位于 javax.servlet 包中。Filter 接口是编写过滤器必须实现的接口；FilterConfig 接口用于封装 Filter 的配置信息；FilterChain 接口是过滤器的传递工具。

（1）Filter 接口

在 Web 开发中，定义过滤器类必须实现过滤器接口，Filter 接口中定义了 3 个方法，分别为 init()、doFilter()、destroy() 方法，具体如表 11-1 所示。

表 11-1　Filter 接口的方法

方法声明	功能描述
init(FilterConfig var1)	该方法用于 Filter 的初始化，创建 Filter 实例时调用该方法。其参数 var1 用于读取 Filter 的初始化参数
doFilter(ServletRequest var1, ServletResponse var2, FilterChain var3)	该方法用于完成实际的过滤操作，当浏览器的请求满足过滤规则时，Servlet 容器将调用过滤器的 doFilter() 方法完成实际的过滤操作。参数 var1 和 var2 为 Web 服务器或 Filter 链中的上一个 Filter 传递过来的请求和响应对象；参数 var3 代表当前 Filter 链的对象
destroy()	该方法用于释放被 Filter 对象打开的资源，例如关闭数据库连接和 I/O 流。该方法在 Web 服务器释放 Filter 对象之前被调用

（2）FilterConfig 接口

FilterConfig 接口由 Servlet 容器实现，用于封装 Filter 的配置信息，在 Filter 初始化时，服务器将 FilterConfig 对象作为参数传递给 Filter 对象的 init（）方法。FilterConfig 接口的方法具体如表 11-2 所示。

表 11-2　FilterConfig 接口的方法

方法声明	功能描述
String getFilterName（）	获取 Filter 的名称
ServletContext getServletContext（）	获取 FilterConfig 对象中封装的 ServletContext 对象
String getInitParameter（String var1）	获取名称为 var1 的初始化参数的值
Enumeration<String> getInitParameterNames（）	获取 Filter 的所有初始化参数的名称

（3）FilterChain 接口

FilterChain 接口也由 Servlet 容器实现，该接口中仅定义了一个 doFilter（）方法，其语法格式声明如下：

```
void doFilter（ServletRequest var1, ServletResponse var2）throws
IOException, ServletException
```

此方法用于将过滤后的请求传递给下一个过滤器，如果此过滤器已经是 Filter 链中的最后一个过滤器，则请求将传递给目标资源。

11.1.3　Filter 的生命周期

Filter 的生命周期指的是 Filter 对象从创建到执行再到销毁的过程。同 Servlet 一样，Filter 的创建和销毁由 Web 服务器负责，关闭服务器时销毁 Filter 实例。Filter 的生命周期可分为创建、执行、销毁 3 个阶段。

（1）创建阶段

Web 应用程序启动时，Web 服务器将创建 Filter 的实例对象，并调用其 init（）方法，读取 Filter 的配置信息，完成对象的初始化，为后续的用户请求做好拦截的准备工作。需要注意的是，Filter 对象只会创建一次，init（）方法也只会执行一次。通过 init（）方法的参数，可获得代表当前 Filter 配置信息的 FilterConfig 对象。

（2）执行阶段

当客户请求访问与过滤器关联的 URL 的时候，Servlet 过滤器将先执行 doFilter（）方法。FilterChain 参数用于访问后续过滤器。在一次完整的请求中，doFilter（）方法可以执行多次。

Filter 接口中有一个 doFilter（）方法，当开发人员编写好 Filter，并配置对哪个 Web 资源进行拦截后，Web 服务器每次在调用 Web 资源的 service（）方法之前，都会先调用 Filter 的 doFilter() 方法。因此，在 doFilter() 方法中可以实现如下目标：

① 调用目标资源之前，先执行某些预处理的操作。

② 是否调用目标资源（即是否让用户访问 Web 资源）。

在 Web 服务器调用 doFilter() 方法时，会传递一个 FilterChain 对象作为参数。FilterChain 对象是 Filter 接口中最为重要的组成部分，它提供了一个 doFilter() 方法。开发人员可以根据实际需求，决定是否调用该方法。如果调用 doFilter() 方法，Web 服务器将进一步调用 Web 资源的 service() 方法，进而访问该 Web 资源；如果不调用 doFilter() 方法，则 Web 资源将不会被访问。

在一个 Web 应用中，可以开发编写多个 Filter，这些 Filter 组合起来称为 Filter 链。若是通过 web.xml 文件注册的 Filter，则 Web 服务器根据 Filter 在 web.xml 文件中的注册顺序决定先调用哪个 Filter。若是通过注解@ WebFilter 注册的 Filter，则其执行顺序与类名有关，按照类名的字典序执行。当第一个 Filter 的 doFilter() 方法被调用时，Web 服务器会创建一个代表 Filter 链的 FilterChain 对象传递给该方法。在 doFilter() 方法中，开发人员如果调用了 FilterChain 对象的 doFilter() 方法，则 Web 服务器会检查 FilterChain 对象中是否还有 Filter：如果有，则调用第 2 个 Filter；如果没有，则调用目标资源。

Filter 的拦截行为有 5 种，分别是 REQUEST、FORWARD、INCLUDE、ERROR、ASYNC，默认值为 REQUEST。这 5 种拦截行为的具体作用如下。

① REQUEST：拦截直接 URL 请求方式。

② FORWARD：拦截请求转发方式。

③ INCLUDE：拦截请求包含方式。

④ ERROR：拦截错误转发方式。

⑤ ASYNC：拦截异步请求方式。

在 Servlet 3.0 中，可以使用注解@ WebFilter 配置 Filter 的拦截行为，也可以在 web.xml 的<filter-mapping>元素中使用<dispatcher>元素配置 Filter 的拦截行为。

（3）销毁阶段

Filter 对象创建后会驻留在内存中，在 Web 应用移除或服务器停止响应时才被销毁。destory() 方法在 Web 容器卸载 Filter 对象之前被调用，该方法在 Filter 的生命周期中仅执行一次。在这个方法中，可以释放过滤器使用的资源。

11.1.4　Filter 开发

Filter 开发分为两步。第一步，编写 Java 类实现 Filter 接口，并实现其 doFilter() 方法。第二步，在 web.xml 文件中使用<filter>和<filter-mapping>元素对编写的 filter 类进行注册，并设置它所能拦截的资源。在 Servlet 3.0 及之后，还可以使用注解@ WebFilter 配置 Filter。注解@ WebFilter 的常用属性如表 11-3 所示。

表 11-3 注解 @WebFilter 的常用属性

属性名	类型	描述
filterName	String	指定过滤器的名称，该元素的内容不能为空，默认值是 Filter 类的名称
urlPatterns	String[ ]	设置 Filter 所拦截的请求路径。例如，"/ ∗" 表示拦截所有 URL 路径
value	String[ ]	该属性等价于 urlPatterns。注意，urlPatterns 和 value 不能同时使用
dispatcherTypes	DispatcherType[ ]	指定 Filter 对哪种方式的请求进行过滤，支持的属性有 REQUEST、FORWARD、INCLUDE、ERROR、ASYNC，可配置多个，默认值为 REQUEST
initParams	WebInitParam[ ]	指定过滤器的一组初始化参数，它的子元素 name 指定参数的名称，value 指定参数的值
servletNames	String[ ]	该属性可以指定多个 Servlet 名称，用于指定该 Filter 仅对这些 Servlet 进行过滤
asyncSupported	boolean	指定该 Filter 是否支持异步操作模式，默认值为 false

下面通过一个案例演示 Filter 在过滤页面敏感词中的使用。

Web 应用的功能模块中若有留言板块，则不可避免地需要实现敏感词的过滤功能。通过 SensitiveFilter 拦截用户提交的请求，先进行中文乱码处理，再转义请求内容中的 html 标签，然后将请求中的留言内容与文本文档中的敏感词比对，并将敏感词逐一替换成 "∗∗∗∗"，从而实现对请求中的留言内容进行过滤。过滤后再将请求传递给目标资源，目标资源完成响应后，将响应消息传递给 SensitiveFilter 进行过滤处理，最后将过滤后的响应内容传递给浏览器，最终实现页面中敏感词的过滤。

要实现使用 Filter 来过滤页面中的敏感词，需要有以下几个文件。

➢ 一个 Filter 实现类（SensitiveFilter. java），这个 Filter 类用于对浏览器的请求进行过滤处理，处理中文乱码问题，转义内容中的 html 标签，页面内容中的敏感词用 "∗∗∗∗" 来替换，然后将过滤后的请求转发给 SensitiveServlet 去处理。

➢ 一个文本文档（sensitiveWord. txt），里面存放想要过滤的敏感词。

➢ 一个 JSP 页面（sensitive. jsp），它是留言页面，用于测试过滤敏感词的功能。

➢ 一个 Servlet（SensitiveServlet. java），它是目标资源，用于接收客户端的请求数据，然后调用 service( ) 方法处理数据并生成响应结果。

该案例实现的具体步骤如下。

（1）编写 Filter 类实现 Filter 接口

在 WebTest 项目的 src 目录中创建一个名称为 cn. cz. filter 的包，在该包中创建一个名称为 SensitiveFilter 的 Web Filter，具体代码如文件 11-1 所示。

文件 11-1　SensitiveFilter. java

```
1  packagecn.cz.filter;
2  import javax.servlet. * ;
3  import javax.servlet.annotation.WebFilter;
4  import javax.servlet.annotation.WebInitParam;
5  import javax.servlet.http.HttpServletRequest;
6  import javax.servlet.http.HttpServletRequestWrapper;
7  import javax.servlet.http.HttpServletResponse;
8  import java.io. * ;
9  import java.util.ArrayList;
10 import java.util.List;
11 /* *
12  * @ClassName: SensitiveFilter
13  * @Description: 这个过滤器用于处理中文乱码问题,转义内容中的 html 标签,
14  * 过滤内容中的敏感字符
15  * /
16 @WebFilter(filterName = "SensitiveFilter", urlPatterns = "/* "
17         ,initParams = {@WebInitParam(name = "charset"
18         ,value = "UTF-8")
19          ,@WebInitParam(name = "sensitiveWord"
20          ,value = "/sensitiveWord.txt") })
21 public class SensitiveFilter implements Filter {
22     private FilterConfig filterConfig = null;
23     //设置默认的字符编码
24     private String defaultCharset = "UTF-8";
25     @Override
26     public void init(FilterConfig filterConfig)
27 throws ServletException {
28         //得到过滤器的初始化配置信息
29         this.filterConfig = filterConfig;
30     }
31     @Override
32     public void doFilter(ServletRequest servletRequest,
```

```
33      ServletResponse servletResponse, FilterChain filterChain)
34      throws IOException, ServletException {
35          HttpServletRequest request =
36              (HttpServletRequest) servletRequest;
37          HttpServletResponse response =
38              (HttpServletResponse) servletResponse;
39          //得到 Servlet 中配置的字符编码
40          String charset = filterConfig.getInitParameter("charset");
41          if(charset==null){
42              charset = defaultCharset;
43          }
44          request.setCharacterEncoding(charset);
45          response.setContentType("text/html;charset=" + charset);
46          SensitiveRequest requestWrapper =
47              new SensitiveRequest(request);
48          filterChain.doFilter(requestWrapper, response);
49      }
50      @Override
51      public void destroy() {
52      }
53      class SensitiveRequest extends HttpServletRequestWrapper {
54          private List<String> sensitiveWords = getSensitiveWords();
55          //定义一个变量记住被增强对象(request 对象是需要被增强的对象)
56          private HttpServletRequest request;
57          //定义一个构造函数,接收被增强对象
58          public SensitiveRequest(HttpServletRequest request) {
59              super(request);
60              this.request = request;
61          }
62          @Override
63          public String getParameter(String name) {
64              try{
65                  //获取用户提交的参数的值
66                  String value= this.request.getParameter(name);
67                  if(value==null){
68                      return null;
69                  }
70                  value= filter(value);//转义请求内容中的 HTML 标签
```

```java
71              for(String sensitiveWord : sensitiveWords){
72                  if(value.contains(sensitiveWord)){
73                      System.out.println("内容中包含敏感词:"
74      +sensitiveWord+ ",将会被替换成****");
75                      //替换敏感字符
76                      value = value.replace(sensitiveWord, "****");
77                  }
78              }
79              return value;
80          }catch (Exception e) {
81              throw new RuntimeException(e);
82          }
83      }
84      /**
85       * @Method: filter
86       * @Description: 过滤内容中的html标签
87       * @param value
88       * @return
89       */
90      public String filter(String value) {
91          if (value == null){
92              return null;
93          }
94          char content[] = new char[value.length()];
95          value.getChars(0, value.length(), content, 0);
96          StringBuffer result = new StringBuffer(
97          content.length + 50);
98          for (int i = 0; i < content.length; i++) {
99              switch (content[i]) {
100                 case '<':
101                     result.append("&lt;");
102                     break;
103                 case '>':
104                     result.append("&gt;");
105                     break;
106                 case '&':
107                     result.append("&amp;");
```

```
108                     break;
109                 case '"':
110                     result.append("&quot;");
111                     break;
112                 default:
113                     result.append(content[i]);
114             }
115         }
116     return (result.toString());
117 }
118 /**
119  * @Method: getSensitiveWords
120  * @Description: 获取敏感字符
121  * @return
122  */
123 private List<String> getSensitiveWords(){
124     List<String> sensitiveWords = new ArrayList<String>();
125     String sensitiveWordPath =
126         filterConfig.getInitParameter("sensitiveWord");
127     InputStream inputStream =
128         filterConfig.getServletContext()
129             .getResourceAsStream(sensitiveWordPath);
130     InputStreamReader is = null;
131     try {
132     is = new InputStreamReader(
133     inputStream,defaultCharset);
134         } catch (UnsupportedEncodingException e2) {
135             e2.printStackTrace();
136         }
137         BufferedReader reader = new BufferedReader(is);
138         String line;
139         try {
140             while ((line = reader.readLine())!= null) {
141                 sensitiveWords.add(line);
142             }
143         } catch (IOException e) {
144             e.printStackTrace();
```

```
145                  }
146                  return sensitiveWords;
147              }
148          }
149      }
```

在文件 11-1 中，第 16-20 行代码使用注解@ WebFilter 配置 Filter，过滤器的名称为 SensitiveFilter，urlPatterns 的值设置为 "/ * "，所以该过滤器会拦截所有的本站 Web 资源，该过滤器设置了两个初始化参数，参数名称分别为 charset 和 sensitiveWord，参数值分别为 UTF-8 和/sensitiveWord. txt。第 35-38 行代码将传递的 servletRequest 对象和 servletResponse 对象转化为自定义的 request 对象和 response 对象。第 40 行代码是获取@ WebFilter 注解配置的参数名为 charset 的参数值。第 41-43 行代码表示若初始化参数 charset 的值为 null，则设置其值为 UTF-8。第 44-45 行代码是处理请求和响应消息中的中文乱码。第 46-47 行代码表示由于 HttpServletRequest 对象的参数是不可改变的，可以利用 HttpServletRequestWrapper 包装 HttpServletRequest，在 Wrapper 中实现参数的修改，然后用 HttpServletRequestWrapper 替换 HttpServletRequest，这样就实现了参数的修改设置。第 53-148 行代码是创建内部类 SensitiveRequest，该类继承自 HttpServletRequestWrapper，是 HttpServletRequest 的装饰类，用来改变 HttpServletRequest 的状态，从而实现对请求内容进行过滤的功能。第 63-82 行代码重写 getParameter( ) 方法，对请求结果进行过滤。第 90-117 行代码过滤请求内容中的 HTML 标签。第 123 - 147 行代码获取文本文档 sensitiveWord. txt 中保存的每一个敏感词，并将其保存到 List 集合中。

（2）创建文本文档 sensitiveWord. txt

在 WebTest 项目的 web 目录下创建 sensitiveWord. txt 文件，该文件用于保存想要过滤的敏感词，一行写一个敏感词。该文件的具体内容如文件 11-2 所示。

文件 11-2　sensitiveWord. txt

```
1   示威
2   爆炸
3   恐怖
4   枪
5   军火
6   游行
7   小人
8   坏人
```

（3）创建 sensitive. jsp 文件

在 WebTest 项目的 web 目录下创建名称为 sensitive 的 JSP 文件，在该 JSP 页面的用户留言的多行文本框内输入内容，单击"留言"按钮，浏览器发送 Ajax 请求，请求的目标资源为 SensitiveServlet，具体代码如文件 11-3 所示。

文件 11-3　sensitive.jsp

```
1  <%@ page contentType="text/html;charset=UTF-8" language="java" %>
2  <html>
3  <head>
4      <title>敏感词过滤</title>
5      <script src="js/jquery-3.7.1.min.js"></script>
6  </head>
7  <body>
8  <div id="result" style="border:1px solid #ccc;width:200px;
9  height:100px;"></div><br/>
10 <textarea name="liuyan" cols="40" rows="10" id="liuyan">
11 </textarea>  
12 <button id="btn">留 言</button>
13 <script>
14     $("#btn").click(function () {
15         $.get("http://localhost:8080/${pageContext.request
16         .contextPath}/SensitiveServlet "
17             ,{liuyan:$('#liuyan').val()}
18             ,function(data) {
19                 $('#result').append(data);
20             });
21     });
22 </script>
23 </body>
24 </html>
```

在文件 11-3 中，第 5 行代码引入 jQuery 库文件。第 8 行代码中的<div>元素用于显示服务器响应后的留言内容。第 10 行代码中的<textarea>元素用于用户输入留言内容。第 14 行代码表示单击"留言"按钮时，会触发该按钮绑定的单击事件。第 15~20 行代码使用 $.get() 方法发送 Ajax 请求，请求的目标资源是 SensitiveServlet；请求参数名为 liuyan，请求的参数值为用户在多行文本框中输入的内容；将服务器的响应数据输出到 id 名称为 result 的元素中。

（4）创建 Servlet

在 WebTest 项目的 cn.cz.servlet 包中创建一个名称为 SensitiveServlet 的 Servlet，具体代码如文件 11-4 所示。

文件 11-4   SensitiveServlet. java

```
1  packagecn.cz.servlet;
2  import javax.servlet.*;
3  import javax.servlet.http.*;
4  import javax.servlet.annotation.*;
5  import java.io.IOException;
6  @WebServlet(name = "SensitiveServlet"
7  , value = "/SensitiveServlet")
8  public class SensitiveServlet extends HttpServlet {
9      @Override
10     protected void doGet(HttpServletRequest request,
11     HttpServletResponse response) throws
12     ServletException, IOException {
13         this.doPost(request, response);
14     }
15     @Override
16     protected void doPost(HttpServletRequest request,
17     HttpServletResponse response) throws
18     ServletException, IOException {
19         String text = request.getParameter("liuyan");
20         response.getWriter().println(text);
21     }
22 }
```

在文件 11-4 中，第 19 行代码获取 sensitive. jsp 页面发送的数据；第 20 行代码调用 response 的 getWriter( )方法输出响应的数据。

（5）运行项目

在 IDEA 中启动项目后，在浏览器地址栏中访问 http://localhost:8080/WebTest/sensitive. jsp，在多行文本框中输入留言内容，浏览器显示的结果如图 11-2 所示。

图 11-2   文件 11-3 的运行结果（1）

在图 11-2 中，单击"留言"按钮，浏览器显示的结果如图 11-3 所示。在 Tomcat 服务器的控制台中也输出了敏感词被替换的提示信息，如图 11-4 所示。若服务器控制台显示中文乱码，单击"Run"→"Edit Configurations...",打开"Run/Debug Configurations"对话框，在"Server"选项卡的"VM options"文本框中输入"-Dfile. encoding＝utf-8",单击"OK"按钮，即可解决中文乱码问题。

图 11-3　文件 11-3 的运行结果（2）

图 11-4　文件 11-3 运行的结果（3）

由图 11-3 可知，单击"留言"按钮后，浏览器发送 Ajax 请求，请求资源为 SensitiveServlet,由于此 Web 应用中创建了 SensitiveFilter 实现了 Filter 接口，并且在该过滤器类的注解@ WebFilter 中设置 urlPatterns 属性的值为"/＊",因此，过滤器会拦截浏览器发送的请求和响应，对请求和响应数据进行过滤，即在过滤器中完成请求和响应数据的中文乱码处理、转义 HTML 字符以及过滤敏感词，最终在 sensitive. jsp 页面的<div>元素中显示的是过滤处理后的留言内容。

11.2　Listener

11.2.1　Listener 的基本概念

监听器（Listener）就是监听某个对象的状态变化的组件，用于监听事件的发生。若事件发生，则执行相应的代码。

Java Web 中的监听器是 Servlet 规范中定义的一种特殊类，它用于监听 Web 应用程序中的 ServletContext、HttpSession 和 ServletRequest 等域对象的创建与销毁事件，以及监听这些域对象中的属性发生变更的事件。

Servlet API 中提供了一个 Listener 接口，如果编写的类实现了这个接口，则称这个类为监听器。

11.2.2　Listener 的分类

在 Servlet 规范中定义了多种类型的监听器，用于监听的事件源分别为 ServletContext、HttpSession 和 ServletRequest 这 3 个域对象。

Servlet 规范针对这 3 个域对象上的操作，又把多种类型的事件监听器划分为 3 种类型：

➢ 监听域对象自身的创建和销毁的事件监听器。

➢ 监听域对象中的属性的增加、删除和修改的事件监听器。

➢ 监听绑定到 HttpSession 域中的某个对象的状态的事件监听器。

在 Servlet 规范中，这 3 类事件监听器都定义了相应的接口，如表 11-4 所示，在编写监听器程序时只需实现对应的接口即可。Web 服务器会根据监听器所实现的接口把它注册到被监听的对象上，当被监听的对象触发了监听器的事件处理器时，Web 服务器就会调用监听器相关的方法对事件进行处理。

表 11-4　EventListener 接口

类型	描述
ServletContextListener	用于监听 ServletContext 对象的创建和销毁事件
HttpSessionListener	用于监听 HttpSession 对象的创建和销毁事件
ServletRequestListener	用于监听 ServletRequest 对象的创建和销毁事件
ServletContextAttributeListener	用于监听 ServletContext 对象中的属性变更事件
HttpSessionAttributeListener	用于监听 HttpSession 对象中的属性变更事件
ServletRequestAttributeListener	用于监听 ServletRequest 对象中的属性变更事件
HttpSessionBindingListener	用于监听 JavaBean 对象绑定到 HttpSession 对象和从 HttpSession 对象解绑的事件
HttpSessionActivationListener	用于监听 HttpSession 对象的活化和钝化事件

下面通过一个案例演示 Listener 的使用。

在 WebTest 项目的 src 目录中创建一个名称为 cn.cz.listener 的包，在该包中创建一个名称为 OnLineCountListener 的 Web Listener，用于统计当前在线用户人数，具体代码如文件 11-5 所示。

文件 11-5　OnLineCountListener. java

```java
1  packagecn.cz.listener;
2  import javax.servlet.*;
3  import javax.servlet.http.*;
4  import javax.servlet.annotation.*;
5  @WebListener
6  public class OnLineCountListener implements ServletContextListener
7          ,HttpSessionListener,HttpSessionAttributeListener {
8      private static int onLineCount = 0;
9      public OnLineCountListener() {
10     }
11     @Override
12     public void contextInitialized(ServletContextEvent sce) {
13         System.out.println("ServletContext 对象创建了");
14     }
15     @Override
16     public void contextDestroyed(ServletContextEvent sce) {
17         System.out.println("ServletContext 对象销毁了");
18     }
19     @Override
20     public void sessionCreated(HttpSessionEvent se) {
21         onLineCount++;
22         ServletContext context = se.getSession()
23         .getServletContext();
24         context.setAttribute("onLineCount", onLineCount);
25         System.out.println(
26         "HttpSession 对象创建了,当前在线用户人数:" + onLineCount);
27     }
28     @Override
29     public void sessionDestroyed(HttpSessionEvent se) {
30         onLineCount--;
31         ServletContext context = se.getSession()
32         .getServletContext();
33         context.setAttribute("onLineCount", onLineCount);
34         System.out.println(
35         "HttpSession 对象销毁了,当前在线用户人数:" + onLineCount);
36     }
```

```
37      @Override
38      public void attributeAdded(HttpSessionBindingEvent sbe) {
39          System.out.println("有对象加入 session 的范围了");
40      }
41      @Override
42      public void attributeRemoved(HttpSessionBindingEvent sbe) {
43          System.out.println("有对象从 session 的范围移除了");
44      }
45      @Override
46      public void attributeReplaced(HttpSessionBindingEvent sbe) {
48          System.out.println("在 session 的范围对象被替换了");
49      }
50  }
```

在文件 11-5 中，第 5 行代码使用@ WebListener 注册监听器。第 6~7 行代码定义监听器类 OnLineCountListener，实现 ServletContextListener、HttpSessionListener、HttpSessionAttributeListener 这 3 个接口。第 8 行代码定义静态变量，用于存放统计的在线用户人数。第 19~27 行代码表示每创建一个 session 对象，将统计的在线用户人数增加 1，并且将其值保存到 ServletContext 域对象的参数中。第 28~36 行代码表示每销毁一个 session 对象，将统计的在线用户人数减 1，再次将其值保存到 ServletContext 域对象的参数中。

在 WebTest 项目的 index. jsp（文件 8-6）的<body>标签内，接着原先的代码增加如下代码：

```
<hr/>
当前在线用户人数：
<% =   session.getServletContext().getAttribute("onLineCount")
%>
```

启动 SQL Server 数据库服务器，并且导入 bookmanager 数据库；然后在 IDEA 中启动项目后，在 Tomcat 控制台窗口中查看输出内容，观察 Listener 监听 Servlet-Context、HttpSession 域对象的生命周期，在浏览器地址栏中访问 http://localhost:8080/WebTest/index. jsp，若用户未登录，则自动跳转到登录页面 login. jsp，在用户正确登录后自动跳转到 index. jsp 页面，统计的在线用户人数增加 1，浏览器显示的结果如图 11-5 所示。

图 11-5　文件 8-6 的运行结果

需要注意的是，如果在图 11-5 中单击浏览器窗口中的"刷新"按钮，再次访问 index. jsp 页面，当前在线用户人数没有变化，这是因为同一个浏览器在会话期间只会创建一个 HttpSession 对象。

为了查看用户注销后在线用户人数统计的结果，可以将 LoginServlet. java（文件 8-4）的第 61 行代码"session. setMaxInactiveInterval（60 ＊ 60 ＊ 24）；"修改为"session. setMaxInactiveInterval（10）；"，重启项目，先登录查看统计人数，然后单击图 11-5 中的"注销"按钮，当 session 对象销毁时，统计的在线用户人数会减 1，可以在 Tomcat 控制台窗口查看结果。

11. 3　文件的上传和下载

在 Web 应用开发中，文件的上传和下载是常用的功能。所谓文件的上传和下载，就是将本地文件上传到服务器端，以及从服务器端获取文件并下载到本地计算机的过程。例如，上传头像、上传或下载图片、上传或下载网盘文件等，都是通过文件的上传和下载功能实现的。

11. 3. 1　文件上传原理

在 Web 开发中实现文件上传功能，需要完成两步操作。

第一步：在 Web 项目的页面中添加上传输入项。

表单元素<input type＝"file">标签用于在 Web 项目的页面中添加文件上传输入项，设置文件上传输入项时应注意：

➢ 必须设置 input 输入项的 name 属性，否则浏览器将不会发送上传文件的数据。

➢ 必须把 form 的 enctype 属性设置为 multipart/form-data。设置该值后，浏览器在上传文件时，把文件数据附带在 http 请求消息体内，并使用 MIME 协议对上传的文件进行描述，以方便接收方对上传数据进行解析和处理。

➢ 表单的提交方式要设置为 post。

第二步：在 Servlet 中读取上传文件的数据，并保存到服务器硬盘中。

对于文件上传，浏览器在上传的过程中是将文件以流的形式提交到服务器端的，如果直接使用 request 的 getInputStream( )方法获取上传文件的输入流，然后再解析里面的请求参数，是比较麻烦的，所以一般使用 commons-fileupload 组件。该组件是 Apache 提供的一套开源免费的文件上传工具，可以将"multipart/form-data"类型请求的各种表单域解析出来，并实现一个或多个文件上传，同时也可以实现对上传文件大小的限制，其性能优异，并且其 API 使用极其简单，可使开发人员轻松实现 Web 文件上传功能。

要使用 Commons FileUpload 组件实现文件上传，必须导入该组件所依赖的两个JAR 包（commons-fileupload. jar 和 commons-io. jar）。commo-io. jar 是 commons-fileup-load. jar 的依赖包。Commons FileUpload 组件是通过 Servlet 实现文件上传功能的，其工作流程如图 11-6 所示。

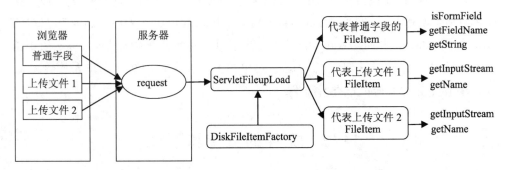

图 11-6　Commons Fileupload 组件实现文件上传功能的工作流程

Commons FileUpload 组件上传文件的步骤如下：

① 创建 DiskFileItemFactory 对象，设置缓冲区大小和临时文件目录。

② 使用 DiskFileItemFactory 对象创建 ServletFileUpload 对象，并设置上传文件的大小限制。

③ 调用 ServletFileUpload. parseRequest( )方法解析 request 对象，得到一个保存了所有上传内容的 List 对象。

④ 对 List 进行迭代，每迭代一个 FileItem 对象，调用其 isFormField( )方法判断是否上传文件。

11.3.2　Commons FileUpload 组件

登录 Apache 官网(https://commons. apache. org)，下载 Commons FileUpload 组件的JAR 包，本书下载使用的 JAR 包是 commons-fileupload-1. 5. jar 和 commons-io-2. 13. 0. jar。将这两个 JAR 包文件拷贝到 Web 项目的\WEB-INF\lib\目录下。

在 Web 开发中实现文件上传功能，通常使用 Commons FileUpload 组件实现。从图 11-6 中可以看出，Commons FileUpload 组件主要包括 DiskFileItemFactory 类、ServletFileUpload 类和 FileItem 接口。

（1）DiskFileItemFactory 类

DiskFileItemFactory 类用于将请求消息实体中的每一个文件封装成单独的 FileItem 对象。如果上传的文件比较小，将直接保存在内存中；如果上传的文件比较大，则会以临时文件的形式保存在磁盘的临时文件夹中。默认的缓存大小是 10240 字节，即 10 kB，临时文件默认存储在系统的临时文件目录下（临时文件的存放位置可以在环境变量中查看，也可以设置缓存大小以及临时文件的存储位置）。DiskFileItemFactory 类的常用方法如表 11-5 所示。

表 11-5　DiskFileItemFactory 类的常用方法

方法声明	功能描述
DiskFileItemFactory( )	缓存大小与临时文件存储位置均使用默认值，也可以修改默认值
DiskFileItemFactory(int sizeThreshold, File repository)	指定缓存大小与临时文件的存储位置，参数 sizeThreshold 设置缓存大小，参数 repository 设置临时文件的存储位置
void setSizeThreshold(int sizeThreshold)	设置内存缓冲区的大小，默认值为 10 kB。当上传文件大于缓冲区大小时，FileUpload 组件将使用临时文件缓存上传文件
void setRepository(File repository)	指定临时文件目录，默认值为系统临时文件目录

（2）ServletFileUpload 类

ServletFileUpload 负责处理上传的文件数据，通过调用 parseRequest( )方法可以将 HTML 中每个表单提交的数据封装成一个 FileItem 对象，然后以 List 列表的形式返回。ServletFileUpload 类的常用方法如表 11-6 所示。

表 11-6　ServletFileUpload 类的常用方法

方法声明	功能描述
ServletFileUpload( )	构造一个未初始化的 ServletFileUpload 实例对象
ServletFileUpload(FileItemFactory fileItemFactory)	创建一个上传工具，指定使用缓存区与临时文件存储位置
List<FileItem> parseRequest(HttpServletRequest request)	用于解析 request 对象，得到所有上传项，每一个 FileItem 就相当于一个上传项
boolean isMultipartContent(HttpServletRequest request)	用于判断是否设置 enctype = " multipart/form-data"
void setFileSizeMax(long fileSizeMax)	设置单个文件的上传大小
void setSizeMax(long sizeMax)	设置总文件的上传大小

续表

方法声明	功能描述
void setHeaderEncoding(String encoding)	解决上传文件中的中文名称乱码问题
void setProgressListener(ProgressListener pListener)	实时监听文件上传状态

（3）FileItem 接口

FileItem 接口主要用于封装单个表单字段元素的数据，一个表单字段元素对应一个 FileItem 对象。Commons FileUpload 组件在处理文件上传的过程中，将每一个表单域（包括普通的文本表单域和文件域）封装在一个 FileItem 对象中。FileItem 接口的实现类实现了序列化接口 Serializable，因此可以支持序列化操作。FileItem 接口的常用方法如表 11-7 所示。

表 11-7　FileItem 接口的常用方法

方法声明	功能描述
String getContentType( )	用于获得上传文件的类型，即表单字段元素描述头属性" Content-Type" 的值，例如" image/jpeg"。如果 FileItem 对象对应的是普通表单字段，则返回 null
String getName( )	用于获取文件上传字段中的文件名。如果 FileItem 对象对应的是普通文本表单字段，则返回 null；否则，只要浏览器将文件的字段信息传递给服务器，就会返回一个字符串类型的结果
String getString( )	用于将 FileItem 对象中保存的数据流内容以一个字符串形式返回。它有两个重载的定义形式：① public String getString( );，其作用是使用默认的字符集编码将主体内容转换成字符串；② public String getString (String var1);，其作用是使用参数指定的字符集编码将主体内容转换成字符串
void write(File var1)	用于将 FileItem 对象中保存的主体内容保存到某个指定的文件中。如果 FileItem 对象中的主体内容保存在某个临时文件中，那么该方法顺利完成后，临时文件有可能会被清除。另外，该方法也可将普通表单字段内容写入一个文件中，但它主要用于将上传的文件内容保存到服务器的文件系统中
String getFieldName( )	用于获取表单字段元素描述头的 name 属性的值，也是表单标签 name 属性的值
boolean isFormField( )	用于判断 FileItem 对象封装的数据是一个普通文本表单字段，还是一个文件表单字段。如果是普通文本表单字段，则返回 true；否则返回 false

11.3.3　文件上传的应用

在 Web 开发中，当上传数据内容较大时，通过 POST 方式将文件上传并保存在服务器端，若上传的文件数据量过大，可以将一个大文件分割成几个小文件后

再上传。若要实现文件的上传功能,则要首先在 Web 项目中导入 Commons
FileUpload 组件相应的 JAR 文件,然后在提供文件上传功能的 JSP 页面中添加文件
上传输入项,再在 Servlet 中使用 I/O 流实现文件的上传,具体实现如下。

(1) 在 Web 项目中导入 JAR 包

在 IDEA 中的 WebTest 项目的\WEB-INF\lib\目录下导入 commons-fileupload-
1.5.jar 和 commons-io-2.13.0.jar,然后在"Project Structure"的"Modules"中配
置 JAR 包。

(2) 创建上传 JSP 页面

在 WebTest 项目的 web 目录下创建名称为 upload 的 JSP 文件,在该 JSP 页面提供
文件上传的 form 表单,表单的 enctype 属性设置为"multipart/form-data",method 属性
设置为"POST",action 属性设置为"${pageContext.request.contextPath}/upload";
单击"添加文件"按钮,浏览器发送 Ajax 请求,异步添加上传的表单文件域;单击
"删除文件"按钮,异步删除上传的表单文件域,具体代码如文件 11-6 所示。

文件 11-6　upload.jsp

```
1    <%@ page contentType="text/html;charset=UTF-8" language="java" %>
2    <html>
3    <head>
4        <title>多个文件上传</title>
5        <script src="js/jquery-3.7.1.min.js"></script>
6    </head>
7    <body>
8    <form action="${pageContext.request.contextPath}/upload"
9        method="POST" enctype="multipart/form-data">
10       <input type="button" value="添加文件" id="btn" />
11       <input type="button" value="删除文件" id="delBtn"><br/>
12       <p id="content"><input type="file" name="file" /></p>
13       <input type="submit" value="上  传" />
14   </form>
15   <script>
16       $("#btn").click(function() {
17           $("#content").add(function() {
18               var elem = document.getElementById("content");
19               var dv = document.createElement("div");//创建一个 div
20               //创建一个文件选择控件
21               var myfile = document.createElement("input");
```

```
22          myfile.type = 'file';
23          myfile.name = 'file';
24          //把 file 放到 div 里
25          dv.appendChild(myfile);
26          //把 div 放到 elem 里
27          elem.appendChild(dv);
28          }
29      );
30    });
31    $("#delBtn").click(function () {
32      $("#content").add(function () {
33        var elem = document.getElementById("content");
34        if(elem.lastChild! =elem.firstChild){
35          elem.removeChild(elem.lastChild);
36        }
37      });
38    });
39 </script>
40 </body>
41 </html>
```

（3）创建 Servlet

在 WebTest 项目的 cn. cz. servlet 包中创建一个名称为 UploadServlet 的 Servlet，用于获取表单上传文件的信息，将上传的文件保存在服务器端，具体代码如文件11-7 所示。

文件 11-7　UploadServlet. java

```
1  packagecn.cz.servlet;
2  import org.apache.commons.fileupload.FileItem;
3  import org.apache.commons.fileupload.FileUploadException;
4  import org.apache.commons.fileupload.disk.DiskFileItemFactory;
5  import org.apache.commons.fileupload.servlet.ServletFileUpload;
6  import javax.servlet. * ;
7  import javax.servlet.http. * ;
8  import javax.servlet.annotation. * ;
9  import java.io. * ;
10 import java.util.List;
11 import java.util.UUID;
```

```
12  @WebServlet(name = "Upload2Servlet", value = "/upload")
13  public class UploadServlet extends HttpServlet {
14      @Override
15      protected void doGet(HttpServletRequest request,
16      HttpServletResponse response) throws
17      ServletException, IOException {
18          this.doPost(request, response);
19      }
20      @Override
21      protected void doPost(HttpServletRequest request,
22      HttpServletResponse response) throws
23      ServletException, IOException {
24          response.setContentType("text/html;charset=utf-8");
25          //设置文件缓存目录,如果该文件夹不存在,则创建一个
26          File f = new File("D:/TempFolder");
27          if (! f.exists()){
28              f.mkdirs();
29          }
30          //1.创建 DiskFileItemFactory 工厂对象,处理文件上传路径或大小限制
31          DiskFileItemFactory factory =
32          new DiskFileItemFactory(1024 * 100, f);
33          //2.创建并获取 ServletFileUpload 对象
34          ServletFileUpload upload = new ServletFileUpload(factory);
35          PrintWriter writer = response.getWriter();
36          //判断是否是上传操作
37          //(即检测 encType 是否为"multipart/form-data")
38          boolean flag = upload.isMultipartContent(request);
39          if (flag) {
40              // 解决上传文件中的中文名称乱码问题
41              upload.setHeaderEncoding("utf-8");
42              try {
43                  //3.处理上传的文件,先解析 request,
44                  //将 form 表单的各个字段封装为 FileItem 对象
45                  List<FileItem> fileItems = upload.parseRequest
46  (request);
47                  //遍历 List 集合
48                  for (FileItem fileItem : fileItems) {
```

```
49              //判断是不是上传组件,如果是上传组件,就返回 false
50                  if (fileItem.isFormField()) {
51                      //不是上传组件
52                      System.out.println("组件名称:" + fileItem.
53                          getFieldName());
54                  } else { //是上传组件
55                      //获取上传的文件名
56                      String filename = fileItem.getName();
57                      writer.println("上传的文件名:" + filename + "<br/>");
58                      //处理上传文件
59                      if (filename! =null && filename! ="") {
60                          filename = filename
61                          .substring(filename.lastIndexOf("\\") + 1);
62                          //保持文件名唯一
63                          filename = UUID.randomUUID().
64                              toString() + "_" + filename;
65                          String webpath = "/upload/";
66                          //创建文件路径
67                          String filepath = getServletContext()
68                          .getRealPath(webpath + filename);
69                          //创建 File 对象
70                          File file = new File(filepath);
71                          //创建文件夹
72                          file.getParentFile().mkdirs();
73                          //创建文件
74                          file.createNewFile();
75                          //获取上传文件流
76                          InputStream in=fileItem.getInputStream();
77                          //使用 FileOutputStream 打开服务器端的上传文件
78                          FileOutputStream out =
79                              new FileOutputStream(file);
80                          //每次读取一个字节
81                          byte[] bytes = new byte[1024];
82                          int len;
83              //开始读取上传文件的字节流,并将其输出到服务器端的上传文件输出流中
84                          while ((len = in.read(bytes)) > 0)
85                              out.write(bytes, 0, len);
```

```
86                          in.close();
87                          out.close();
88                          fileItem.delete();//删除临时文件
89                      }
90                  }
91              }
92          writer.println("文件上传成功!");
93      } catch (FileUploadException e) {
94          // e.printStackTrace();
95          response.getWriter().write(e.getMessage());
96      }
97      } else {
98          response.getWriter().write("不是上传操作!");
99      }
100     }
101 }
```

（4）启动项目，查看运行结果

在 IDEA 中启动项目后，在浏览器地址栏中访问 http://localhost：8080/
WebTest/upload. jsp，浏览器显示的结果如图 11-7 所示。

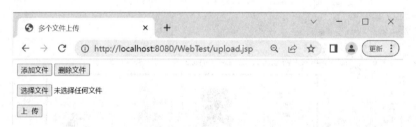

图 11-7　文件 11-6 的运行结果

在图 11-7 所示的页面中，单击"添加文件"按钮，可以增加上传的表单文件
域，单击"删除文件"按钮，可以减少上传的表单文件域，单击"选择文件"按
钮，在表单文件域中选择要上传的文件，如图 11-8 所示。

图 11-8　选择上传的文件

选择需要上传的文件后，单击"上传"按钮，上传文件的信息提交给 Upload Servlet. java 处理，文件成功上传到服务器后页面显示的结果如图 11-9 所示。

图 11-9　文件上传成功

打开项目发布目录，可以查看到刚才成功上传的文件，如图 11-10 所示。

图 11-10　上传的文件

由图 11-10 可知，在 WebTest 项目发布目录中可查看到成功上传的文件，但是发现上传后的文件名与上传之前的文件名有所区别，这是因为在上传文件时，为了防止出现同一目录中文件名重名的问题，使用 UUID 工具类生成随机字符串作为前缀，添加到上传文件的文件名称前面，可以有效避免文件名重复。

11.3.4　文件下载原理

文件下载通常不需要第三方组件的支持，可以直接使用 Servlet 和 I/O 流来实现。用户通过浏览器点击下载按钮，浏览器会发送一个请求到服务器。服务器通过 Servlet 接收请求，并使用 I/O 流（如 InputStream）读取服务器上的文件内容。然后，服务器将文件的内容通过 HTTP 响应返回给客户端。客户端浏览器接收到服务器响应并提示用户下载文件，文件将被保存在用户的本地磁盘上。

如果文件可以被浏览器直接解析，如 .html、.jpg、.pdf 等常见的文件格式，那么浏览器通常会直接显示该文件。如果文件无法被浏览器直接解析，如一些特定的二进制文件或者一些不被浏览器支持的文件格式，浏览器通常会触发下载操作。但是，在很多情况下，即使文件能够被浏览器解析，开发者可以通过设置响应头来强制浏览器下载该文件。

对于文件下载，需要确保文件资源位于浏览器可以直接访问的路径下。如果文件被保存在 WEB-INF 或 META-INF 等服务器的受限目录下，则浏览器将无法直接通过 URL 访问这些文件，可以使用 Servlet 来处理文件下载请求。在这种情况下，Servlet 将从这些受保护目录中读取文件，并通过程序将文件内容发送到浏览器，而不会直接暴露目录结构。

```
/*设置响应实体内容的 MIME 类型,
*如果返回的 MIME 类型可以被浏览器解析,浏览器会直接显示该文件;
*如果 MIME 类型是浏览器无法解析的,通常会触发文件下载操作。*/
resposne.setHeader("ContextType","MIME 类型");
//设置响应头,强制浏览器下载该文件
response.setHeader("Content-Disposition","attachment;filename=
下载文件名称");
```

最后将读取的内容通过输出流输出到浏览器，完成下载。

11.3.5　文件下载的应用

若要实现 Web 项目中的文件下载功能，则要首先在服务器的指定路径下准备好下载的文件资源，然后在 JSP 页面提供下载文件的超链接，最后在 Servlet 中编写程序代码实现文件的下载，具体实现如下。

（1）准备下载的文件

在 WebTest 项目的部署目录中创建 "\download" 目录，并在该目录下存放下载的文件，如图 11-11 所示。

图 11-11　服务器中下载文件的所在目录

（2）创建 JSP 页面

在 WebTest 项目的 web 目录下创建名称为 download 的 JSP 文件，在该 JSP 页面提供文件下载的超链接。具体代码如文件 11-8 所示。

文件 11-8　download. jsp

```
1  <%@ page contentType="text/html;charset=UTF-8" language="java" %>
2  <html>
3  <head>
4     <title>文件下载</title>
5  </head>
6  <body>
7  <a href='${pageContext.request.contextPath}/download?
8  filename=文件下载.docx'>文件下载.docx</a><br>
9  <a href='${pageContext.request.contextPath}/download?
10 filename=图片下载.jpg'>图片下载.jpg</a><br>
11 </body>
12 </html>
```

（3）创建 Servlet

在 WebTest 项目的 cn. cz. servlet 包中创建一个名称为 DownloadServlet 的 Servlet，用于在服务器端找到浏览器请求的下载文件，并设置文件在浏览器中的打开方式。具体代码如文件 11-9 所示。

文件 11-9　DownloadServlet. java

```
1  packagecn.cz.servlet;
2  import sun.misc.BASE64Encoder;
3  import javax.servlet.*;
```

```
4   import javax.servlet.http.*;
5   import javax.servlet.annotation.*;
6   import java.io.*;
7   import java.net.URLEncoder;
8   @WebServlet(name = "DownloadServlet", value = "/download")
9   public class DownloadServlet extends HttpServlet {
10      @Override
11      protected void doGet(HttpServletRequest request,
12      HttpServletResponse response) throws
13      ServletException, IOException {
14          this.doPost(request, response);
15      }
16      @Override
17      protected void doPost(HttpServletRequest request,
18      HttpServletResponse response) throws
19      ServletException, IOException {
20          response.setContentType("text/html;charset=UTF-8");
21          //1.获取要下载的文件名称
22          String filename = request.getParameter("filename");
23          //2.创建 File 对象,参数为下载文件的真实路径
24          File file = new File(getServletContext()
25          .getRealPath("/download/" + filename));
26          //判断下载文件是否存在
27          if (file.exists()) {//下载文件存在,完成下载
28          //下载注意事项 1--设置下载文件的 MIME
29          String mimeType = this.getServletContext()
30          .getMimeType(filename);//获取 MIME 类型
31          //response.setContentType(
32          "application/octet-stream;charset=UTF-8");
33          response.setHeader("ContentType", mimeType);
34          //解决文件名的中文乱码问题
35          String agent = request.getHeader("user-agent");
36          if (agent.contains("MSIE")) {//IE 浏览器
37              filename = URLEncoder.encode(filename, "UTF-8");
38              filename = filename.replace("+", " ");
39          } else if (agent.contains("Firefox")) {//火狐浏览器
40              BASE64Encoder base64Encoder = new BASE64Encoder();
```

```
41              filename = "=? UTF-8? B?"
42                  + base64Encoder.encode(filename.getBytes("UTF-8"))
43                  + "? =";
44          } else { //其他浏览器
45              filename = URLEncoder.encode(filename, "UTF-8");
46          }
47          //下载注意事项2--设置响应头,强制浏览器下载该文件
48          response.setHeader("content-disposition"
49          , "attachment;filename=" + filename);
50          //创建文件输入流对象 fis
51          FileInputStream fis = new FileInputStream(file);
52          //获取 response 对象的输出流
53          OutputStream os = response.getOutputStream();
54          int len = -1;
55          byte[] b = new byte[1024 * 100];
56          //通过文件输入流对象读取文件,通过输出流写回到浏览器端
57          //循环读取文件字节,当执行到文件结尾时,返回-1
58          while ((len = fis.read(b)) ! = -1) {
59              os.write(b, 0, len);
60              os.flush();
61          }
62          os.close();
63          fis.close();
64      } else { //下载文件不存在,给出提示信息
65          response.getWriter().println("下载资源不存在!");
66      }
67   }
68 }
```

（4）启动项目，查看运行结果

在 IDEA 中启动项目后，在浏览器地址栏中访问 http://localhost: 8080/ WebTest/download.jsp，浏览器显示的结果如图 11-12 所示。

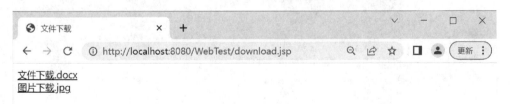

图 11-12 **文件 11-8** 的运行结果

在图 11-12 中单击"文件下载 .docx",然后单击"图片下载 .jpg",将文件下载到本地磁盘目录中,浏览器显示的结果如图 11-13 所示。

图 11-13 单击下载超链接后浏览器显示的结果

11-1 在 MyTest 项目中,创建一个登录认证的过滤器,当未登录的用户访问受限的页面 limite. jsp 时,系统会重定向到登录页面 login. jsp。

11-2 在 MyTest 项目中,通过监听器来监控用户的会话创建与销毁,以此来追踪用户的在线状态,统计当前在线用户数。每当用户登录时,监听器会记录用户的登录时间,退出时会记录退出时间。

11-3 在 MyTest 项目中实现文件上传和下载功能。

第 12 章　JSP 自定义标签

> ## 学习目标

> - 了解 JSP 自定义标签的定义和作用，掌握 JSP 自定义标签的编写和使用。
> - 了解 JSP 标签库的结构和解析过程，了解标签库描述（Tag Library Definition，TLD）文件的格式和内容，掌握标签库的命名规则和使用方式。
> - 掌握 JSP 标签的语法和属性定义方式，了解标签的属性类型、默认值、可选值等信息，掌握使用 EL 表达式和动态属性设置标签属性。
> - 掌握 JSP 自定义标签的实现方式，包括标签处理类的编写、标签体的处理方法、标签动作的组合等操作。

从 JSP 1.1 规范开始，JSP 支持在 JSP 文件中使用自定义标签。JSP 自定义标签是用户定义的标签，使用自定义标签可以移除 JSP 页面中的 Java 代码，实现将业务逻辑与 JSP 页面分开。应用自定义标签可以加快 Web 应用开发的速度，提升代码重用性，使得 JSP 程序更清晰、简洁，更易于维护。

要在 JSP 页面中使用自定义标签，需要完成以下 3 个步骤。

第一步，创建自定义标签处理程序类，即编写一个继承 TagSupport 类的 Java 类，覆盖其 doStartTag( ) 方法，并把页面中的 Java 代码适当地转移到这个 Java 类中。

第二步，创建标签库描述（TLD）文件，它包含标签和标签处理程序类的信息，该文件必须放置在 WEB-INF 目录中，在 TLD 文件中把标签处理程序类描述成一个标签。

第三步，通过 taglib 指令的 uri 属性导入自定义标签库描述文件，通过 prefix 属性声明标签前缀，然后在 JSP 页面中使用自定义标签。

12.1　JSP 自定义标签的 API

javax. servlet. jsp. tagext 定义了开发自定义标签的类和接口。可使用此包的类和接口创建标签处理程序，这些程序可实现带属性的自定义标签、带主体的自定义标签、嵌套自定义标签。JSP 自定义标签的 API 如图 12-1 所示，JspTag 是"自定义标签"层次结构中的根接口。

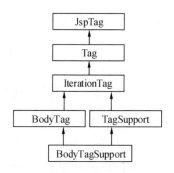

图 12-1　JSP 自定义标签的 API

（1）javax. servlet. jsp. tagext 包中定义的接口

① Tag：定义在标签的生命周期中可以由 JSP 实现类调用的方法。标签处理程序实现这些方法以执行自定义操作。Tag 接口中定义的方法有 doEndTag（）、doStartTag（）、release（）、setPageContext（）、setParent（）、getParent（）。

② IterationTag：扩展了 Tag 接口，除 Tag 接口中定义的方法外，还定义了doAfterBody（）方法，此方法可重新计算自定义标签的主体内容。

③ BodyTag：扩展了 IterationTag 接口，定义了可让标签处理程序操作自定义标签主体内容的方法。此接口定义了 doInitBody（）和 setBodyContent（）方法。doInitBody（）方法可让标签处理程序准备用于计算的标签。setBodyContent（）方法可让标签处理程序操作标签的主体内容。

④ SimpleTag：它是 JSP 2.0 的接口，比 Tag 接口更简单。

（2）javax. servlet. jsp. tagtext 包中定义的类

① TagSupport：它是实现 Tag 接口的一个模板类。它实现了 Tag 接口的大部分方法，用户只需要实现 doStartTag（）和 doEndTag（）方法。在 Web 容器遇到自定义开始标签时，doStartTag（）方法会运行；在 Web 容器遇到自定义结束标签时，doEndTag（）方法会运行。此类用于开发不带主体内容的自定义标签。

TagSupport 类中有一个重要的成员 pageContext，该成员的功能与 JSP 的内置对象 pageContext 完全相同。通过该对象可以得到其他几个 JSP 对象的引用。这样，就可以在 Java 类中与 JSP 进行交互了。例如："JspWriter out＝pageContext. getOut（）;"这一语句可以得到 JSP 内置对象 out 的引用,通过 out 可以向客户端浏览器中输出内容。其他几个 JSP 对象的使用原理与此相同。

② BodyTagSupport：它实现了 BodyTag 接口,扩展了 TagSupport 类。它在 TagSupport 类的基础上增加了 setBodyContent（）和 doInitBody（）方法。setBodyContent（）方法用于设置标签体的内容，在执行 doInitBody（）方法之前执行此方法。doInitBody（）方法用于准备处理页面主体。

③ SimpleTagSupport：它是从 JSP 2.0 开始支持的类，是实现 SimpleTag 接口的

一个模板类。它实现了 SimpleTag 接口的大部分方法，用户只需要实现 doTag( )方法。

12.2 开发 JSP 自定义标签

开发 JSP 自定义标签分三步：① 继承 javax. servlet. jsp. tagext 包中提供的几个标签类，如 Tag、TagSupport、BodyTagSupport、SimpleTagSupport（JSP 2.0）。② 在 TLD 文件中配置标签库信息，以及标签与实现类的映射。③ 在 JSP 文件中引用自定义标签。

12.2.1 创建标签处理类

开发自定义标签时，首先要创建标签处理的 Java 类，这个类必须实现 javax. servlet. jsp. tagext. Tag 接口。tagext 包中有两个 Tag 接口的默认实现类 TagSupport 和 BodyTagSupport。在实际自定义标签开发中，标签处理类只需要通过继承 TagSupport 或 BodyTagSupport 类，覆盖需要自定义的行为的方法，从而简化标签处理程序的开发。

TagSupport 和 BodyTagSupport 的区别主要是 doStartTag( )、doEndTag( )和 doAfterBodyTag( )的回传参数不同。

TagSupport 的默认方法是 doStartTag( )和 doEndTag( )，这是不执行标签体中的内容所需要用到的两个方法。doStartTag( )方法是遇到标签开始时会执行的方法，其回传值是 EVAL_BODY_INCLUDE 与 SKIP_BODY。EVAL_BODY_INCLUDE 表明标签之间的内容被正常执行，即将显示标签间的文字；SKIP_BODY 表明标签之间的内容被忽略，即不显示标签间的文字。doEndTag( )方法是在遇到标签结束时会执行的方法，其回传值是 EVAL_PAGE 与 SKIP_PAGE。EVAL_PAGE 表明处理完标签后继续执行 JSP 网页；SKIP_PAGE 表明不处理接下来的 JSP 网页，即立刻停止执行网页，网页上未处理的静态内容和 JSP 程序均被忽略，任何已有的输出内容立刻返回到浏览器。因此，TagSupport 不执行标签体内容时，doStartTag( )方法的回传参数为 SKIP_BODY，doEndTag( )方法的回传参数为 EVAL_PAGE。

如果 TagSupport 需要处理标签体，则会用到 doAfterBody( )方法。该方法是在显示完标签间文字之后执行的，其回传值是 EVAL_BODY_AGAIN 与 SKIP_BODY。EVAL_BODY_AGAIN 会再显示一次标签间的文字；SKIP_BODY 则继承执行标签处理的下一步。

BodyTagSupport 表明需要执行标签体中的内容，并且进行交互。因此，在 doStartTag( )中，回传参数为 EVAL_BODY_INCLUDE。在 doAfterBodyTag( )中，回传参数根据交互判断结果确定，如果没有执行完毕，则回传参数为 EVAL_BODY_

AGAIN；如果执行完毕，则回传参数为 SKIP_BODY。在 doEndTag( )中，如果要执行 JSP 页面，则回传参数为 EVAL_PAGE；如果不执行其余的 JSP 页面，则回传参数为 SKIP_PAGE。

12. 2. 2　创建标签库描述文件

TLD 文件是一个 XML 文件，它提供了自定义标签处理类和 JSP 文件中自定义标签引用的映射关系，是一个配置文件。TLD 文件的扩展名必须为 .tld，TLD 文件必须保存在 WEB-INF 目录或其子目录中。每个 TLD 文件对应一个标签库，一个标签库中可包含多个标签，TLD 文件也称为标签库定义文件。

标签库定义文件的根元素是 taglib，它可以包含多个 tag 子元素，每个 tag 子元素都定义一个标签。TLD 文件可以有多个元素，其中主要有三大类。

① taglib：标签库元素，是 TLD 文件的根元素，常见属性如下。

name：设定标签名。

tag-class：设定标签的处理类。

body-content：设定标签内容的类型。empty 表示为空标签；JSP 表示标签的内容中可以加入 JSP 程序代码；tagdependent 表示标签中的内容由标签自己去处理。

② tag：标签元素，用于定义标签库中某个具体的标签，常见属性如下。

name：属性名称。

required：属性是否必须，默认值为 false。

rtexprvalue：属性值是否可以使用 JSP 表达式，也就是类似于< % = …% >的表达式。

③ attribute：标签属性元素，用于指定某个标签的属性，常用属性如下。

shortname：指定标签库默认的前缀名（prefix）。

uri：设定标签库的唯一访问标识符。

12. 2. 3　在 JSP 文件中引用自定义标签

在 TLD 文件中配置好各个关键信息后，就可以直接在 JSP 文件中使用自定义标签了。首先，需要在 JSP 文件中引入标签库文件。与标准标签库 JSTL 一样，使用 taglib 指令来声明对标签库的引用，prefix 表示在 JSP 网页中引用这个标签库的标签时的前缀，uri 用来指定标签库的标识符，它即为 TLD 文件中的 taglib 标签库元素的属性 uri 设定的值。例如：

```
<%@ taglib uri = "tld 文件中的 uri 元素设定的值" prefix = "taglib" % >
```

如果在 TLD 文件中的 tag 标签元素的属性 name 设定为 hello，那么可以使用的标签名为 prefix:name，即 taglib:hello。

（1）在 JSP 文件中引用自定义标签的语法格式

使用简单自定义标签时，其语法格式如下：

```
<prefix:tagname></prefix:tagname>或者<prefix:tagname/>
```

使用带属性的自定义标签时，其语法格式如下：

```
<prefix:tagname attribute1=value1 ...attributen=valuen />
```

使用带标签体的自定义标签时，其语法格式如下：

```
<prefix:tagname attribute1=value1 ...attributen=valuen>
    主体代码
</prefix:tagname>
```

（2）带属性的 JSP 自定义标签

对于带属性的 JSP 自定义标签，需要执行两个任务：

① 在自定义标签处理程序类中定义属性，并定义 setter 方法。

② 在 TLD 文件中的<tag>元素内定义<attribute>元素。

下面通过两个案例演示 JSP 自定义标签的使用。

【案例一】 在 JSP 页面中使用不带属性的简单自定义标签<t:week/>，此标签的作用是在页面中输出当前星期。

第一步，创建处理标签的 Java 类。在 WebTest 项目的 src 中创建 cn. cz. tag 包，然后在该包中创建处理标签的 TagCalendar 类，该类继承 TagSupport 类，并覆盖其 doStartTag( )方法。具体代码如文件 12-1 所示。

文件 12-1　TagCalendar. java

```
1  packagecn.cz.tag;
2  import javax.servlet.jsp.JspWriter;
3  import javax.servlet.jsp.tagext.TagSupport;
4  import java.io.IOException;
5  import java.util.Calendar;
6  public class TagCalendar extends TagSupport {
7      public int doStartTag(){
8          JspWriter out =pageContext.getOut();
9          int dayOfWeek = Calendar.getInstance()
10         .get(Calendar.DAY_OF_WEEK);
11         String[] weekDays = {"星期日","星期一"
12         ,"星期二","星期三","星期四","星期五","星期六"};
13         String currentWeekDay = weekDays[dayOfWeek - 1];
14         try {
```

```
15          out.print("当前星期是:" + currentWeekDay);
16      } catch (IOException e) {
17          throw new RuntimeException(e);
18      }
19      return SKIP_BODY;
20    }
21 }
```

在文件 12-1 中，第 8 行代码是通过 TagSupport 类中的成员 pageContext 得到 JSP 内置对象 out 的引用，通过 out 可以向浏览器输出内容。第 19 行代码中返回值为 SKIP_BODY，表明标签之间的内容会被忽略，即不显示标签间的文字。

第二步，创建标签库 TLD 文件。在 WebTest 项目的 \web\WEB-INF\ 目录中创建一个名称为 tagCalendar.tld 的文件，该文件提供了自定义标签处理类 TagCalendar 和 JSP 文件中自定义标签引用<t:week/>的映射关系，是一个配置文件。具体代码如文件 12-2 所示。

文件 12-2　tagCalendar. tld

```
1  <?xml version="1.0" encoding="utf-8" ? >
2  <!DOCTYPE taglib
3          PUBLIC "-//Sun Microsystems, Inc.//DTD JSP Tag Library 1.2//EN"
4          "http://java.sun.com/j2ee/dtd/web-jsptaglibrary_1_2.dtd">
5  <taglib>
6     <tlib-version>1.0</tlib-version>
7     <jsp-version>1.2</jsp-version>
8     <short-name>simple</short-name>
9     <uri>/calendar</uri>
10    <description>A simple tab library for the examples</description>
11    <tag>
12       <name>week</name>
13       <tag-class>cn.cz.tag.TagCalendar</tag-class>
14       <body-content>JSP</body-content>
15    </tag>
16  </taglib>
```

在文件 12-2 中，<taglib>是 TLD 文件的根元素，它包含一个或者多个<tag>标签，<tag>元素用来声明自定义标签。<tlib-version>表示此标签库的版本。<jsp-version>表示此标签库依赖的 JSP 版本。<short-name>表示当在 JSP 中使用标签时，此标签库的默认前缀。<uri>指定使用该标签库中标签的 URI。<description>表示描述信息。此处<tag>中的<name>指定自定义的标签名称为 week，<tag-class>指明标签处理 Java 类的全限定名称，<body-content>指定标签内容的类型为 JSP。

第三步，在 JSP 文件中引用自定义标签。在 WebTest 项目的 \ web 目录中创建一个名称为 tagcalendar 的 JSP 文件，在该文件中使用简单自定义标签<t:week/>。具体代码如文件 12-3 所示。

文件 12-3　tagcalendar. jsp

```
1   <%@ page contentType="text/html;charset=UTF-8" language="java" %>
2   <%@ taglib uri="/calendar" prefix="t" %>
3   <html>
4   <head>
5       <title>不带属性的自定义标签</title>
6   </head>
7   <body>
8       <t:week>自定义标签 t:week</t:week>
9       <p>自定义标签 t:week 之后的内容</p>
10  </body>
11  </html>
```

在文件 12-3 中，第 2 行代码通过 taglib 指令的 uri 属性指明导入的标签库描述文件的 URI，此处的 uri 属性值与文件 12-2 中第 9 行<uri>元素指定的值保持一致，通过 prefix 属性指定标签前缀。第 8 行代码引用自定义标签<t:week/>。

在 IDEA 中启动项目，在浏览器地址栏中访问 http://localhost:8080/WebTest/tagcalendar. jsp，浏览器显示的结果如图 12-2 所示。

图 12-2　文件 12-3 的运行结果

【案例二】在 JSP 页面中使用带属性的自定义标签<ptr:printrecord>，通过此标签的 bookid 和 table 属性，在页面中输出 bookmanager 数据库的 tb_book 表中指定 bookid 的数据记录。

第一步，创建标签处理类 PrintRecord。在 WebTest 项目的 src 的 cn. cz. tag 包中创建处理标签的 PrintRecord 类，该类继承 TagSupport 类，覆盖其 doStartTag( ) 方法。在 PrintRecord 类中定义属性 bookid 和 table，并定义属性相应的 setter 方法。具体代码如文件 12-4 所示。

文件 12-4　PrintRecord. java

```
1  packagecn.cz.tag;
2  import cn.cz.util.JdbcUtil;
3  import javax.servlet.jsp.JspWriter;
4  import javax.servlet.jsp.tagext.TagSupport;
5  import java.sql. * ;
6  public class PrintRecord extends TagSupport {
7      private String bookid;
8      private String table;
9      public void setBookid( String id) {
10         this.bookid = id;
11     }
12     public void setTable( String table) {
13         this.table = table;
14     }
15     public int doStartTag(){
16         JspWriter out =pageContext.getOut();
17         try{
18             Connection con = JdbcUtil.getConnection();
19             PreparedStatement ps =con.prepareStatement(
20             "select * from "+table+" where bookid=?");
21             ps.setInt(1,Integer.parseInt(bookid));
22             ResultSet rs =ps.executeQuery();
23             if(rs!=null){
24                 ResultSetMetaData rsmd=rs.getMetaData();
25                 int totalcols=rsmd.getColumnCount();
26                 //column name
27                 out.write("<table border ='1' align ='center'>");
28                 out.write("<tr>");
29                 for(int i =1;i<=totalcols;i++){
30                     out.write("<td>"+rsmd.getColumnName(i)+"</td>");
31                 }
32                 out.write("</tr>");
33                 //column value
34                 if(rs.next()){
35                     out.write("<tr>");
36                     for(int i =1;i<=totalcols;i++){
```

```
37                    out.write("<td>"+rs.getString(i)+"</td>");
38                }
39                out.write("</tr>");
40                out.write("</table>");
41            }else{
42                out.write("表或 ID 不存在");
43            }
44        }
45        JdbcUtil.close(con,ps,rs);
46    }catch(Exception e){
47        System.out.println(e);
48    }
49    return SKIP_BODY;
50  }
51 }
```

在文件 12-4 中，第 7-8 行代码定义属性 bookid 和 table；第 9-14 行代码定义属性相应的 setter 方法。第 18 行代码中调用 JdbcUtil 类的 getConnection( )方法获取数据库连接对象。第 19-20 行代码是预编译 SQL 语句，返回 PreparedStatement 实例。第 21 行代码填充占位符。第 22 行代码是执行 SQL 语句，在指定数据表中查找指定字段 bookid 的数据记录，返回 ResultSet 结果集。第 24 行代码是获取结果集的元数据。第 25 行代码通过 ResultSetMetaData 对象获取结果集中的列数。第 27-40 行代码输出查询结果的数据记录。第 45 行代码是关闭资源。第 49 行代码中 doStartTag( )方法的返回值为 SKIP_BODY，说明不显示自定义标签间的文字。

第二步，创建标签库 TLD 文件。在 WebTest 项目的\web\WEB-INF\目录中创建一个名称为 printrecordtags.tld 的文件，该文件用于配置标签处理类 PrintRecord 和 JSP 文件中自定义标签引用<ptr:printrecord>的映射关系。具体代码如文件 12-5 所示。

文件 12-5   printrecordtags.tld

```
1 <?xml version="1.0" encoding="utf-8" ? >
2 <!DOCTYPE taglib
3        PUBLIC "-//Sun Microsystems, Inc.//DTD JSP Tag Library 1.2//EN"
4        "http://java.sun.com/j2ee/dtd/web-jsptaglibrary_1_2.dtd">
5 <taglib>
6    <tlib-version>1.0</tlib-version>
7    <jsp-version>1.2</jsp-version>
```

```
8        <short-name>record</short-name>
9        <uri>/printRecord</uri>
10       <description>输出数据库中特定表和 ID 的记录(传入表名和 ID 号作为
11  属性)</description>
12       <tag>
13          <name>printrecord</name>
14          <tag-class>cn.cz.tag.PrintRecord</tag-class>
15          <body-content>empty</body-content>
16          <attribute>
17             <name>bookid</name>
18             <required>true</required>
19          </attribute>
20          <attribute>
21             <name>table</name>
22             <required>true</required>
23          </attribute>
24       </tag>
25  </taglib>
```

在文件 12-5 中，第 9 行代码<uri>指定使用该标签库中标签的 URI 为
/printRecord。第 13 行代码<tag>中的<name>指定标签名称为 printrecord。第 14 行
代码<tag-class>指明标签处理类 PrintRecord 的具体位置。第 15 行代码<body-content>
元素指定标签内容的类型为 empty。第 16~23 行代码<attribute>元素用来定义标签
的属性，<attribute>元素中的<name>表示在 JSP 文件的标签中使用的属性名称；
<required>指定属性是否必须，默认值为 false，表示属性可选，如果该值为 true，
则 JSP 文件必须为该属性提供一个值，该元素可能的取值有 true、false、yes、no。

第三步，在 JSP 文件中引用自定义标签。在 WebTest 项目的 \ web 目录中创建
一个名称为 printbookrecord 的 JSP 文件，在该文件使用带属性的自定义标签
<ptr：printrecord>。具体代码如文件 12-6 所示。

文件 12-6　printbookrecord.jsp

```
1  <%@ page contentType="text/html;charset=UTF-8" language="java" %>
2  <%@ taglib uri="/printRecord" prefix="ptr" %>
3  <html>
4  <head>
5     <title>带属性的 JSP 自定义标签</title>
6  </head>
```

```
7   <body>
8       <h3 align = "center">查询图书表</h3>
9       <ptr:printrecord bookid = "5" table = "tb_book" ></ptr:printrecord>
10      <p>自定义标签 ptr:printrecord 之后的内容</p>
11  </body>
12  </html>
```

在文件 12-6 中，第 2 行代码通过 taglib 指令的 uri 属性指明导入的标签库描述文件的 URI，此处的 uri 属性值与文件 12-5 中第 9 行<uri>元素指定的值保持一致，通过 prefix 属性指定标签前缀。第 9 行代码引用自定义标签<ptr:printrecord>。

首先启动 SQL Server 数据库服务器，并且导入 bookmanager 数据库；然后在 IDEA 中启动项目后，在浏览器地址栏中访问 http://localhost:8080/WebTest/ printbookrecord.jsp，浏览器显示的结果如图 12-3 所示。

图 12-3 文件 12-6 的运行结果

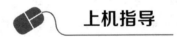

12-1 请在 MyTest 项目中创建和使用 JSP 自定义标签。

第 13 章 综合案例项目

13.1 思源电气银企直联系统项目

思源电气银企直联系统（以下简称本系统）是招商银行企业银行直联系统，可实现与企业财务/ERP/电子商务交易平台等系统（以下简称企业财务系统）的平滑对接和有机融合。

13.1.1 背景简介

招商银行网上企业银行本身有一套完整的经办、审批机制，可帮助企业规范财务制度、安全地进行网上业务，但其存在一定的限制——必须在企业银行系统内封闭完成。

很多企业都有一套自己的财务系统，企业可使用财务系统生成一些经办业务需要的数据，如支付脱机制单数据、工资表和收方信息等，然后将生成的数据交由企业银行系统经办和审批，再将银行返回的数据导入财务系统中。目前，企业财务系统与企业银行系统间只能以文件形式进行数据交换，而企业希望能在自己的系统内和企业银行间进行直接的数据交换。

基于以上情况，招商银行开发了本系统。本系统提供了两种方式与企业财务系统进行对接，一种是前置机式直联，另一种是嵌入式直联。

前置机式直联是通过在企业内部网络内安装一台前置机（即安装了本系统并启动了直联服务的 PC 机），企业财务系统通过报文交互的方式与前置机进行通信，向企业银行系统发送指令，并接收银行返回的数据。

嵌入式直联是通过在企业财务系统内部调用本系统提供的接口，实现财务系统和企业银行间的直接交互。本系统作为财务系统的一个组成部分嵌入财务系统，在财务系统和企业银行间采用不落地方式交换数据，财务系统通过本系统提供的接口直接向企业银行系统发送指令，并接收银行返回的数据。

本系统的模式结构如图 13-1 所示。

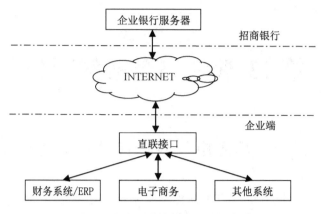

图 13-1 本系统的模式结构示意图

13.1.2 术语定义

（1）招商银行银企直联

招商银行银企直联是招商银行提供的一种网上"企业银行"系统与企业的财务软件系统的直接联接的接入方式。

（2）招商银行企业网银

招商银行企业网银是使用本地客户端软件，通过 Internet 网络或其他信息网络，将用户电脑终端联接至银行，实现将银行服务直接送到用户办公室和家中。它改变了银行传统的服务方式，是银行业务系统的扩充和延伸。

（3）用户管理

企业银行系统的用户分为系统管理员和一般用户。企业到银行申请开办"企业银行"业务时，由银行为企业生成两个系统管理员，两个系统管理员的权限完全平等，共同负责企业银行管理的工作。通常系统的设置必须由一个系统管理员经办而由另一个系统管理员授权，必须两个系统管理员同时认可后设置方才有效；系统管理员不能为自己设置业务权限，也不能对自己经办的系统设置进行授权。建议由公司财务经理担任系统管理员之一，一般用户则由系统管理员使用"用户管理"功能增加到系统中，由系统管理员设置其权限，负责在权限内经办和授权各项企业银行业务。另外，系统管理员也可具有业务权限，处理企业银行业务。

（4）业务管理

业务管理用于在网上企业银行中建立适应企业内部财务管理要求的业务操作规范。网上企业银行采用灵活的预设模式方式，实行"操作链"式管理，系统性地固化企业财务管理制度，客户可以自由定制企业内部财务授权管理模式，以适应多种个性化财务管理需求。

"操作链"形象地描述了企业内部财务管理的岗位设置、业务分工和业务流程，同时规定了岗位上不同身份的人员的操作权限和关系。"操作链"上设经办岗位一个，设审批岗位一级或多级。经办岗位可以设置多人（人数不限制），经办人员负责所有其有权处理的业务的制单发起操作，经办人员之间是同一级别的并列关系。每一级审批岗位只可以设一名审批人员，审批人员负责其有权处理的业务的复核审批操作，不同级别审批岗位之间是上下级的关系，审批的权限依次增大，但审批的流程必须依次进行，不得越级。

备注：招商银行银企直联与招商银行企业网银共用一套用户管理、业务管理系统，后台业务处理系统也相同，是招商银行网上企业银行系统的两个不同接入渠道。用户、业务管理只能在企业网银上管理。

（5）认证中心（CA）

认证中心（Certification Authority，CA）是用来颁发数字证书的权威机构，它具有权威性、公正性和可靠性。其主要任务是受理数字证书的申请、签发数字证书及管理数字证书。在受理申请的同时，一般还会核对申请者的身份，以确保正确。

（6）数字证书

数字证书又称"CA 证书"，是用电子手段来证实一个用户的身份和对网络资源的访问权限。数字证书是由权威机构采用数字签名技术颁发给用户，用以在数字领域中证实用户身份的一种数字凭证。本系统的证书由招商银行 CA 签发，用于确认用户在招商银行企业银行系统中的身份。

13.1.3　本系统功能

本系统目前提供的主要功能模块包括系统设置、业务处理和审批流管理。系统设置模块包括用户管理、用户角色管理、组织机构管理、银行账户管理、银行前置机连接配置等子模块。业务处理模块包括用户登录、个人登录密码修改、系统日志管理、系统注销、付款单业务、非直连银行余额登记、银行交易记录查询等子模块。审批流管理模块包括审批流设置、委托授权管理等子模块。本系统的功能结构图如图 13-2 所示。

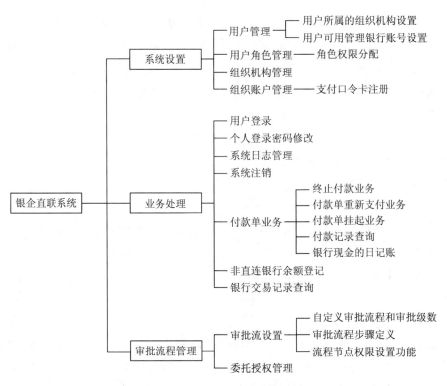

图 13-2 银企直联系统的功能结构图

本系统登录成功后转到的主页面如图 13-3 所示。

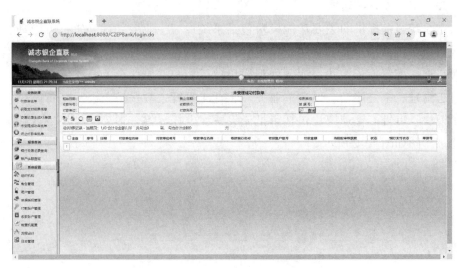

图 13-3 银企直联系统主页面

13.1.4　整体要求

（1）系统要求

硬件：建议使用 Pentium133 以上 CPU，32 MB RAM，至少 256 色（建议 16 位以上真彩）显示，100 MB 以上空闲硬盘空间。对于数字证书卡用户，需要一个串口或 USB 口，用于安装数字证书卡驱动器。

操作系统：建议使用中文/英文 WINDOWS 98/NT/2000/XP/2003，对于英文 WINDOWS，需要外挂中文平台。

浏览器：必须安装 Microsoft Internet Explorer 4.0 以上的浏览器。本系统不支持 Netscape 的浏览器。

系统环境：建议使用一台电脑专门运行财务系统和直联系统，应确保系统中没有木马病毒等有害程序。

（2）技术要求

① 在正式使用直联系统前，请确认所使用的财务系统和本系统的直联已在招商银行的测试环境下经过严格测试，并得到招商银行技术部门的认证。

② 请确认所使用的本系统的动态库均有招商银行的数字签名。

（3）企业要求

① 开通招商银行网上企业银行。

② 与招商银行签订直联协议。

③ 开通账户查询、直接支付等所需业务，经办用户需要拥有招商银行签发的数字证书卡。

13.1.5　数据库设计

本系统使用的是 SQL Server 数据库，数据库名称为 CZEPBank，其中包含 32 张数据表，分别是角色表 Role、机构表 Agency、角色-审批流对应表 Role_Flow、角色-报表对应表 Role_Statements、用户表 Users、表单表 Form、角色表单授权表 Role_Form、机构银行账户表 AgencyBankAccount、操作日志表 Prj_log、付款单表头表 PayBill、付款单表体表 PayBillEntry、用户机构表 UserAgency、人员银行账户对应表 UserBKACC、银行日记账表 ACCTransInfo、通讯录表 AddressList、审核日志表 BillCheckLogInfo、单据流程表 BillFlow、委托授权表 ConsignRole、数据加密表 EncryptpayBill、数据加密表表体表 EncryptPayBillEntry、流程步骤表 FlowStep、非直联账户余额表 NoLinkBankAmount、消息表 SMS、AccConfig、ACCReturnInfo、BKACItem、城市表 city、数据表 Data、ICMaxInterID、省份表 province、ReceivablesBankACC、银行交易类型表 TransType。☞

13.1.6　数据接口

数据接口的架构层次分为数据连接层、数据业务处理层和数据校验层三个层次，具体说明如下。

（1）数据连接层

接口名：DBHelp，类型为公共类。

功能说明：该类主要实现数据库实体的连接，存储包括数据库使用过程的用户名和密码等相关的数据库连接信息。

主要方法：A 新增，B 修改，C 删除，D 一般查询，E 分页查询（方法名、参数、返回值等具体细节参见系统详细设计说明书）。

（2）数据业务处理层

功能说明：对传入的数据进行处理，拼接 SQL 语句，然后调用数据连接方法进行相关的数据库操作，并且返回或更新结果。

（3）数据校验层

功能说明：验证数据的合法性等。

主要方法：可根据业务要求定义（具体内容可参见系统详细设计说明书）。

另外，各功能模块的业务处理统一采用 Java 中业务 Bean 的模式进行封装，按照功能类别进行分类，封装系统业务处理的各种方法，并将相关方法接口对外，方便调用。

13.2　创建及配置本系统项目

本系统项目名称为 CZEPBank，创建及配置本系统项目的具体步骤如下。

① 创建名称为 CZEPBank 的 Java 项目，然后将其转换为 Web 项目。

② 单击"File"→"Settings …"命令，打开设置界面，在该界面中设置文档编码，如图 13-4 所示。

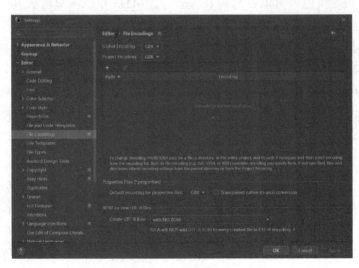

图 13-4　设置对话框

③ 在 IDEA 的菜单栏中，单击"File"→"Project Structure…"命令，打开"Project Structure"界面，在打开的界面中单击左侧栏的"Modules"，右侧单击"Sources"选项卡，在项目的 web\WEB-INF\目录下创建 classes 和 lib 文件夹，如图 13-5 所示。

图 13-5　在项目中创建 classes 和 lib 文件夹

单击"Paths"选项卡，选择"Use module compile output path"，将"Output path"和"Test output path"的地址修改为图 13-5 中创建的 classes 文件夹，具体如图 13-6 所示。

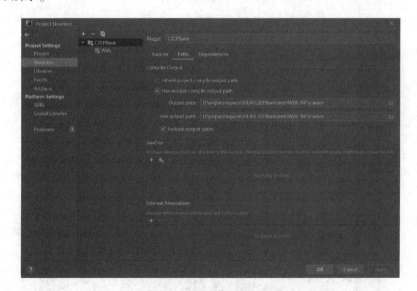

图 13-6　Paths 配置项界面

单击"Dependencies"选项卡，然后单击该选项卡左上角的"+"按钮，选择"1 JARs or Directories..."，在弹出的"Attach Files or Directories"界面中选择图 13-5 中创建的 lib 文件夹，单击"OK"按钮，弹出一个"Choose Categories of Selected Files"界面，选择"Jar Directory"，单击"OK"按钮，使项目关联本地 Jar 包，如图 13-7 所示。

至此，名称为 CZEPBank 的 Web 项目配置完成。

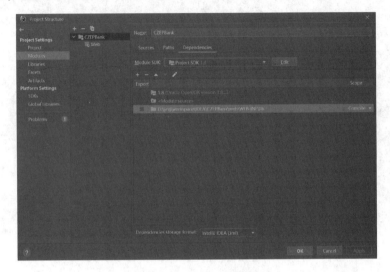

图 13-7　Web 项目关联本地 Jar 包

④ 在 IDEA 的菜单栏中单击"Run"→"Edit Configurations..."，弹出"Run/Debug Configurations"界面，单击该界面左上角的"+"按钮，弹出"Add New Configuration"界面，在该界面中单击"Tomcat Server"，将其展开，然后单击"Local"，在界面的右侧栏里配置一个 Tomcat 服务器，如图 13-8 所示。

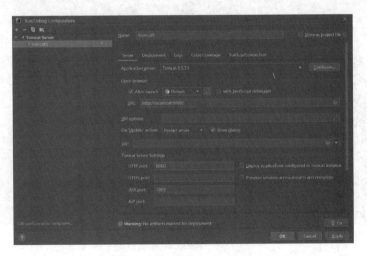

图 13-8　配置 Tomcat 服务器

在图 13-8 中，单击"Deployment"选项卡，然后单击其下的"+"按钮，再单击"Artifact..."，将项目部署到 Tomcat 上，并修改 Web 项目的访问路径，如图 13-9 所示。

图 13-9 将项目部署到 Tomcat 上并修改 Web 项目的访问路径

单击图 13-9 中的"Server"选项卡，显示如图 13-10 所示界面，Web 项目成功部署到 Tomcat 容器上以后，"URL"文本框中的默认值为 http://localhost:8080/CZEPBank/。

图 13-10 Tomcat 配置界面

在图 13-10 中，单击"OK"按钮，Tomcat 配置以及 Web 项目部署就成功完成了。

⑤ 在 IDEA 菜单栏中单击"Run"→"Run'Tomcat8'"命令，启动 Tomcat 进行 Web 项目测试，浏览器显示的结果如图 13-11 所示。

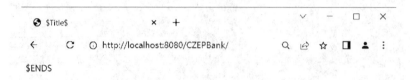

图 13-11　启动 Tomcat 后浏览器显示的结果

13.3　业务处理模块

13.3.1　登录页面设计

本系统使用了 Struts 框架，首先导入 Struts 库，然后创建 Struts 的配置文件 struts-config. xml，最后在 web. xml 中配置 Struts 的核心控制器 ActionServlet。具体设计步骤如下：

① 导入 JAR 文件和相关文档。在 CZEPBank 项目的\web\WEB-INF\lib\目录中导入 servlet-api. jar、struts. jar 文件，在 web 目录中创建\web\index. css 样式表文档；拷贝\web\favicon. ico 图标文档；创建\web\img 文件夹，并在其中拷贝图片文件\web\img\bg_login_cz. jpg、\web\img\login1. png、\web\img\cancel. png。

② 在 web 目录中创建\web\WEB-INF\struts-config. xml 文档，在其中添加配置信息。☞

Struts 的配置文件 struts-config. xml 可配置各种组件，包括 FormBean、Actions、ActionMappings、全局转发 GlobalForwards、数据源 DataSource 及插件 Plugins。<struts-config>是根元素，它包含两个主要的元素<form-beans>和<action-mappings>，分别描述系统中的 ActionForm 对象和 Action 对象。

struts-config. xml 的主要元素及作用如下：

- <struts-config>：根元素。
- <form-beans>：描述一组 ActionForm 对象。
- <action-mappings>：描述一组 Action 对象。
- <global-forwards>：定义在整个应用程序内可见的全局转发。
- <data-source>：定义数据源。
- <global-exception>：定义全局异常。
- <controller>：用于配置控制类。

- <message-resources>：用于配置消息资源包。
- <plug-in>：用于定义添加至 Struts 应用中的插件。

小贴士

在 Struts 框架中，通过<form-bean>可以将表单数据自动注入对象中，从而有效地减少开发人员的工作量。FormBean 是一种 JavaBean，除了具有 JavaBean 的常规方法，还包含一些特殊方法，用于验证表单数据，以及将其属性重新设置为默认值（reset 方法）。FormBean 用来进行 View 组件和 Controller 组件之间表单数据的传递。View 组件接收到用户输入的表单数据，保存在 FormBean 中，把它传递给 Controller 组件，Controller 组件可以对 FormBean 中的数据进行修改。

在 Struts 应用启动时，会把 Struts 配置文件中的配置信息读入内存中，并把它们存放到 config 包中相关 JavaBean 类的实例中，org. apache. struts. config 包中的每一个类都和 Struts 配置文件中特定的配置元素对应，<struts-config>元素是 Struts 配置文件的根元素，和它对应的配置类为 org. apche. struts. config. ModuleConfig 类。

<struts-config>元素有 8 个子元素，它的 DTD（文档类型定义）定义如下：

```
<!ELEMENT struts-config(data-sources?,form-beans?
,global-exceptions?,global-forwards?,
action-mappings?,controller?,message-resources * ,plug-in * )>
```

定义 Struts 配置文件，必须按照上面 DTD 中指定的顺序进行配置，否则将报错。

<data-sources>元素用来配置应用所需要的数据源。<data-sources>元素包含零个、一个或多个<data-source>子元素。<data-source>元素用于配置特定的数据源，它可以包括多个<set-property>子元素。<set-property>元素用于设置数据源的各种属性。

<form-beans>元素用来配置多个 ActionForm。<form-beans>元素包含零个、一个或多个<form-bean>子元素。每个<form-bean>又包含多个属性。

<global-exceptions>元素用来配置异常处理。<global-exception>元素可以包含零个或多个<exception>子元素。

<global-forwards>元素用来配置全局转发。全局转发可以定义几个<forward/>子元素，struts 首先会在<action-mappings>元素中找对应的<forward>，若找不到，则到全局转发配置中找。

<action-mappings>元素用来配置从特定的请求路径到相应的 Action 类的映射，它可以定义几个<action/>子元素，它主要是定义 Action 实例到 ActionServlet 类中。

<controller/>元素用来配置 RequestProcessor 类。

<message-resources/>元素用来配置消息资源。

<plug-in/>元素用来配置 Struts 的插件。

在\web\WEB-INF\目录下导入标签库描述文件 struts-bean. tld、struts-html. tld、struts-logic. tld、struts-nested. tld、struts-tiles. tld。

在\web\WEB-INF\目录下导入包含通用性验证规则的配置文件 validator-rules. xml。

③ 在 CZEPBank 项目的\web\WEB-INF\web. xml 中配置 Struts。☞

web. xml 是 Java Web 应用程序的配置文件，用于定义 servlet、filter、listener 等组件以及应用程序上下文参数等内容。web. xml 中常用的元素及作用如下：

- <web-app>：根元素。
- <display-name>：指定 Web 应用程序的显示名称。
- <description>：指定 Web 应用程序的描述信息。
- <context-param>：定义 Web 应用程序的上下文参数，可以在应用程序中通过 ServletContext 获取这些参数。
- <servlet>：定义 servlet 组件。
- <servlet-mapping>：定义 servlet 组件与 URL 的映射关系。
- <filter>：定义 filter 组件。
- <filter-mapping>：定义 filter 组件与 URL 的映射关系。
- <listener>：定义 listener 组件。
- <welcome-file-list>：指定 Web 应用程序的默认页面。

④ 在 CZEPBank 项目的 src 中创建 com. EPBank. struts. form 包，然后在该包中创建用户实体类文件 UserForm. java 和登录用户实体类文件 LoginForm. java。

在 CZEPBank 项目中创建\web\login. jsp 登录页面。☞

打开\web\WEB-INF\web. xml 文档，在<web-app>标签中添加如下代码，配置一个欢迎页面。

```
<welcome-file-list>
     <welcome-file>login.jsp</welcome-file>
</welcome-file-list>
```

⑤ 在 CZEPBank 项目的 src 中创建 com. EPBank. DAOOption 包，然后在该包中创建 DateBaseConfig. properties 文件，用于设置连接数据库的相关配置信息。☞

在 CZEPBank 项目的\web\WEB-INF\lib\目录中导入 commons-beanutils-1. 9. 4. jar、commons-collections. jar、commons-logging. jar、commons-digester-2. 1. jar、sqljdbc4. jar；在 src 的 com. EPBank. DAOOption 包中创建 DBHelp. java 文件，用于实现建立与数据库连接的方法、查询操作方法、更新插入操作方法、关闭数据库连接的方法。☞

在 CZEPBank 项目的 src 的 com. EPBank. DAOOption 包中创建 FLowOption. java 文件，用于实现表单流程管理的操作方法。

在 CZEPBank 项目的 src 中创建 com. EPBank. PublicAPI 包，并在该包中创建 FormatString. java 文件，用于实现转义字符的处理；在该包中创建 EncryptionDecry

ption. java 文件，用于实现加密解密算法；在该包中创建 PublicKey. java 文件，用于
实现加密算法中自定义秘钥的处理。

在 CZEPBank 项目的 src 的 com. EPBank. DAOOption 包中创建 UserOption. java
文件，用于实现建立与数据库连接的方法、查询操作方法、更新操作方法、关闭
数据库连接的方法。☞

⑥ 在 CZEPBank 项目的 src 中创建 com. EPBank. XML 包，在该包中创建
Message. xml 文件，然后在该包中创建 XMLDomParseService. java 文件，用于实现
对 Message. xml 文件的解析。☞

在 CZEPBank 项目的 src 的 com. EPBank. PublicAPI 包中创建 ShowMessage. java
文件，用于实现对数据输出的处理；在该包中创建 ProtectString. java 文件，用于实
现对字符串的处理。

在 CZEPBank 项目的 src 的 com. EPBank. DAOOption 包中创建 UserAgency Op-
tion. java 文件，用于实现处理机构管理的操作方法。☞

⑦ 在 CZEPBank 项目的 src 中创建 com. EPBank. ADOCheck 包，然后在该包中
创建 LoginCheck. java 文件，用于实现对登录信息的处理。☞

在 CZEPBank 项目的 src 的 com. EPBank. PublicAPI 包中创建 GetCustIP. java 文
件，用于获取本机 IP 地址。☞

在 CZEPBank 项目的 src 的 com. EPBank. PublicAPI 包中创建 OptionLog. java 文
件，用于实现对记录操作日志的处理。☞

在 CZEPBank 项目的 src 的 com. EPBank. PublicAPI 包中创建 FileEncoding. java
文件，用于实现对中文乱码问题的处理。☞

⑧ 在 CZEPBank 项目的 src 中创建 com. EPBank. struts. action 包，然后在该包中
创建 LoginAction. java 文件，用于实现对用户登录的处理。☞

⑨ 在 CZEPBank 项目的 web 中创建\web\JS 目录，然后将 jquery-1. 7. 2. min. js
拷贝到该目录中；将 audit. png 拷贝到\web\img 目录中；在 web 目录中创建\web\
Me-ssagePage 目录，然后在该目录中创建 SuccessPage. jsp 文件，用于实现对用户登
录成功后的处理。☞

在 CZEPBank 项目的 web 目录中创建 \ web \ MessagePage \ LoginErrorPage. jsp
和\web\MessagePage \ LoginErrorPage2. jsp 文件，用于实现对用户登录失败后的
处理。

首先启动 SQL Server 2008 数据库服务器，并且导入 CZEPBank 数据库；在
IDEA 中启动项目后，在浏览器地址栏中访问 http://localhost:8080/CZEPBank/，进
入本系统的登录页面（图 13-12），输入正确的用户名和密码，登录本系统。

图 13-12　银企直联系统登录页面

13. 3. 2　主页面设计

用户成功登录后，进入本系统主页面，在其中会显示所有未支付成功审批单列表，以提醒用户需要对这些付款单进行集中处理。列表中显示的内容是在银行支付过程中因为付款信息的错误，银行支付不成功的审批单信息。

在 CZEPBank 项目的\web\WEB-INF\lib\目录中导入 servlet-api. jar、struts. jar；在\web\JS目录中创建 lhgdialog. min. js、czTable. js、PublicJS. js、lhgcore. lhgcalendar. min. js、lhgcalendar. min. js、dateFormat. js、SetBillStatus. js、showDialog. js 文件；在\web\img 目录中拷贝图像文件 left. gif、right. gif；在 web 目录中创建\web\top. jsp、\web\left. jsp、\web\middle. jsp；在 web 目录中创建\web\SystemOP\SendBankNoSuss. jsp；编写\web\index. jsp 主页文件。🖙

在 CZEPBank 项目的 src 的 com. EPBank. DAOOption 包中，创建 AgencyOption. java，用于处理机构管理的操作；创建 RoleOption. java，用于处理角色管理的操作；创建 PayBillOption. java，用于实现修改付款审批单实际付款信息、查询付款审批单的操作。

在 CZEPBank 项目的 src 的 com. EPBank. ADOCheck 包中，创建 GetCity. java，用于获取城市名称。

在 CZEPBank 项目的 src 的 com. EPBank. PublicAPI 包中，创建组织机构下拉列表类 BaseComBox. java。

在 CZEPBank 项目的 web 目录中创建\web\UserOption\EditUserPassword. jsp 用户密码修改页面，创建\web\top. jsp、\web\left. jsp、\web\middle. jsp 页面。

在 CZEPBank 项目的 src 中创建 com. EPBank. Bank 包，在其中创建 FOLDBLink. java，

通过读取相关的数据连接文件信息，连接文件 FOLDBCon fig. properties 放在 class 文件目录下，实现数据库连接以及增加、删除、修改、查询、关闭操作。

在 CZEPBank 项目的 src 的 com. EPBank. Bank 包中，创建 ReturnFOLADO. java 和 BankInterFaceXMLOption. java，用于实现与 FOL（财务在线系统）的数据交互功能；创建 XmlPacket. java，用于定义招商银行 XML 通信报文类；创建 SaxHandler. java，用于定义招商银行 XML 报文解析类；创建 BankReturnOption. java，用于实现连接前置机、发送请求报文、获得返回报文、处理返回的结果、向银行发送支付的操作。

在 CZEPBank 项目的 src 的 com. EPBank. DAOOption 包中，创建 BKACCUser Option. java，用于实现人员对应账号管理；创建 ConsignRoleOption. java，用于实现添加授权表、删除人员对应账号对应表、查询被委托人对应账号、查询被委托人对应权限、查询人员对应账号对应表、查询付款审批单的总行数、查询委托人对应的组织机构的操作。

在 CZEPBank 项目的 web 目录中创建\web\SystemOP\SendBankNoSuss. jsp，用于显示所有未支付成功的审批单列表。

在图 13-12 所示的本系统登录页面中输入正确的用户名和密码，进入本系统主页面，如图 13-3 所示。

13. 3. 3　修改个人登录密码

当用户单击主页面右上角的“修改密码”按钮 时，可以修改当前登录用户的登录密码，方便用户修改自己的密码信息，提高安全性。

在 CZEPBank 项目的\web\WEB-INF\lib\目录中导入 servlet-api. jar 和 struts. jar；在\web\JS目录中拷贝 lhgdialog. min. js、czTable. js、PublicJS. js、lhgcore. lhgcalendar. min. js、lhgcalendar. min. js、dateFormat. js、SetBillStatus. js 和 showDialog. js 文件；在 web 目录中创建用户密码修改页面\web\UserOption\EditUserPassword. jsp。

在 CZEPBank 项目的 src 的 com. EPBank. struts. action 包中创建 UserEditPass WordAction. java，用于实现密码修改功能。

在 CZEPBank 项目的 src 的 com. EPBank. PublicAPI 包中创建 MyRequestProcessor. java，用于实现对中文乱码问题的处理。

在 CZEPBank 项目的 src 的 com. EPBank. struts 包中创建 ApplicationResources. properties 文件。

在 CZEPBank 项目的\web\WEB-INF\struts-config. xml 进行自定义 Action 的配置，具体配置如下：

```
<action
    path="/userEditPassWord"
    type="com.EPBank.struts.action.UserEditPassWordAction"
    validate="false">
    <set-property property="cancellable" value="true" />
    <forward name="err"
        path="/UserOption/EditUserPassword.jsp" />
    <forward name="suss"
        path="/MessagePage/SuccessPage.jsp" />
</action>
```

在 IDEA 中启动项目，用户登录后，在图 13-3 所示的本系统主页面中单击"修改密码"按钮 ，如图 13-13a 所示，打开如图 13-13b 所示的用户密码修改界面，输入新密码并确认新密码，单击"修改"按钮，保存密码。

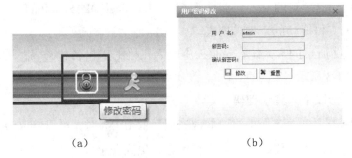

(a)　　　　　　　　　　　　　(b)

图 13-13　用户登录密码修改界面

13.3.4　系统注销

在本系统主页面的右上角单击如图 13-14 所示的"注销"图标 ，注销当前登录用户，重新回到登录界面，方便进行用户间的切换。

系统注销功能是通过 JavaScript 代码实现的，具体代码如下：

图 13-14　系统注销按钮

```
functionlogout(){
    if(confirm("确定注销吗?"))
      top.location = "/CZEPBank/login.jsp";
    return false;
}
```

13.3.5　系统日志管理

系统日志管理功能包括对系统操作进行记录，不仅可以导出系统日志信息，还可以在导出日志信息时选择是否删除系统日志信息。

　　在 CZEPBank 项目的 web 目录中创建 \web\SystemLog\SystemLog. jsp 和 \web\
SystemLog\ExcelLog. jsp，用于记录系统操作日志和导出日志信息。导入 poi-3. 9. jar
文件，通过 JavaScript 代码（\CZEPBank\JS\PublicJS. js）查询日志记录信息。

　　在系统主页面左侧栏的导航菜单中单击"日志管理"，在页面的右侧栏中将显
示系统操作日志的记录信息，如图 13-15 所示。单击系统操作日志页面中的"导出
Excel"按钮 📧，可以导出系统操作日志信息。在导出系统日志信息时，可以选择
是否删除当前查询出来的日志信息，如图 13-16 所示。

图 13-15　系统日志管理页面

图 13-16　导出系统操作日志信息的按钮及询问窗口

13. 3. 6　付款单业务

　　付款单业务模块包括终止付款审批单流程、
付款单重新支付、付款审批单挂起、银行现金
日记账查询等功能。

　　（1）终止付款审批单流程

　　对于存在异常的审批单，可以对其进行终
止支付。导航菜单选择"终止付款审批单"，进
入待终止付款审批单页面，选择单据所在行的
复选框，单击"终止"按钮 ⏺，如图 13-17 所
示，弹出确认框，单击"确定"按钮，终止该
单据的审批流程。

图 13-17　待终止付款审批单页面

（2）付款单重新支付

对于支付过程中因为付款信息错误而支付不成功的，用户需要对这些付款单进行集中处理。导航菜单选择"未受理成功审批单"，进入未支付成功付款单页面，如图 13-18 所示，页面中显示出所有未支付成功审批单列表，选择单据所在行的复选框，单击"重新支付"按钮 ，弹出重新付款审核框，输入口令卡密码，确认支付。

图 13-18　未支付成功付款单页面

（3）付款审批单挂起

为方便用户，对于有异常的付款审批单信息可以进行暂停审批，待用户确认好相关信息后，再重新启动审批流程完成审批付款。导航菜单选择"付款审批单"，进入待审批付款单页面，选择单据所在行的复选框，单击"挂起"按钮，如图 13-19 所示，弹出确认框，单击"确定"按钮，暂停当前审批流程。

图 13-19　待审批付款单页面

（4）银行现金日记账查询

经系统管理员分配相应的账户查询权限后，用户可以根据银行账户信息查询指定日期内的交易信息，查询详细信息功能。同时增加了业务参考号、最小金额、最大金额、摘要查询字段，增加了打印功能，方便用户打印详单。

13.3.7　非直连银行余额登记

经过系统管理员管理分配相应的银行账户登记权限，用户可以根据非直连银行账户，登记每日的银行余额信息，通过该子功能模块，企业可以将其所有银行账户的余额在本系统中进行管理和查询，不用切换相应的银行账户信息。

13.3.8　银行交易记录查询

为了方便账户管理人员查询各自银行账户的入账和出账记录，而不必来回切换到不同的银行网站，本系统提供了银行交易记录查询子模块，可以直接管理和查询各银行交易流水信息。

13.4 系统设置模块

13.4.1 用户角色管理

用户角色管理功能包括用户新增、修改、禁用、反禁用、角色权限分配等。

在系统主页面的左侧栏的导航菜单中单击"角色管理",进入用户角色管理页面（\RoleOption\RoleList.jsp），如图 13-20 所示。

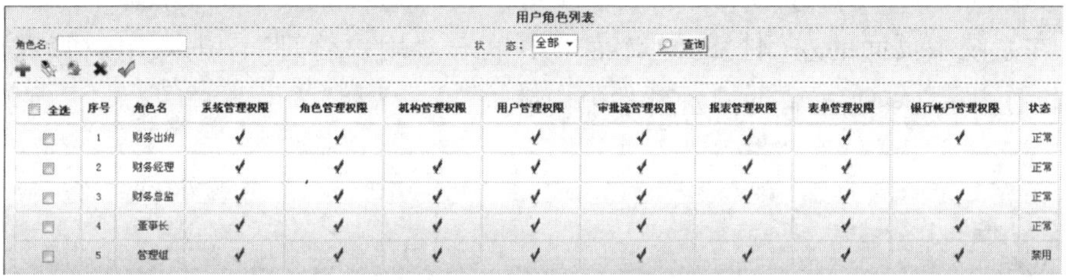

	用户角色列表									
角色名:			状 态: 全部 ▼			🔍 查询				
➕ 🗑 ✖ ✓										
□ 全选	序号	角色名	系统管理权限	角色管理权限	机构管理权限	用户管理权限	审批流管理权限	报表管理权限	表单管理权限	银行帐户管理权限	状态
□	1	财务出纳	✓	✓		✓	✓	✓	✓	✓	正常
□	2	财务经理	✓	✓	✓	✓	✓	✓	✓	✓	正常
□	3	财务总监	✓	✓	✓	✓	✓	✓		✓	正常
□	4	董事长	✓	✓	✓	✓	✓	✓	✓	✓	正常
□	5	管理员	✓	✓	✓	✓	✓	✓	✓	✓	禁用

图 13-20 用户角色管理页面

单击用户角色管理页面中的"增加"按钮,如图 13-21 所示,新增用户角色,并为该角色设置权限。

在弹出的"用户角色添加"窗口中,如图 13-22 所示,输入角色名称并选择权限,单击"新增"按钮,确定新增用户角色。

选择角色所在行的复选框,单击"修改"按钮,在弹出的用户角色权限修改窗口中,修改该用户角色权限。

图 13-21 新增用户角色按钮

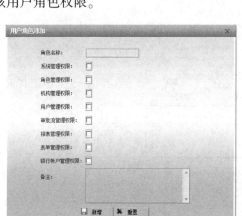

图 13-22 "用户角色添加"窗口

图 13-23 禁用角色确认框

选择角色所在行的复选框，单击"禁用"按钮，弹出禁用角色确认框，如图 13-23 所示，单击"确定"按钮，禁用该角色。

选择角色所在行的复选框，单击"反禁用"按钮，弹出反禁用角色确认框，单击"确定"按钮，取消已禁用角色。

13.4.2　用户管理

用户管理功能包括新增用户、修改用户信息、设置用户所属的组织机构、设置用户可管理的账号、设置用户可查询的账号、设置用户禁用和反禁用、口令卡异常处理。

在系统主页面的左侧栏的导航菜单中单击"用户管理"，进入用户管理页面（\UserOption\UserList.jsp），如图 13-24 所示。

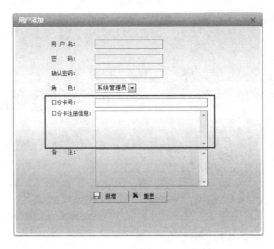

图 13-24　用户管理页面

（1）新增用户

单击用户管理页面中的"增加"按钮，弹出"用户添加"对话框（\UserOption\user.jsp），如图 13-25 所示，输入用户名及密码，选择用户角色，并录入口令卡信息，然后单击"新增"按钮，确认添加用户。

图 13-25　"用户添加"对话框

在配置文档 struts-config. xml 中添加配置信息，具体配置如下：

```
<action
    path="/roleCheck"
    scope="request"
    type="com.EPBank.struts.action.RoleCheckAction">
    <set-property property="cancellable" value="true" />
    <forward name="suss" path="/left.jsp" />
</action>
<action
    attribute="userForm"
    input="/UserOption/user.jsp"
    name="userForm"
    path="/userAdd"
    scope="request"
    type="com.EPBank.struts.action.UserAddAction">
    <set-property property="cancellable" value="false" />
    <forward name="err" path="/MessagePage/ErroPage.jsp" />
    <forward name="suss" path="/MessagePage/SuccessPage.jsp" />
</action>
```

（2）修改用户信息

选择单据所在行的复选框，单击"修改"按钮，弹出"用户修改"对话框
（\UserOption\userEdit. jsp），如图 13-26 所示，修改用户信息。

图 13-26 "用户修改"对话框

在配置文档 struts-config. xml 中添加配置信息，具体配置如下：

```
<action
    attribute="userForm"
    input="/UserOption/userEdit.jsp"
    name="userForm"
    path="/userEdit"
    scope="request"
    type="com.EPBank.struts.action.UserEditAction"
    validate="false">
    <set-property property="cancellable" value="true" />
    <forward name="err" path="/MessagePage/ErroPage.jsp" />
    <forward name="suss" path="/MessagePage/SuccessPage.jsp" />
</action>
```

（3）设置用户组织机构

选择单据所在行的复选框，单击"设置用户组织机构"按钮，弹出"设置用户组织机构"对话框（\UserOption\SetuserAUG. jsp），如图 13-27 所示，从"备选"栏中选择组织机构，单击">>"按钮，添加到"已选"栏中，设置用户所属的组织机构。

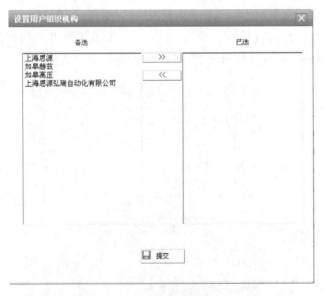

图 13-27 "设置用户组织机构"对话框

在配置文档 struts-config. xml 中添加配置信息，具体配置如下：

```
<action
    path="/setUseAUG"
    type="com.EPBank.struts.action.SetUseAUGAction"
    validate="false">
    <set-property property="cancellable" value="true" />
    <forward name="suss" path="/MessagePage/SuccessPage.jsp" />
</action>
```

（4）设置用户可管理账号

选择单据所在行的复选框，单击"设置用户可管理账号"按钮，弹出"设置用户可管理账号"对话框（\BankACCOption\BKACCUser.jsp），如图 13-28 所示，从"备选"栏中选择可管理账号，单击">>"按钮，添加到"已选"栏中，设置该用户可以管理的账号。

图 13-28 "设置用户可管理账号"对话框

（5）设置用户可查询账号

选择单据所在行的复选框，单击"设置用户可查询账号"按钮，弹出"设置用户可查询账号"对话框，从"备选"栏中选择可查询账号，单击">>"按钮，添加到"已选"栏中，设置该用户可以查询的账号。

（6）设置用户禁用与反禁用

在进行"禁用"操作时，若被禁用的用户中有系统管理员，则不可以被禁用；若被禁用的用户中存在已被禁用的用户，则需要去掉该用户后才可以继续进行操作。

选择单据所在行的复选框，单击"禁用"按钮，弹出"是否禁用选中的用户？"的确认框，如图 13-29 所示，单击"确定"按钮，禁用选中用户。

图 13-29 用户禁用确认框

在配置文档 struts-config.xml 中添加配置信息，具体配置如下：

```
<action
    path="/disableUser"
    type="com.EPBank.struts.action.DisableUserAction"
    validate="false">
    <set-property property="cancellable" value="true" />
    <forward name="suss" path="/UserOption/UserList.jsp" />
</action>
```

禁用用户后，可以通过"反禁用"操作恢复用户的权限。在进行"反禁用"操作时，若被反禁用的用户中有未被禁用的用户，则需要去掉该用户后才可以继续进行操作。

选择单据所在行的复选框，单击"反禁用"按钮，弹出选中用户的反禁用确认框，单击"确定"按钮，取消已禁用用户。

（7）口令卡异常处理

在用户管理页面中勾选某个用户，然后单击"口令卡异常处理"按钮，弹出"口令卡异常处理"对话框（\UserOption\CardOP.jsp），如图 13-30 所示。

图 13-30 "口令卡异常处理"对话框

在配置文档 struts-config.xml 中添加配置信息，具体配置如下：

```
<action path="/cardOp" type="com.EPBank.struts.action.CardOpAction">
    <set-property property="cancellable" value="true" />
    <forward name="suss" path="/MessagePage/SuccessPage.jsp" />
    <forward name="err" path="/MessagePage/CheckBillError.jsp" />
</action>
```

13.4.3　组织机构管理

组织机构管理功能包括对组织机构的新增、修改、禁用、查询、刷新、反禁用。

在系统主页面的左侧栏的导航菜单中单击"组织机构"，进入组织机构管理页

面 （\AgencyOption\AgencyList.jsp），如图 13-31 所示。

组织机构列表			
机构名称：	状态：全部 ▾	🔍 查询	
➕ 🔧 🔧 ✖ ✔			
☐ 全选	序号	组织机构名	状态
☐	1	上海思源	正常
☐	2	上海思源	禁用
☐	3	如皋赫兹	正常
☐	4	如皋高压	正常
☐	5	上海高压开关	禁用
☐	6	上海思源弘瑞自动化有限公司	正常

图 13-31　组织机构管理页面

在组织机构管理页面中，单击"增加"按钮，弹出"组织机构添加"对话框，如图 13-32 所示，输入组织机构名称，添加组织机构。

选择单据所在行的复选框，单击"修改"按钮，弹出"组织机构修改"对话框，如图 13-33 所示，修改组织机构名称及备注信息。

图 13-32　"组织机构添加"对话框

图 13-33　"组织机构修改"对话框

选择单据所在行的复选框，单击"禁用"按钮，弹出确认框，单击"确定"按钮，禁用该组织机构。

选择单据所在行的复选框，单击"反禁用"按钮，弹出确认框，单击"确定"按钮，取消已经禁用的组织机构。

13.4.4　银行账户管理

分组织机构的功能包括管理银行账户信息、区分直联账户和非直联账户信息。银行账户管理包括付款账户管理和收款账户管理。

（1）付款账户管理

付款账户管理功能包括新增、修改、刷新、删除银行账户信息。在系统主页面的左侧栏的导航菜单中单击"付款账户管理"，进入付款账户管理页面（\BankACCOption\BankACCList.jsp），如图 13-34 所示。

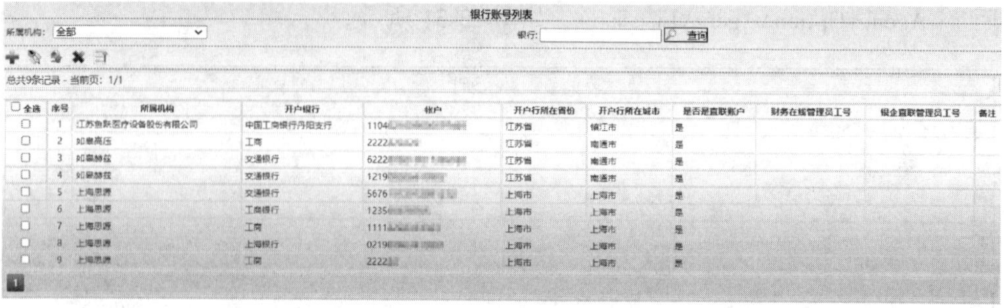

图 13-34　付款账户管理页面

在银行账号列表页面中，单击"增加"按钮，弹出"银行账号添加"对话框（\BankACCOption\BankACCAdd. jsp），如图 13-35 所示，选择账号所属机构，录入信息，为组织机构添加银行账号。

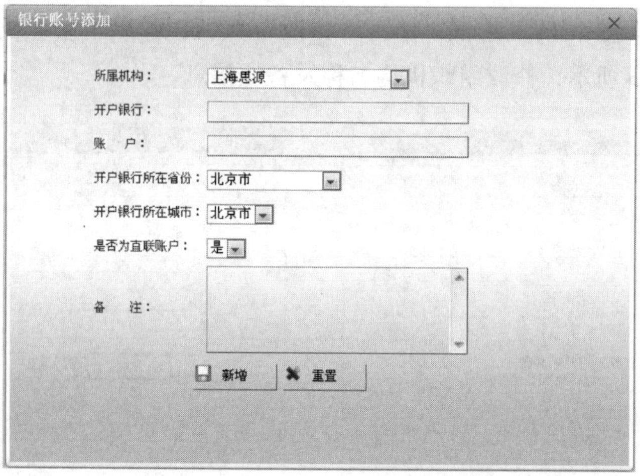

图 13-35　"银行账号添加"对话框

在配置文档 struts-config. xml 中添加配置信息，具体配置如下：

```xml
<action
    attribute="bankAccountForm"
    name="bankAccountForm"
    path="/bankAccountAdd"
    scope="request"
    type="com.EPBank.struts.action.BankAccountAddAction"
    validate="false">
    <set-property property="cancellable" value="true" />
    <forward name="err" path="/MessagePage/ErroPage.jsp" />
    <forward name="suss" path="/MessagePage/SuccessPage.jsp" />
</action>
```

选择单据所在行的复选框，单击"修改"按钮，弹出"银行账号修改"对话框
(\BankACCOption\BankACCEdit.jsp)，如图 13-36 所示，修改银行账号信息。

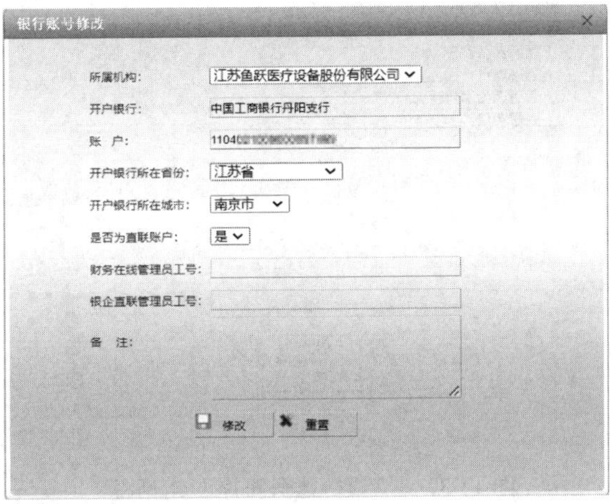

图 13-36　"银行账号修改"对话框

在配置文档 struts-config.xml 中添加配置信息，具体配置如下：

```xml
<form-bean name="bankAccountForm" type="com.EPBank.struts.form.
BankAccountForm" />
<action
    attribute="bankAccountForm"
    input="/BankACCOption/BankACCEdit.jsp"
    name="bankAccountForm"
    path="/bankAccountEdit"
    scope="request"
    type="com.EPBank.struts.action.BankAccountEditAction"
    validate="false">
<set-property property="cancellable" value="true" />
<forward name="err" path="/MessagePage/ErroPage.jsp" />
<forward name="suss"
        path="/MessagePage/SuccessPage.jsp" />
</action>
```

选择单据所在行的复选框，单击"删除"按钮，弹出确认框，单击"确定"
按钮，删除当前选中的银行账户。

在银行账号列表页面中，单击"排序"按钮，弹出银行账号排序对话框
(\BankACCOption\ACCNumOrder.jsp)，如图 13-37 所示，选择银行账号，进行
调整。

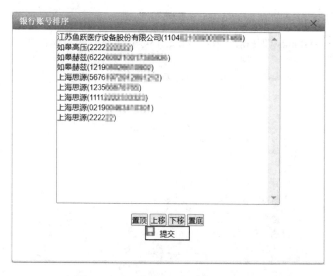

图 13-37　"银行账号排序"对话框

在配置文档 struts-config. xml 中添加配置信息，具体配置如下：

```
<action path="/setACCOrder" type="com.EPBank.struts.action.
SetACCOrderAction">
    <set-property property="cancellable" value="true" />
    <forward name="suss" path="/MessagePage/SuccessPage.jsp" />
</action>
```

（2）收款账户管理

收款账户管理功能包括新增、刷新、删除银行账户信息。在系统主页面的左侧栏的导航菜单中单击"收款账户管理"，进入收款账户管理页面（\SystemOP\RBACCList. jsp），如图 13-38 所示。

图 13-38　收款账户管理页面

13.4.5　银行前置机连接配置

导航菜单选择"前置机配置"，进入前置机连接配置页面，如图 13-39 所示，选择需要配置的账号。

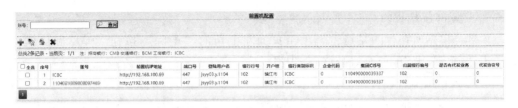

图 13-39　前置机连接配置页面

13.5　审批流管理模块

13.5.1　审批流设置

在导航菜单选择"流程设计",进入流程设计页面,如图 13-40 所示,选择需要设计流程的单据。

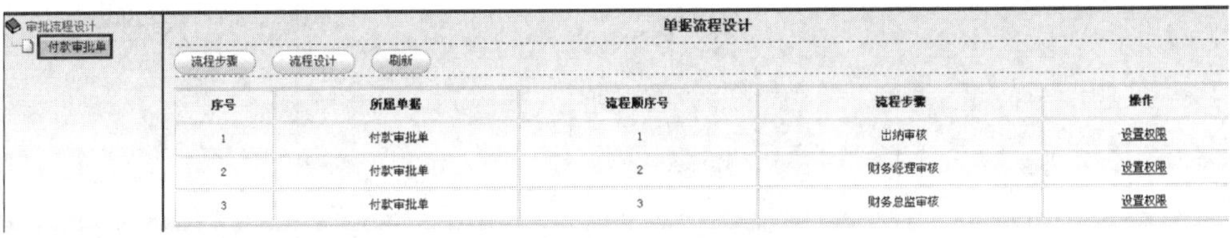

图 13-40　流程设计页面

(1)流程步骤管理

选择单据,单击"流程步骤",进入流程步骤管理页面,如图 13-41 所示。

① 新增流程步骤。

单击页面左上角的"新增"按钮,弹出流程新增框,输入步骤名称,新增流程步骤。

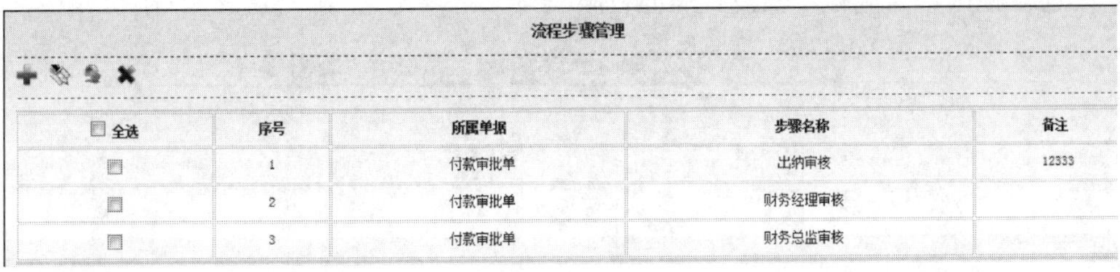

图 13-41　流程步骤管理页面

② 修改流程步骤。

选择单据所在行的复选框,单击页面左上角的"修改"按钮,弹出流程修改框,修改流程步骤名称。

③ 刷新页面。

单击页面左上角的"刷新"按钮,刷新当前流程步骤管理页面。

④ 删除流程步骤。

选择单据所在行的复选框，单击页面左上角的"删除"按钮，弹出确认框，单击"确定"按钮，确认删除流程步骤。

（2）单据流程设计

若要进行单据流程设计，则流程步骤必须存在。单击图 13-40 所示页面中的"流程设计"按钮，弹出"单据流程设计"对话框，如图 13-42 所示，从"备选"栏中选择流程步骤，单击">>"按钮，添加到"已选"栏中，为单据设计流程的流转步骤。

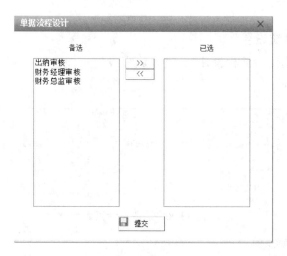

图 13-42 "单据流程设计"对话框

（3）设置权限

单击图 13-40 所示页面中的"设置权限"超链接，弹出"单据流程权限设计"对话框，如图 13-43 所示，从"备选"栏中选中角色，单击">>"按钮，添加到"已选"栏中，为流程步骤设置经办权限。

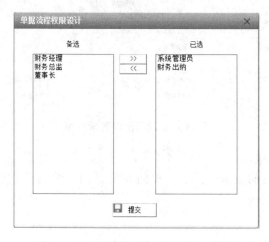

图 13-43 "单据流程权限设计"对话框

13.5.2　委托授权管理

若审批流程中的相关人员在一段时间内不能审批业务，可通过委托授权管理子模块将自己的审批权限授予指定人员代为行使，并可设定授权时间范围。

需要注意的是，系统功能代码编写完成后，需要经过测试（单元测试、集成测试）、部署生产环境，以及后续的维护、优化和功能扩展，这些都是确保系统在实际运行中稳定、高效和可持续发展的必要工作。